Bibliographie des Bibliothekswesens

Sonderdruck aus
Die Fachliteratur zum Buch- und Bibliothekswesen

VD

Verlag Dokumentation · München-Pullach
1968

INHALTSVERZEICHNIS

2. BIBLIOTHEKSWESEN

2.1.0. Geschichte des Bibliothekswesens

,nnals of the Library Association, 1877-1960, edited on behalf of the Library History Group by W. A. Munford.
London: Library Association 1965. 128 S., 8°, sh 22/- 3001

Bibliotheca Bibliographica Aureliana. Band 1 bis 16.
Baden-Baden: Heitz 1959-1966. 8 Bde., kart. 3002

Bibliotheksgeschichte 1890 bis 1945. 2 Teile. 4. Aufl.
Leipzig: Fachschule für Bibliothekare "Erich Weinert" 1963. 63, 26 + 60, 12 S., 4° (= Lehrbriefe f.d. Fachschulfernstudium. Reihe A Nr. I) 3003

Bischoff, Bernhard
Die südostdeutschen Schreibschulen und Bibliotheken in der Karolingerzeit. Teil I. 2 durchges. Aufl.
Wiesbaden: Harrassowitz 1960. VIII, 280 S., 8 Taf., brosch. DM 34.-. 3004

Blum, Rudolf
Vor- und Frühgeschichte der nationalen Allgemeinbibliographie.
Frankfurt/M.: Buchhandler-Vereinigung 1959. 79 S., 31 Faks., 4°, brosch. DM 10.- 3005

Das Buch- und Bibliothekswesen im Spiegel der Jahresverzeichnisse der deutschen Hochschulschriften 1885-1961. Eine Bibliographie.
Jena: Universitätsbibliothek 1964. VI, 50 S., 4° (= Bibliographische Mitteilungen d. Universitätsbibliothek Jena, Nr. 6) 3006

Butler, Pierce
Librarians, scholars and booksellers at mid-century.
Chicago: University of Chicago Press 3007

Collison, Robert Lewis
Encyclopaedias: their history throughout the ages. A bibliographical guide with extensive historical notes to the general encyclopaedias issued throughout the world from 350 BC. to the present day.
New York: Hafner 1964. XVI, 319 S., $ 7.50 3008

Durkan, J. / Ross, A.
Early Scottish libraries.
Glasgow/ J. S. Burns & Sons 1961 3009

Gottlieb, Theodor
Über mittelalterliche Bibliotheken. Unveränderter photomechanischer Nachdruck der 1890 bei Otto Harrassowitz, Leipzig erschienen Ausgabe.
Graz: Akademische Druck- und Verlagsanstalt 1955 3010

Günnel, Peter
Die Entwicklung der allgemeinbildenden Bibliotheken in der DDR seit 1945. 3., wenig veränd. Aufl.
Leipzig: Fachschule für Bibliothekare "Erich Weinert" 1963. 46, 4 S., 8° (Lehrbriefe f.d. Fachschulfernstudium. Reihe A, Nr. I) 3011

Humphreys, K. W.
The book provisions of the Mediaeval Friars, 1215-1400.
Amsterdam: Erasmus 1964. 156 S., hfl. 36.- (= Studies in the History of Libraries and Librarianship. Vol.: 1-Safaho Monographs.) 3012

Index Aureliensis. Catalogus Librorum Sedecimo Saeculo Impressorum.
Baden-Baden: Heitz
Tomus:I: A-Ao, 630 S., DM 300.- Ganln. Tomus II: Vol. A/5 Ap-Arh, 1964, DM 50.-. Tomus II: Vol. A/6 Ari-An, 1965, DM 80.-. 3013

Irwin, Raymond
The English library: sources and history.
London: Allen & Unwin 1966. 3, 312 S., 8°, sh 40/- 3014

Irwin, Raymond
The heritage of the English library.
London: Allen & Unwin / New York: Hafner Inc. 1964. 296 S., 8°, $ 5.50 3015

Irwin, Raymond
The Origins of the English Library.
London: George Allen & Unwin Ltd. 3016

Jahrbuch der Akademie der Wissenschaften und der Literatur.
Wiesbaden: Steiner
Jahrbuch 1952. 291 S., brosch. DM 15.-, Ln. DM 18.-. Jahrbuch 1963. 242 S., brosch. DM 12.-. Jahrbuch 1954. 326 S., brosch. DM 15.-, Ln. DM 18.-. Jahrbuch 1955. 293 S., brosch. DM 16.-. Jahrbuch 1956. 302 S., brosch. DM 18.-, Ln. DM 22.-. Jahrbuch 1957. 278 S., brosch. DM 18.-, Ln. DM 22.-. Jahrbuch 1958. 310 S., brosch. DM 18.-, Ln. DM 22.-. Jahrbuch 1959. 297 S., brosch. DM 18.-, Ln. DM 22.-. Jahrbuch 1960. 267 S., brosch., DM 18.-, Ln. DM 22.-. Jahrbuch 1961. 240 S., 9 Taf., brosch. DM 18.-, Ln. DM 22.-. Jahrbuch 1962. 235 S., brosch. DM 18.-, Ln. DM 22.-. Jahrbuch 1963. 293 S., 28 Taf., brosch. DM 20.-, Ln. DM 24.-. 3017

Jefferson, G.
Library Co-operation. A history of co-operative schemes in Britain.
London: Deutsch 1966. 160 S., sh 22/6 3018

Johnson, Elmer D.
A history of libraries in the Western World.
New York: Scarecrow 1965. 418 S., $ 8.50 3019

Kelly, Thomas
Early public libraries: a history of public libraries in Great Britain before 1850.
London: Library Association 1966. 281 S., ill., 8°, sh 56/- 3020

Korpala, Josef
Abriß der Geschichte der Bibliographie in Polen.
Leipzig: VEB Verlag für Buch- und Bibliothekswesen 1963. 258 S., 23 Taf., 8°, brosch. MDN 32.- 3021

Kuhlmann, Hans-Joachim
Anfänge des Richtungsstreites. Arthur Heidenhain als Vermittler in den Auseinandersetzungen der Jahre 1909-1914.
Reutlingen: Bücherei und Bildung 1962. 135 S., Ln. DM 14.80 3022

Lassen, H. H.
De danske folkebibliotekers historie 1876-1940.
Kopenhagen: Dansk Bibliografisk Kontor 3023

Lehmann, Paul
Beiträge zur mittelalterlichen Bibliotheks- und Überlieferungsgeschichte. 1. Das wiedergefundene älteste Bücherverzeichnis des Benediktinerstiftes Engelberg. 2. Literarische Entdeckung in und seit dem Mittelalter.
München: Verlag der Bayer. Akademie

der Wissenschaften / C.H. Beck 1964.
14 S., 8°, geh. DM 1.50 (= Bayerische Akademie d. Wissenschaften. Sitzungsberichte. Philos-histor. Klasse, Jg. 1964, H. 4) 3024

Leyh, Georg
Die deutschen Bibliotheken von der Aufklärung bis zur Gegenwart.
Wiesbaden: O. Harrassowitz 1963. ill., 491 S., brosch. DM 96. - (= Sonderdruck aus Handbuch der Bibliothekswissenschaft, Band III) 3025

Library History Group Newsletter.
London: Library Association 1963 ff. 4°, gratis 3026

Mehl, Ernst / Hannemann, Kurt
Deutsche Bibliotheksgeschichte.
Berlin: E. Schmidt 3027

Mummendey, Richard
Von Büchern und Bibliotheken. Reprograf. Nachdr. d. Ausg. Bonn 1950. 2. verb. u. verm. Aufl.
Darmstadt: Wissenschaftliche Buchgesellschaft 1964. 359 S., 152 Abb., 8°, Ln. DM 34.50 3028

Neret, Jean Alexis
Histoire illustrée de la librairie et du livre Francais des origines à nos jours.
Paris: Lamarre 3029

Odgers, Joseph Frederick
Early libraries in Camborne. Camborne Public (free) Library, 1895-1963.
Camborne/Cornwall: Public Library 1964. 45 S., ill., 8°, sh 2/6 3030

Persoons, Ernest
France bronnen over Limburgse bibliotheken.
Hasselt: Privinciale Bibliotheek 1963. 59 Bl., Tab., 8°, bfr. 50.- 3031

Pihuljak, Irene
Das rumänische Bibliothekswesen. Eine Skizze seiner Geschichte.
Wien: Österr. Nationalbibliothek 1961. 37 S., 8°, kart., ÖS 30. - (Biblios Schriften Bd. 32.) 3032

Samurin, E. I.
Geschichte der bibliothekarisch-bibliographischen Klassifikation. 2 Bände.
Leipzig: Bibliographisches Institut 1965 ff. XVI, 405 u. ca. 400 S., 8°, Hln. je MDN 46.-
München-Pullach: Verlag Dokumentation 1967. XVI, 405 u. ca. 400 S., 8°, brosch. je DM 56.- 3033

Schietzel, Werner
Bibliotheksgeschichte bis 1890. 4. Aufl.
Leipzig: Fachschule für Bibliothekare "Erich Weinert" 1963. IV, 47, 11 S., 4° (= Lehrbriefe f.d. Fachschulfernstudium Reihe A. Nr. I) 3034

Schneider, Georg
Theory and history of bibliography 1934-1961.
New York: Scarecrow Press 1962. XIV, 306 S., $ 7.50 3035

Shera, Jesse Hauk
Foundations of the public library; the origins of the public library movement in New England, 1629-1855.
Hamden, Conn.: Shoe String 1965. XV, 308 S., $ 9.- 3036

Simon, K. R.
Geschichte der ausländischen Bibliograhpie. (russ.)
Moskau: Mesh. Kniga 1963. 736 S., DM 10.- 3037

Teplov, D.
Informacionno-techničeskaja bibliografija v SSSR. Die informatorisch-technische

Bibliographie in der UdSSR der letzten 250 Jahre. (russ.)
Moskau: Mesh. Kniga 1961. 128 S., MDN 2. - 3038

Thornton, John Leonard
Selected readings in the history of librarianship. 2nd ed.
London: Library Association 1966. 408 S., Abb., 8°, sh 88/- 3039

Three hundred and fifty years public libraries in Bristol.
Bristol: Central Library 1963. 17 S., ill., 4°, gratis 3040

Todd, William B.
New adventures among old books. An essay in eightenth century bibliography.
Lawrence/Kan.: University of Kansas Libraries 1959. 33 S., $ 1.- (= Univ. of Kans. pubns. lib. ser. 4) 3041

Vleeschauwer, Hermann, J. de.
History of western library. Vol. I: History of the library in antiquity Part 1-2.
Pretoria: Universiteit van Suid-Afrika 1963. 99 S., 8° 3042

Vleeschauwer, Hermann, J. de.
Survey of library history Part 1-4.
Pretoria: Universiteit van Suid-Afrika 1963. 262 S., 8° 3043

Vorstius, Joris
Grundzüge der Bibliotheksgeschichte. 5. erw. Aufl.
Leipzig: VEB Verlag für Buch- und Bibliothekswesen. 138 S., 8°, brosch. MDN 5. - 3044

2.1.1. Festschriften, Biographien

Aktuelle Probleme der Bibliotheksverwaltung. Festgabe Hermann Fuchs zum 70. Geburtstag am 13. März 1966 von Freunden u. Schülern dargebracht. Hrsg. von Ewald Wagner. Mit Bibliographie H. Fuchs.
Wiesbaden: Harrassowitz 1966. 151 S. mit Abb., 1 Titelbild, gr. 8°, Ln. DM 26. - 3045

Ardern, Lawrence Leigh
John Benjamin Dancer, instrument maker, optician and the originator of microphotography. Library Association Reference, Special and Information Section.
London: Library Association 1960. 19 S., 2 Abb., 8°, sh 4/- (North Western Group, Occasional papers No. 2) 3046

Aus der Arbeit des Bibliothekars. Aufsätze und Abhandlungen, Fritz Redenbacher zum 60. Geburtstag dargebracht.
Erlangen: Universitäts-Bibliothek 1960. 207 S., Abb., 8°, kart. DM 18. - (= Schriften der Universitäts-Bibliothek 4) 3047

Aus der Welt des Bibliothekars. Festschrift für Rudolf Juchhoff zum 65. Geburtstag.
Köln: Greven 1961. 484 S., 14 Abb., Ln. DM 58. - 3048

Die Berliner Stadtbibliothek. Festgabe zur Eröffng. ihres Neubaues im Okt. 1966. Red.: Hilde Weise-Standfest u. Adolf Weser.
Berlin: Berliner Stadtbibliothek 1966. 59 S., mit Abb., 8°, Ln. 3049

Bibliographie zur Geschichte der Deutschen Bücherei. Zsgest. v. Sigune Mallachow. Ausw. aus de. Jahre 1965. Leipzig: Deutsche Bücherei 1966. S. 167-197, 8° (Aus: Jahrbuch der Deutschen Bücherei, Jg. 2. 1956) 3050

Bibliotheca Docet. Festgabe für Carl Wehmer.
Amsterdam: Erasmus 1963. 411 S., 110 Abb., Ln. hfl. 72.- 3051

De bibliotheca Moguntina. Festschrift d. Stadtbibliothek Mainz zum fünfzigjährigen Bestehen ihres Gebäudes Rheinallee 3 3/10 am 7. Nov. 1962.
Mainz: Stadtbibliothek 1963. 88 S., 8°(n. i. B.) (=Veröffentlichung der Stadtbibliothek u. d. Städt. Volksbüchereien Mainz, Nr. 28) 3052

Die Bibliothek des Börsenvereins der Deutschen Buchhändler, Entwicklung u. gegenwärtiger Stand.
Leipzig: Dt. Bücherei 1960. 5 S., 8° (= Neue Mitteilungen aus d. Dt. Bücherei Nr. 29) 3053

Bibliothek, Bibliothekar, Bibliothekswissenschaft. Festschrift zum 60. Geburtstag von Joris Vorstius. Unter Mitwirkung von W. Gröber, H. Kunze und E. Paunel herausgeg. v. H. Roloff.
Leipzig: VEB Verlag für Buch- und Bibliothekswesen. 440 S., 11 Abb., 8°, Ln. MDN 24.- 3054

Bibliothekarische Nebenstunden. Joseph Gießler zum 65. Geburtstag gewidmet.
Düsseldorf: Landes- und Stadtbibliothek 1964. 67 S., Abb., 1 Taf., 8°, DM 5.- (= Veröffentlichungen d. Landes- und Stadtbibliothek Düsseldorf. 5) 3055

Bibliothekswesen und Dokumentation Dr. Walter Arnold zur Vollendg. s. 65. Lebensjahres. Arbeiten aus d. Jahren 1955-1965.
Leipzig: Deutsche Hochschule f. Körperkultur 1966. 16 Bl., 4° (Maschinenschr. vervielf.) 3056

Bio.bibliografia del Cuerpo Facultative de Archiveros, Bibliotecarios y Arqueologos. 1858-1958. Prólogo del Sr. D. Vicente Castaneda y Alcover. Bearb. von Augustin Ruiz Cabriada.
Madrid: Junta tecnica de Archivos 1958. 1361 S. 3057

Buch und Welt. Festschrift für Gustav Hofmann zum 65. Geburtstag dargebracht. Im Auftrag der Bayerischen Staatsbibliothek herausgegeben von Hans Striedl und Joachim Wieder.
Wiesbaden: Otto Harrassowitz 1965. XXVI, 532 S., 78 Taf., Ln. DM 100.- 3058

Bülck, Rudolf
Geschichte der Kieler Universitätsbibliothek.
Eutin: Alfred Burckhardt 1960. XV, 297 S., 1 Abb., DM 33.- 3059

Ein Denkmal freiheitlichen Geistes. 10 Jahre. Amerika-Gedenkbibliothek, Berliner Zentralbibliothek 17. September 1964.
Berlin: Amerika-Gedenkbibliothek 1964. 23 S., Abb., quer 8° 3060

Die Deutsche Bibliothek 1945-1965. Festgabe für Hanns Wilhelm Eppelsheimer zum 75. Geburtstag. Hrsg. von Kurt Köster.
Frankfurt/M.: Klostermann 1966. 192 S., Abb., gr. 8°, kart. DM 16.50 (= Zeitschrift für Bibliothekswesen und Bibliographie, Sonderheft 3) 3061

Die Deutsche Bücherei im Bild.
Leipzig: Deutsche Bücherei 1959. 28 Bl., 8° (= Neujahrsgabe d. Dt. Bücherei, 1960) 3062

Die Deutsche Staatsbibliothek und ihre Kostbarkeiten. Hrsg.: W. Löschburg, H. Wegehaupt und L. Penzoldt. (Schätze aus der Deutschen Staatsbibliothek)
Weimar: Böhlau 1966. 40 S., Text, 72 Taf., 8°, Ln. ca. MDN 12.- 3063

Dietzel, Armin
Die Universitätsbibliothek Erlangen-Nürnberg. Geschichte, Gliederg., Benutzung, Schätze. Mit e. Beitr. v. Rudolf Frankenberger.
Erlangen: Universitäts-Bibliothek 1966. 37 S., Abb., 8°, DM 1.90 3064

Dove McColvin and Reeves' Music Libraries.
London: Deutsch. Vol. 1: sh 35/-. Vol. 2: sh 80/- 3065

Duft, Johannes
Mittelalterliche Schreiber. Bilder, Anekdoten und Sprüche aus der Stiftsbibliothek St. Gallen. 2. Aufl.
St. Gallen: Tschudy 1964. 44 S., 8°, Sfr.6.- 3066

Curt Fleischhack.
Leipzig: Deutsche Bücherei (Neue Mitteilungen aus der Deutschen Bücherei, Heft 38) 3067

Friends of the Bancroft Library. An informal record of George P. Hammond and his aera in the Bancroft Library, Berkeley Univ. of. Calif.
Berkeley, Calif: Univ. of Calif. 1965. XIII, 119 S., ill. 3068

Fünfzig Jahre Bibliothek für Zeitgeschichte. Weltkriegsbücherei Stuttgart 1915-1965.
Frankfurt/M.: Bernard & Graefe 1965. VI, 89 S., 8 S. Abb., 8°, kart. 3069

Gedenkschrift zur Einweihung der neuen Universitätsbibliothek der Johannes Gutenberg-Universität, Mainz. (Hrsg.: Dr. Ing. Hermann Eibel in Gemeinschaftsbank mit Dr. Hermann Sauter).
Mainz: Freunde d. Universität (Auslfg. Buchh. Krichtel; Gutenberg-Buchh. 1966) 169 S., mehr. Bl. Abb., 1 Titelb. gr. 8° 3070

Geldner, Ferdinand
Bayerische Staatsbibliothek 1558/1958. Bucheinbände aus elf Jahrhunderten. Hrsg. anlässl. d. 400jähr. Bestehens d. Bayer. Staatsbibliothek. 2. Aufl.
München: Bruckmann 1959. 46 S. Text, 108 Taf., 162 Abb., 4°, Hln. DM 54.- 3071

Geschichte der Bibliothek der Akademie der Wissenschaften der UdSSR. 1714-1964. (russ.)
Moskau: Mesh. Kniga 1964. 600 S., 50 Abb., 4°, MDN 15.60 3072

Geschichte, Tätigkeit und Aufbau der Károlyi Mihály Landwirtschaftlichen Landesbibliothek und Zentralstelle für Dokumentation.
Budapest: Károly Mihály Landwirtschaftliche Landesbibliothek u. Zentralstelle f. Dokumentation 1965. 17 S., gr.-8° 3073

Geschichte der Universitätsbibliothek Jena 1549-1945.
Weimar: H. Böhlaus Nachf. (= Claves Jenenses 7) 3074

Goriszowski, W.
Biblioteki szkolne w województwie katowickim w latach 1945-1960. Die

Schulbibliothek in der Woiwodschaft Katowice in den Jahren 1945-1960.
Warschau: ArsPolona 1964. 100 S., 8°, $ -.65 3075

Histoire de la Bibliothèque de la Chaux-de-Fonds 1838-1963. Allocutions prononcées le 14 décembre 1963 ... par André Sandoz et Fernand Donzé.
La Chaux-de-Fonds: Bibliothèques de la Ville 1964. 47 S., ill., 8° 3076

Humphreys, K.W.
The library of the Carmelites at Florence at the End of the Fourteenth Century.
Amsterdam: Erasmus 1964. 106 S., hfl. 36.- (= Studies in the History of Libraries and Librarianship, Vol. 2. Safaho Monographs, Vol. 3) 3077

Hunt, Donald, H.
Libraries and reading. Their importance in the lives of famous Americans. Essays by Marguerite de Angeli.
Philadelphia, Pa.: Drexel Institute of Tech 1964. 29 S., 8°, $ 1.- (=Drexel Lib.) 3078

Istorija Biblioteki Akademii nauk SSSR 1714-1964. History of the Library of the Academy of sciences of the USSR. 1714-1964.
Moskau: Nauka / Leipzig: Deutsche Bücherei 1964. 599 S., geb. (= Geschichte der Bibliothek der Akademie der Wissenschaften der UdSSR) 3079

Jayne, Sears / Johnson, Francis R.
The Lumley Library.
London: British Museum (= British Museum Bicentary Publications.) 3080

Ker, Neil Ripley
Medieval libraries of Great Britain . A list of surviving books. 2. Aufl.
London: Royal Historical Society 1964. XXXII, 424 S., 8°, sh 60/- (= Royal Historical Society, Guides and handbooks no. 13) 3081

Klevenskij, M. M.
Geschichte der staatlichen Leninbibliothek der UdSSR. Band I: Geschichte der Bibliothek des Moskauer Öffentlichen und Rumjancev-Museums.
Leipzig: VEB Verlag für Buch- und Bibliothekswesen 1963. 158 S., 6 Taf., 8°, brosch. MDN 9.30 3082

Knipper, Adolf
Bibliographie zur Geschichte der Universität Gießen von 1900 bis 1962.
Ergänzt und überarb. von Erwin Schmidt.
Gießen: Universitätsbibliothek 1963. 77 S., 8° (n.i.B.) (= Berichte und Arbeiten aus der Universitätsbibliothek Gießen Nr. 2) 3083

Kölner Schule. Festgabe zum 60. Geburtstag von Rudolf Juchhoff. Hrsg.: Hermann Corsten u. Gerhart Lohse.
Köln: Greven Verlag 1955. 228 S., kart. DM 12.80 (= Arbeiten aus dem Bibliothekar-Lehrinstitut des Landes Nordrhein-Westfalen) 3084

Koschlig, Manfred
Die Bibliothek der Technischen Hochschule Stuttgart 1962. Mit einer Darstellung ihrer Geschichte von Paul Gehring.
Stuttgart: Bibliothek der Technischen Hochschule Stuttgart 1962. 264 S., 64 Abb., 8°, Ln. DM 38.- 3085

Lee, Peter John
A catalogue of the Foundation Library: with notes and an historical introduction.
Holt: Gresham's School 1965. 24 S., 8°, sh 3/6 3086

Lehmann, Paul
Eine Geschichte der alten Fuggerbibliotheken. II. Teil: Quellen und Rekonstruktionen.
Tübingen: J.C.B. Mohr 1960. IX, 628 S., brosch. DM 60.-; Hln. DM 64.- (= Studien zur Fuggergeschichte, Band 15) 3087

Kunze, Horst / Dube, Werner
Zur Vorgeschichte der Deutschen Staatsbibliothek.
Berlin: Deutsche Staatsbibliothek 1961. 47 S., Abb., 4° 3088

The Library of the Hungarian Academy of Sciences 1826-1961. (ungar.) (Akadémiai Kiadó Budapest.)
Budapest: Kultura 1960, 101 S., Abb., 8°, sh 20/- 3089

The Library and museum of the performing arts at Lincoln Center. Text Rosine Raoul.
New York: Public Library 1965. 52 S., ill., 4°, $ 2.50 3090

Library Science Today. Ranganathan Festschrift, Vol. I.
London: Asia Publ. House, sh 100/- 3091

Mallachow, Signe / Schmidt, Gerhard
Bibliographie zur Geschichte der Deutschen Bücherei. Ausw. aus den Jahren 1962-1964.
Leipzig: Deutsche Bücherei 1965. S. 161-221, 8° (Aus: Jahrbuch der Deutschen Bücherei, Jg. 1/9163) 3092

Meyen, Fritz
Bibliothek der Technischen Hochschule Carola-Wilhelmina zu Braunschweig. 18. Jahresbericht.
Braunschweig: Bibliothek d. Technischen Hochschule 1963 3093

Moderhack, Richard
Hundert Jahre Stadtarchiv und Stadtbibliothek Braunschweig 1861-1961.
Braunschweig: Waisenhaus-Buchdruckerei 1961. 112 S., 109 Abb., 8°, Ln. DM 10.- 3094

Moritz, E.-M.
Die Bibliothek der freien Reichsstadt Schweinfurt.
Schweinfurt: Historischer Verein (= Veröffentlichungen des Historischen Vereins und Stadtarchivs Schweinfurt. Heft 6) 3095

Munby, Alan Noel Latimer
Macaulay's library: being the twenty-eighth lecture on the David Murray Foundation in the University of Glasgow delivered on 9th March, 1965.
Glasgow: Jackson 1966. 35 S., 8°, sh 7/6 (= David Murray Foundation lectures, no. 28) 3096

Munford, W.A.
Edward Edwards, 1812-1886: a portrait of a librarian.
London: The Library Association 1963. 240 S., ill., sh 48/- 3097

Nestler, Friedrich
Friedrich Adolf Ebert, 1791-1834 und seine Stellung im nationalen Erbe der deutschen Bibliothekswissenschaft. Diss. v. 21. Juli 1965.
Berlin: Humboldt-Universität 1965. XIII, 303 Bl., 4° 3098

Nichols, Charles L.
The library of Ramses the Great. First pub. in 1909 by The Club of Old Volumes. Berkeley/Calif.: Peacock Press 1964. 43 S., ill., 8°, $ 1.75 3099

Die Niedersächsische Landesbibliothek, Hannover. Kleiner Führer durch ihre Geschichte, Bestände u. Einrichtungen.

Hannover: Niedersächs. Landesbibliothek 1965. 20 S., mit Abb., 8° (n.i.B) 3100

The 1764 catalogue of the Redwood Library Company at Newport, Rhode Island; edited, with an introduction, bey Marcus A. McCorison and a preface by Wilmarth S. Lewis.
New Haven, Conn., London: Yale U.P. 1965. XXIII, 109 S., Abb., 8°, sh 72/- 3101

Parish, Charles
History of the Birmingham Library: an eighteenth century proprietary library as described in the annals of the Birmingham Library, 1779-1799, with a chapter on the later history of the library to 1955.
London: Library Association 1966. V, 151 S., ill., 8°, sh 21/- 3102

Radspieler, Hans
Franz Xaver Bronner, 1758-1850.
Aarau: Kantonsbibliothek und Staatsarchiv 1964. XII, 31 S., 8°, Sfr. 4.80 (= Aargauische Bibliographien und Repertorien. 1.) 3103

Redwood Library and Athenaeum, Newport, R.I. The 1764 catalogue of the Redwood Library Comp. at Newport, Rhode Island.
New Haven: Yale 1965. XXIII, 109 S., $ 10.- 3104

Rémy, Fernand
Le Personnel scientifique de la Bibliothèque Royale de Belgique 1837-1962. Repertoire bibliographique.
Brüssel: 1962. 128 S., 8° 3105

Richardson, Ernest Cushing
Some old Egyptian librarians.
Berkeley/Calif.: Peacock Press 1964. 93 S., 8°, $ 2.25 3106

Rivinus, A. Q.
Bibliotheca Riviniana sive Catalogus librorum philologico-philosophico-historicorum, itinerariorum, imprimis autem medicorum, botanicorum et historiae naturalis scriptorum, etc. Lipsiae 1727.
Amsterdam: Asher. VII, 740 S., 8°, hfl. 136.- 3107

Römische Reden. 10 Jahre Dt. Bibliothek Rom, Goethe-Inst. 1955-1965. Von Giulio Carlo Argan u. a.
München: Süddeutscher Verlag 1965, 184 S., S. 169-183, Abb., 8°, kart. DM 12.- (= Schriftenreihe des Goethe-Instituts.) 3108

Rötzsch, Helmut
Der Börsenverein der deutschen Buchhändler zu Leipzig und die Deutsche Bücherei. Ein Beitrag zur Geschichte d. dt. Nationalbibliothek.
Leipzig: Deutsche Bücherei 1962. 40 S., 8° (n.i.B.) (= Neujahrsgabe d. Deutschen Bücherei. 1963) 3109

Rötzsch, Helmut
Deutsche Bücherei 1912-1962. Festschrift zum 50jährigen Bestehen d. dt. Nationalbibliothek.
Leipzig: Verlag für Buch- und Bibliothekswesen 1962. XXII, 400 S., 18 Bl. Abb., 4° 3110

Roloff, H.
Beiträge zur Geschichte der Universität Rostock im 19. Jahrhundert.
Leipzig: VEB Verlag für Buch- und Bibliothekswesen. 66 S., 2 Taf., 8°, brosch. MDN 6.60 (= 79. Beiheft zum "Zentralblatt für Bibliothekswesen") 3111

Sadler, M.
Passages from the autobiography of a bibliomaniac. With an introduction by

Br. A. Booth.
Los Angeles: University of California Library 1962. XII, 38 S., (n.i.B.) 3112

Schmidbauer, Richard
Die Augsburger Stadtbibliothekare durch vier Jahrhunderte.
Augsburg: Verlag Die Brigg 1963, 328 S., Abb., 8°, Ln. DM 32.- (= Abhandlungen z. Geschichte d. Stadt Augsburg. Band 10) 3113

Schunke, I.
Die Einbände der Palatina in der Vatikanischen Bibliothek. 2. Bände.
Cittá del Vaticano: Biblioteca Apostolica Vaticana 1962. (= Studi e testi 216-218.) 3114

Steiner-Prag, Hugo
12. Dezember 1880-10. September 1945.
Festgabe anläßlich der Gedächtnisausstellung zum 75. Geburtstag.
Wien: Gesellschaft d. Freunde d. Österreichischen Nationalbibliothek 3115

Storz, Jürgen
Hauptbibliothek, Archiv und Naturalienkabinett der Franckeschen Stiftungen.
Halle/Saale: Rat d. Stadt, Francke-Komitee 1965. 15 S., 8° 3116

Tazbir, S.
Ozieje Biblioteki Publicznej Miasta Stolecznego Warszawy w ilustracjach 1907-1957. Geschichte der öffentlichen Bibliothek der Hauptstadt Warschau in Illustrationen 1907-1957.
Warschau: Ars Polona 1961. 125 S., 4°, Ln. $ 2.50 3117

Uhlendahl, Heinrich
Leipzig: Deutsche Bücherei (= Neue Mitteilungen aus der Deutschen Bücherei) 3118

Uhlendahl, Heinrich
Vorgeschichte und erste Entwicklung der Deutschen Bücherei.
Leipzig: Deutsche Bücherei 1957. 63 S., 5 Abb., 8° (= Neujahrsgabe der Deutschen Bücherei 1958) 3119

Urech, Karl
Die Gründung der Stadtbibliothek Lenzburg 1813. Vortrag.
Lenzburg: Stadtschreiberei 1965. 47 S., ill., 8°, geb. Fr. 8.50 (= Veröffentlichung der Lenzburger Ortsbürgerkommission. 14.) 3120

Vierhundert Jahre Bayerische Staatsbibliothek.
Hannover: Nordwestdeutsche Verlagsanstalt (= Sonderheft der DFW Dokumentation - Fachbibliothek - Werksbücherei) 3121

Vierhundert Jahre Bayerische Staatsbibliothek.
München: Hirmer 3122

Wagner, Ewald
Aktuelle Probleme der Bibliotheksverwaltung, Festgabe Hermann Fuchs zum 70. Geburtstag am 13. März 66 von Freunden und Schülern dargebracht.
Wiesbaden: Harrassowitz 1966. 151 S., 2 Taf., Ln. ca. DM 28.- 3123

Walther, Karl Klaus
Bibliographie zur Geschichte der Universitäts- und Landesbibliothek Sachsen-Anhalt zu Halle.
Halle/Saale: Universitäts- und Landesbibliothek Sachsen-Anhalt 1963. 70 S., 8°, MDN 4.40 (= Schriften zum Bibliotheks- und Büchereiwesen in Sachsen-Anhalt 18) 3124

Weber, Ulrich
Wilhelm Brambach und die Reorganisation der Großherzoglich Badischen Hof- und Landesbibliothek in Karlsruhe 1874-1904.
Köln: Greven 1954. 74 S., kart. DM 4.50 (= Arbeiten aus dem Bibliothekar-Lehrinstitut des Landes Nordrhein-Westfalen) 3125

Ein Wegbereiter sozialistischer Bibliotheksarbeit. Erich Schröter zum 70. Geburtstag. Mit Bibliographie E. Schröter.
Berlin: Zentralinstitut für Bibliothekswesen 1964. 179 S., 1 Abb., 8° 3126

Weimann, Karl-Heinz
Die Niedersächsische Landesbibliothek, Hannover. Kleiner Führer durch die Geschichte, Bestände und Einrichtungen.
Hannover: Niedersächsische Landesbibliothek 1965, 20 S., Abb., 8° 3127

Weite Welt und breites Leben. Festschrift der Universitätsbibliothek der Friedrich-Schiller-Universität Jena zum 80. Geburtstag von Prof. Karl Bulling am 24. Juli 1965.
Leipzig: Bibliographisches Institut 1965. 288 S., Tab., Abb., geb. (= Zentralblatt für Bibliothekswesen, Beiheft 82) 3128

Wenig, Otto (Hrsg.)
Freundesgabe für Viktor Burr.
Bonn: Bouvier 1966. VIII, 115 S., gr.-8°, kart. DM 15.- (= Bonner Beiträge zur Bibliotheks- und Bücherkunde, Band 25. Beih. zu: Wege zur Buchwissenschaft) 3129

Wiener Stadtbibliothek. Festschrift zum hundertjährigen Bestehen der Wiener Stadtbibliothek 1856-1956.
Wien: Verlag für Jugend und Volk 3130

Williamson, W. L.
William Frederick Poole and the Modern Library Movement.
London: University Press of Columbia 196.
sh 45/- 3131

Wolff, Herbert
Die öffentlichen Bibliotheken in Mecklenburg und Vorpommern von ihren Anfängen bis 1918. Ein quellenkundl. Nachweis.
Schwerin: Bezirksbibliothek 1965. 139 S., 8°(= Beiträge zur Geschichte der öffentlichen Bibliotheken in Mecklenburg. Folge 3) 3132

Z Zagadnien teorii i praktyki bibliotekarskiej. Studia poswiecone pamieci Josefa Grycza. Probleme der bibliothekarischen Theorie und Praxis. Studien zum Andenken an Jozef Grycz.
Warschau: Ars Polona 1961. 520 S., gr.-8°, $ 4.- 3133

Ziel und Wege bibliothekarischer Bildung. Festgabe zum 65. Geburtstag von Johannes Langefeldt. Hrsg. Viktor Zifreund.
Köln: Greven 1958. 166 S., kart. DM 10.80 3134

Zum Geburtstag von Dr. phil. Wilhelm Josef Meyer, Alt-Vizedirektor der Schweizerischen Landesbibliothek Bern 23. Oktober 1964. Jubiläumsschrift Zug, Zuger Verein für Heimatgeschichte.
Zug: Zuger Verein für Heimatgeschichte 1964. 30 S., 8° 3135

Zur Vorgeschichte der Deutschen Bücherei. Überarb. Neudr.
Leipzig: Deutsche Bücherei 1962. 2 Bl., Abb., 8° (= Neue Mitteilungen aus d. Dt. Bücherei Nr. 17) 3136

250 Jahre Bibliothek der Akademie der Wissenschaften der UdSSR. (russ.) Moskau-Leningrad 1965. 384 S., MDN 8.20 3137

2.2.0. Bibliothekswesen allgemein

Abramow, K. I.
W. I. Lenin über die sowjetischen wissenschaftlichen Bibliotheken (V.I. Lenin o sovetskich naučnych bibliotekach, dt.) Übers. aus dem Russischen von Christa Schankweiler.
Berlin: Institut für Bibliotheks-Wissenschaft an der Humboldt-Universität 1961. 25 S., 8°, geh. MDN 1.- (n.i.B.) 3138

ALA bulletin. Issues of freedom in American libraries.
Chicago: American Library Association 1964. 80 S., 4°, $ 1.75 3139

The American library compendium and index of world art.
New York: American Archives of World Art 3140

American library laws. 3. Aufl.
Chicago: American Library Association 1964. VII, 1559 S., 4°, $ 15.- 3141

Annual Conference Proceedings, London: Library Association 1965. 48 S., sh 10/- 3142

Die Arbeit der allgemeinbildenden Bibliotheken zur Propagierung der Geschichte der deutschen Arbeiterbewegung.
Berlin: Zentralinstitut für Bibliothekswesen 1963. 32 S., 8° (= Studienmaterial für die hauptberuflichen Bibliothekarischen Mitarbeiter der allgemeinbildenden Bibliotheken in der DDR) 3143

Arbeitsprogramm für das Jahr 1964.
Berlin: Deutscher Bibliotheksverband 1964. 3 Bl., 8° (n.i.B.) (= Dokumente und Materialien Nr. 3) 3144

Ashworth, Wilfred
Handbook of special librarianship and information work. 2. Aufl.
London: Aslib 1962. V, 508 S., 8°, sh 63/- 3145

Baillie, Stuart
Library school and job success.
Denver, Colo.: University of Denver, Graduate School of Librarianship 1964. IX, 176 S., 4°, $ 3.50 (= Studies in librarianship. V. 1, no. 3) 3146

Bericht über das Treffen der Parlaments- und Behördenbibliotheken im Rahmen des 55. Deutschen Bibliothekartages in Nürnberg 1965.
Karlsruhe: Bibliothek d. Bundesgerichtshofes 1966. 63 S., 4° (= Arbeitsgemeinschaft d. Parlaments- u. Behördenbibliotheken. Arbeitshefte Nr. 20) 3147

Bibliographische Vorhaben der Bibliotheken der Deutschen Demokratischen Republik, Gesamtplan f.d. Jahr 1964.
Leipzig: VEB Otto Harrassowitz 1964. 15 S. (= Zentralblatt für Bibliothekswesen, 1964, 5.Beil.) 3148

Bibliography of publications designed to raise the standard of scientific literature.
Paris: UNESCO 1963. 83 S., brosch. DM 4.10 3149

Bibliotheka u Jugoslaviji.
Belgrad: Savez Drustava Bibliotekara Jugoslavije 1962. 411 S. 3150

Bibliotheekleven. Hrsg.: Centrale Vereniging voor Openbare Bibliotheken; Nederlandse Vereniging van Bibliothecarissen.

mtl.
Amsterdam: Universiteitsbibliotheek 1916. ff. hfl. 14.- jl. 3151

Bibliothek und Wissenschaft. Ein Jahrbuch.
Wiesbaden: Harrassowitz 1964 ff. 3152

Bibliotheken, Bücher, Bibliothekare, Berichte, Zahlen, Bilder aus dem Bezirk Frankfurt/Oder.
Frankfurt/O.: Stadt- und Bezirksbibliothek 1963. 20 S., Abb., 8° 3153

Die Bibliotheken der UdSSR. Arbeitserfahrungen. (russ.) 28. Folge.
Moskau: Mesh. Kniga 1965. 176 S., Br. MDN 1.75 3154

Bibliotheken in der Welt (Libraries in the world, dt.) Ein langfristiger Plan d. Internat. Verbandes d. Bibliothekar-Vereine.
Berlin: Deutscher Bibliotheksverband 1965. 59 S., 8° 3155

Bibliotheksarbeit heute. Folge 2. Aufsätze und Diskussionsbeiträge. Bibliotheksgeschichtliche Fragen u.a. Einfluß der Großen Französischen Revolution.
Leipzig: VEB Verlag für Buch- und Bibliothekswesen 1960. 148 S., 8°, MDN 3.80 3156

Bibliotheksarbeit heute. Aufsätze und Diskussionsbeiträge. Folge 3. Hrsg.: Zentralinstitut für Bibliothekswesen.
Leipzig: VEB Bibliographisches Institut 1964. 160 S., brosch. MDN 3.80 3157

Bibliothekskunde und Bibliographie im Ausland.
Moskau: Mesh. Kniga 1962. 168 S., brosch. DM 2.40 3158

Bibliotheksstatistik. Die allgemeinbildenden Bibliotheken d. DDR in Zahlen. Bearb. v. Wolfgang Horscht. 1964.
Berlin: Zentralinstitut f. Bibliothekswesen 1965. 105 S., 8 S. Abb., 8° 3159

Bibliotheksstatistik, Bezirk Erfurt 1964.
Erfurt: Stadt- und Bezirksbibliothek 1965. 28 S., 8° 3160

Das Bibliothekswesen des Auslandes.
Leipzig: Fachschule für Bibliothekare "Erich Weinert" 1964. 3 Teile: IV, 90, 10 + III, 29 + III, 74 S., 4° (= Lehrbriefe f.d. Fachschulfernstudium Reihe A, Nr. I) 3161

Bibliothèque du tiers-monde. Réd. par Micheline Six.
Brüssel: Amis de Présence africaine 1964. 72 S., 4°, bfr. 36.- 3162

Böhme, Rudolf
Die Arbeit mit literaturpropagandistischen Materialien.
Berlin: Zentralinstitut für Bibliothekswesen 1963. 38 S., 8°, geh. (= Studienmaterial, H. 31) 3163

Bordin, Ruth Birgitta / Warner, Robert M.
The modern manuscript library.
New York: Scarecrow 1966. 151 S., 8°, $ 4.- 3164

Briskman, M.A. / Bronstejn, M.P.
Sostavlenie bibliograficeskich posobij. Prakticeskoe rukovodstvo. (Die Bearbeitung bibliographischer Hilfsmittel. Praktische Anleitung, russ.)
Moskau: Zd. "Kniga" 1964. 298 S., 7 S. 3165

British Humanities Index.
London: Library Association 1964. 632 S., £ 8.8.- 3166

Das Buch in der Rumänischen Volksrepublik.
Bukarest: Artia grafica 1965. 18 Bl, Abb., 8° 3167

Das Buch- und Bibliothekswesen im Spiegel der Jahresverzeichnisse der Deutschen Hochschulschriften, 1885-1961
Eine Bibliographie. Hrsg.: Othmar Feyl.
Jena: Ges. wiss. Beratungsstelle der Universitätsbibliothek 1964. VI, 50 S., geh. (= Bibliographische Mitteilungen der Universitätsbibliothek Jena. Nr. 6.) 3168

Bücher zum Bibliothekswesen. Bestandsverzeichnis.
Berlin: Zentralinstitut für Bibliothekswesen, Fachbibliothek 1960, 186 S., 8° 3169

Burgaud, Francoise
Ma bibliotheque.
Verviers: Gérard & Co. 1964. 158 S., 32°, F 20.- (= Marabout-flash, 192) 3170

Busch, Jürgen
Bibliographie zum Bibliotheks- und Büchereiwesen. Aus dem Nachlaß bearb. von Ursula von Dietze.
Wiesbaden: Harrassowitz 1966. XLVI 223 S., brosch. 3171

Busse, Gisela von
German library development since 1945.
Washington: Library of Congress 3172

Butler, Pierce
An introduction to library science.
With an introduction by Lester E. Asheim.
London: Chicago University Press 1961.
VII, 118 S., 8°, sh 8/6 (= Phoenix books) 3173

Campbell, Henry C.
Reisebericht 1964. Bericht über eine Studienreise v. kanad. Bibliothekaren durch die Bundesrepublik im Frühsommer 1964.
Berlin: Deutscher Büchereiverband; Arbeitsstelle f. d. Büchereiwesen / Leipzig: Deutsche Bücherei 1965. 16 S., 6 Tab. (= Büchereidienst, Beih. 14) 3174

Carter, J.
Books and book-collectors
London: Rupert Hart-Davis 3175

Catholic Library Association. Parish Libraries Section. The parish and Catholic lending library manual.
Haverford, Pa.: Author 1965. 64 S., $ 1.50 3176

Chandler, George
Libraries in the modern world. Commonwealth and international library.
Library and Technical Information Division.
London: Pergamon Press, Oxford 1965.
VII, 164 S., sh 17/6 3177

Clapp, Verner W.
The future of the research library.
Urbana: Univ. of Illinois Press 1964.
VII, 114 S. 3178

Collision, Robert Lewis
Bibliographical Services throughout the World 1950-1959.
Paris: UNESCO 1961. 228 S., Ln. DM 12.60 (= United Nations Educational Scientific and Cultural Organisation. Bibliographical handbooks, 9) 3179

Conference on Librarian. Statistician Relations in the field of economic statistics, 1965, London.
London: Library Association 1966. 138 S., sh 40/- 3180

Conlon, Eileen
Books lead the way. Library and reading

Conlon, Eileen
Books lead the way.
New York: Scarecrow Press 1964. XXXVIII, 152 S., ill., 8°, $ 3.75 3181

Connolly, Cyril
The modern movement. One hundred key Books, French, English, American 1880-1920.
London: Deutsch 1965. 128 S., sh 10/6 3182

Corbett, Edmund Victor
An introduction to librarianship.
London: Clarke 1963. 6, 398 S., 8°, sh 45/- 3183

Currie, Clifford
Prospects in librarianship. A guide to careers in modern librarianship. 2. Aufl.
London: Lockwood 1963. XII, 124 S., 8 Abb., 8°, sh 15/- (= New Librarianship series.) 3184

Das Dänische Gesetz über Öffentliche Büchereien 1964. Hrsg. von Bibliotekstilsynet.
Kopenhagen: Bibliotekscentralen 1966. 19 S., geh. 3185

Danton, J. P.
Book selection and collections. A comparison of German and American University Libraries.
London: University Press of Columbia 1963. sh 45/- 3186

Dargent, Juliette-Lambertine
Commission belge de bibliographie, sous-commission de la Commission nationale pour l'Unesco (franz., holl.)
Brüssel: Commission belge de bibliographie 1962, 1963. 16 + 16 S., 8°, bfr. 20.- (= Bibliographia Belgica, 73) 3187

Development of libraries in New India. Hrsg. v. N.B. Sen.
New Delhi: New Yook Society of India 1965. 355 S., gr. 8°, Ln. Rs. 30.- 3188

Dricker, Peter Ferdinand
The concept of the corporation.
London: New English Library 1964. XIV, 255 S., 8°, sh 6/- 3189

Encyclopaedia of librarianship. Ed. by Thomas Landau. 3rd rev. ed.
New York: Hafner 1966. X, 484 S., 4°, $ 13.25 3190

Entwicklungstendenzen der bürgerlichen Bibliothekswissenschaft. Eine Sammlg. v. Aufsätzen. Red.: Gerhard Schwarz.
Berlin: Methodisches Zentrum für wissenschaftliche Bibliotheken beim Staatssekretariat f.d. Hoch- u. Fachschulwesen 1966. 179 S., 8°, DM 6.90 3191

Fischer, Anton
Das Buchklima.
Hannover: Verein Deutscher Bibliothekare 1962. 6 Bl., 4°, DM 1.- (n.i.B.) (= Einband und Buchpflege Nr. 5) 3192

Fonotow, Georgij Polikarpovič
W.I. Lenin über die Bibliographie. (V.I. Lenin o bibliografii, dt.) Übers. aus dem Russischen von Gerhard Strozyk.
Berlin: Institut für Bibliothekswissenschaft an der Humboldt-Universität 1963. 61 S., 8°, geh. MDN 2.- (n.i.B.) (= Sowjetische Beiträge zum Bibliothekswesen der UdSSR in deutscher Übersetzung 8) 3193

Foskett, Douglas John
Science, humanism and libraries.
London: Lockwood 1964. X, 246 S.,

8°, sh 26/- (= New librarianship series) 3194

Für ein höheres Niveau der Bibliotheksarbeit. Sammlung von Materialien über die Beratungen der Bibliotheksarbeiten Mittelasiens und Kasachstans (russ.).
Moskau: Mesh. Kniga 1961. 112 S., DM 1.90 3195

Fund og Forskning. Bd. 12.
Kopenhagen: Königliche Bibliothek 1965. 170 S., 8°, kart. DänKr. 24.- 3196

Furlong, Norman
Library practice for colleges of education.
London: Library Association 3197

Geer, Helen Thornton
Library literature 1958-1960. An Author and subject index to selected material on library science and librarianship.
New York: Wilson 1961. 687 S. 3198

Gegenstand und Methoden der Bibliothekswissenschaft unter besonderer Berücksichtigung der Bibliothekswissenschaft als Hochschuldisziplin. Referate, Materialien, Diskussionen, Ergebnisse und Empfehlungen der Zweiten Konferenz der bibliothekswissenschaftlichen Hochschulen und Institute in den sozialistischen Ländern, Berlin, 20-26 Mai 1962.
Leipzig: VEB Verlag für Buch- und Bibliothekswesen 1963. 348 S., 8°, geb. MDN 37.20 3199

Gerstenkorn, Hans
Die Höherstufung bibliothekarischer Hilfskräfte im Vergütungsrecht. Zum Urteil des Landesarbeitsgerichts Düsseldorf, Kammer in Köln, vom 6. Juni 1961.

Kratz, Ernst
Die Bibliothek der Industrie- und Handelskammer Frankfurt/M.
Bonn: Bibliothek des Deutschen Bundestages 1961. 22 S., 4° (Arbeitsgemeinschaft der Parlaments- und Behördenbibliotheken. Arbeitshefte Nr. 9) 3200

Goltz, Siegfried
Die Struktur des Bibliothekswesens der Deutschen Demokratischen Republik.
Leipzig: Fachschule f. Bibliothekare "Erich Weinert" 1965. IV, 82 S., 4° (= Lehrbriefe f.d. Fachschulfernstudium. Reihe A, Nr. 1) 3201

Gos. Bibl. SSSR. im V.I. Lenina.
Meždunarodnyi knigoobmen sovetskich bibliotek. Red. koll.: Kanevskij B.P., otv. red. u.a. (Der internationale Schriftenaustausch der sowjetischen Bibliotheken, russ.)
Moskau: Nauka 1964. 239 S. 3202

Gosudarstvennaja bibliografija na Ukraine 1922-1962. (Die Staatl. Bibliographie in d. Ukraine 1922-1962, russ.)
Moskau: Mesh. Kniga 1962. 83 S. 3203

Grönroos, Henrik
Finlands bibliografiska litteratur till 1962.
Helsinki: Sv. Medborgarhögsk 1962. 59 S. 3204

Grothusen, Klaus-Detlev
Die Entwicklung der wissenschaftlichen Bibliotheken Jugoslawiens seit 1945.
Köln: Greven 1958. 176 S., kart. DM 14.80 (= Arbeiten aus dem Bibliothekar-Lehrinstitut des Landes Nordrhein-Westfalen, Heft 14) 3205

Grundlagen für die bibliothekarische Regionalplanung.
Wiesbaden: Harrassowitz 1966. 52 S., brosch. DM 6.80 (= Beiträge zum Büchereiwesen, Reihe A, Band 5) 3206

Guide to reference material. Ed. Walford, A.J.
New York: R.R. Bowker 1959. 543 S., 4⁰, $ 12.15 3207

Guide to Reference Material. Supplement. Ed. Walford, A.J.
New York: R.R. Bowker 1963. 370 S., $ 12.- 3208

Gyórstájékoztató a külföldi könyvtártudományi irodalomról. Ekspress informacija inostrannoj literatury po bibliotekovedeniju i dokumentacii, Schnellinformation der ausländischen Literatur über Bibliothekswissenschaft und Dokumentation. Express information of foreign literature on library science and documentation.1966, 1.-15. 1. Nebst Liste d. bearbeiteten Zeitschriften. 1.1.1965-15.1.1966.
Budapest: Országos Széchenyi-Könyvtár, könyvtártudományi és módszertani központ 1966. 24, 14 S., 4⁰ 3209

Handbook on the international exchange of publications. Manuel des échanges internationaux de publications. Manual del canje internacional de publicaciones. Rukovodstvo po meždunarodnomu obmenu izdanijami. Hrsg. Gisela von Busse. 3., verb. u. erw. Aufl.
Paris: UNESCO 1964. 768 S., 8⁰, DM 27.90 3210

Handbuch der Bibliothekswissenschaft. Begr. von Fritz Milkau. Hrsg. von Georg Leyh. 2. Aufl.
Wiesbaden: Harrassowitz 1965. Ln. DM 88.- 3211

Harrison, Kenneth Cecil
First Steps in Librarianship.
London: Deutsch. sh 25/- 3212

Harrison, Kenneth Cecil
The library and the community.
2nd revised ed.
London: Deutsch 1966. 126 S., 8⁰, sh 18/- (= Grafton books) 3213

Harvey, Joan M.
Annual Conference Proceedings, 9th, Cambridge, 1961.
London: Library Association, Reference and Special Libraries and Information Section 1962. 40 S., 8⁰, sh 6/6 3214

Hauschka, Ernst
Bayerische Bibliotheken im Umbruch. Dargest. am Beisp. d. gegenwärtigen Situation d. Staatl. Bibliothek Regensburg.
Regensburg: Habbel 1962. 4 S., 1 Bl. Abb., 4⁰ 3215

Hewitt, Arthur Reginald
A summary of public library law, England & Wales, Scotland and Northern Ireland. 4. Aufl.
London: Association of Assistant Librarians 1965. 72 S., sh 12/- 3216

Hobbs
Local history and the library.
London: André Deutsch. sh 50/- 3217

Hunt, K. G.
The Association of Metropolitan Chief Librarians: an account of its work for library services in their relation to London local government.
London: Library Association 1967. 5, 37.S., 8⁰, sh 12/- (= Library Association. Pamphlets-no. 29) 3218

Informationsbulletin der Teilnehmer der Konferenz der bibliothekarischen Hochschulausbildung. Bulletin d'information des participants de la conférence sur l'enseignement supérieur de bibliothécaires. Informacionnyj Bjulletеń učastnikov konferencii po vysšemu bibliotečnomu obrazovaniju. Informacni bulletin ucastniku konference o vysoloskolském knihovnickém vzdeláni. A felsöfokú könyvtároskèpzési konferencia résztvevöinek tájekoztatója. Zsgst.: Lehrstuhl f. Bibliothekswissenschaft d. "Eotvos Loránd" Univ. zu Budapest. Red. Béla Babiczky. 5. Budapest. 1966
Budapest: Propagandabüro f. Volksbildung 1966. 76 S., 4° 3219

Informationstätigkeit der Bibliotheken unter den Bedingungen der wissenschaftlich-technischen und kulturellen Revolution. Thesen zur Jahreshauptversammlung d. Dt. Bibliotheksverbandes 1966 in Erfurt.
Berlin: Deutscher Bibliotheksverband 1966. 31 S., 8° 3220

International Advisory Committee on Bibliography, Documentation and Terminologie. First Session.
Paris: UNESCO 1961. 10 S. 3221

Jackson, William Vernon
Library guide for Brazilian studies.
Pittsburgh: Dist. Univ. of Pittsburgh BR Centers 1964. XIII, 197 S., $ 7.- 3222

Jugend und Buch. Vorträge der Arbeitstagungen für Jugendbibliothekare im Bibliothekar-Lehrinstitut des Landes Nordrhein-Westfalen 1956-1958.
Köln: Greven 1959. 104 S., kart. DM 3.50 3223

Karstedt, Peter
Studien zur Soziologie der Bibliothek. 2 durchges. u. vermehrte Aufl.
Wiesbaden: Otto Harrassowitz 1965. XII, 152 S., brosch. DM 28.- (= Beiträge zum Buch- und Bibliothekswesen, Band 1) 3224

Kaspers, Heinrich
Die Abgabe amtlicher Drucksachen an die öffentlichen Bibliotheken. Das Pflichtexemplarrecht für amtliche Drucksachen in Deutschland von seinen Anfängen bis zum gegenwärtigen Stand. Zugleich Grundlagen für eine Neuregelung.
Köln: Greven 1954. 168 S., kart. DM 9.60 (= Arbeiten aus dem Bibliothekar-Lehrinstitut des Landes-Nordrhein-Westfalen, Heft 4) 3225

Katalog na informacionnye bibliografičeskie kartočki 1961 god. (Katalog bibliographischer Informationskarteien 1961, russ.)
Vses. Inst. naučn. techn. Inform. Vses. Gos. Bibl. inostr. Lit.
Moskau: Mesh. Kniga 1960. 8 S. 3226

Kaula, Prithvi Nath
Library science today: Ranganathan Festschrift. Vol 1: Papers contributed on the 71st birthday of Dr. S. R. Ranganathan (12.8.1962).
London: Asia Publishing House 1965. 832 S., ill., £ 6.- (= Ranganathan series in library science. No. 14) 3227

Kleines ABC rechtlicher Regelungen für den Bibliothekar an wissenschaftlichen Bibliotheken. Stand vom 30. April 1963. Bearb. von d. Kommission f. Rechtsfragen d. Beirates f. d. Wissenschaftl. Bibliothekswesen d. Dt. Demokratischen Republik beim Staatssekretariat f. d. Hoch- und Fachschulwesen.

Berlin: Methodische Beratungsstelle f. Bibliothekspropaganda bei d. Dt. Staatsbibliothek 1963. 124 S., 8° (n.i.B.) 3228

Knihovnické diplomi práce v roce 1960. Dissertationen auf dem Gebiet des Bibliothekswesens im Jahre 1960. Zusammenstellung von rd. 15 Dissertationen mit Referaten, aus den verschiedensten Gebieten des Bibliothekswesens.
Prag: Artia 1960. 7 S. 3229

Koch, Nikolaus
Der Stand des Strukturgesprächs über den pädagogischen Bibliotheks- und Dokumentationsorganismus um die Jahreswende 1965/66.
Dortmund: Arbeitsgemeinschaft pädagogischer Bibliotheken 1965. S. 33-44, 4° 3230

Kunz, Fritz / Goltz, Siegfried
Kleine Bibliothekskunde. Ein Ratgeber für Mitarbeiter in allgemeinbildenden Bibliotheken. 2., überarb. Aufl.
Leipzig: Bibliographisches Institut 1966. 178 S., Abb., 8°, brosch. MDN 7.- 3231

Langfeldt, Johannes (Hrsg.)
Handbuch des Büchereiwesens
Wiesbaden: Otto Harrassowitz 1961 f.
1. Halbband. Lieferung 1-6: 1961/66. 576 S., 4°, ges. DM 104.-
2. Halbband. Lieferung 1-8: 1963/65. XII, 782 S., 4°, mit Decke ges. 3232

Lansky, Ralph
Der Schutz der öffentlichen Bibliotheken nach deutschem Verwaltungs- und Strafrecht.
Köln: Greven 1963. 151 S., kart. DM 8.90 (= Arbeiten aus dem Bibliothekar-Lehrinstitut des Landes Nordrhein-Westfalen, Heft 24) 3233

Leitung, Planung und wissenschaftlich-technischer Fortschritt in den VEIB und VVB. Lesematerial, Anschauungsmaterial.
Bernau/Berlin: Institut Betriebsökonomie d. Hochschule d. deutschen Gewerkschaften "Fritz Heckert" 1966. 140, 10 S., 8° u. 4° 3234

Librarianship. 5. Aufl.
London: H.M.S.O. 1964. 2, 27 S., 8°, sh 1/- (= Choice of careers series. No. 4) 3235

Librarianship and allied subjects. A catalogue of books and periodicals in the reference library of interest to students of librarianship. 3. verb. u. erw. Aufl.
Ealing: Public Libraries 1963. 81 S., 8° 3236

Librarianship overseas. Papers read at the Weekend Conference of the London and Home Counties Branch of the Library Association, held at Bognor Regis, 24th-26th April 1964, under the chairmanship of H.G.I. Christopher.
London: Library Association 1964. 83 S., Abb., 8°, sh 8/6 3237

Libraries:free for all?
London: Institute of Economic Affairs 1962 60 S., ill, 8°, sh 6/- (= Hobart papers-no. 19) 3238

Libraries in the new London: papers read at the Week-end Conference of the London and Home Counties Branch of the Library. Ass., held at Southend-on-Sea, 21st-23rd May, 1965, under the chairmanship of Arthur C. Jones.
London: Library Association 1965. 71 S., sh 8/6 3239

Line, Maurice Bernard
The college student and the library: report

of a survey in May 1964 of the use of libraries and books by students in five teacher training colleges.
Southampton: University of Southampton, Institute of Education 1965. IV, 64 S. 3240

Logsdon, Richard Henry
Library careers.
New York: Walck 1963. 111 S., ill., 8°, $ 3.50 (= Careers for tomorrow.) 3241

Lohrer, Alice
The School library Materials Center, its resources and their utilization.
Papers resented at an inst. conducted by the Univ. of Illinois Graduate School of Library Science, Nov. 3-6, 1963.
Champaign, Ill.: Illini Union Bookstore 1964. X, 109 S., 8°, $ 3.- (= Allerton Park Inst. n. 10) 3242

Lowy, George
A searcher's manual.
Hamden: Shoe String 1965. XI, 104 S., $ 5.- 3243

Masson, A. / Salvan, P.
Les Bibliothèques.
Paris: Presses Universitaires de France (= Que sais-je? Vol 944) 3244

Materialien zur 31. Tagung des Internationalen Verbandes der Bibliothekar-Vereine. Helsinki 1965.
Berlin: Deutscher Bibliotheksverband Kommission f. bibliothekswissenschaftliche Forschung, Publikationen u. Bibliothekspropaganda 1966, ill., 80 S., 4° 3245

Melin, J. S.
Libraries and data processing. Where do we stand?
Urbana, Ill.: Graduate School of Library Science University of Illinois 1964.
$ 1.- (= Occasional Paper. No. 72) 3246

Meyen, Fritz
Hinter den Kulissen der Bibliothek. 2., neubearb. Ausg.
Braunschweig: Oeding 1962. 12 S., 8° (n.i.B.) 3247

Meziknihovni vypujčni služba. (Der Leihverkehr zwischen den Bibliotheken, tschech.)
Prag: Státni knihovna CSSR 1964. 90 S., 2 Tab. 3248

Mičatek, Mikuláš
Normy z oblasti knihovnićtva, bibliografie a dokumentácie. (Standards für die Gebiete Bibliothekswissenschaft, Bibliographie und Dokumentation, tschech.)
Bratislava: Slovenska Technicka Knižnica v Bratislave 1966. 123 S. (= Bibliografia č. 5) 3249

Mühle, Wolfgang
Die gesellschaftliche Funktion der Bibliotheken. 2. bearb. Aufl. Teil 1: IV, 51 S.,; Teil 2: IV, 72, 30 S.
Leipzig: Fachschule für Bibliothekare "Erich Weinert" 1964. (= Lehrbriefe f.d. Fachschulfernstudium Reihe A Nr. I) 3250

Myson, William
Librarianship as a career.
New Rochelle/N.Y.: Sportshelf 1965. 120 S., ill., 8°, $ 4.- (= Batsford career books) 3251

Neal, Kenneth William
A library guide to education.
Finchfield: K. W. Neal 1965. 2, 24 S., sh 3/- 3252

Nordisk Handbog i Bibliothekskundskal. Band I-III.
Kopenhagen: Alfred G. Hassing 3253

Der österreichische Bibliothekartag 1964. Linz, 3.-5. September 1964. Vorträge und Kommissionen. Hrsg. v.d. Vereinigung Österr. Bibliothekare, Wien. Wien: Österr. Nationalbibliothek 1964. XXI, 142, 28 S., 8°, brosch. Ö S 52.- (= Biblos Schriften. Band 40) 3254

Das pädagogische Bibliothekswesen in Deutschland. Pädagogische Dokumentation zwischen gestern und morgen. Hrsg. Nikolaus Koch u. Rudolf Renard. München: List 1965. 328 S., Ln. 3255

Pehrsson, Hjalmar / Wulf, Hanna
The European bibliography / La bibliographie Européenne. Compiled at the European Cultural Centre.
Leiden: A.W. Sijthoff 1965. XII, 472 S., geb. hfl. 42.50 3256

Picquot, Raymond
Je suis libraire.
Paris: Editions du Conquistador 3257

Piper, Alfred Cecil
Association of Assistant Librarians: Sussex Division, 1912-1962.
Lewes/Sx.: Association of Assistant Librarians, Sussex Division 1963. 12 S., 8°, sh 2/- 3258

Polubojarinov, M. M.
Das Bibliothekswesen der UdSSR in Zahlen. (Bibliotečnoe delo SSSR v cifrach, dt.) Übers. aus dem Russischen Hanna Meyer.
Berlin: Institut für Bibliothekswissenschaft der Humboldt Universität 1962. 79 S., 8°, geh. MDN 1.- (n.i.B.) (= Sowjetische Beiträge zum Bibliothekswesen der UdSSR in deutscher Übersetzung 5) 3259

Prance, Claude Annett
Peppercorn papers: a miscellany on book-collecting.
Cambridge: Golden Head Press 1965. 174 S., 8°, sh 42/- 3260

Probleme de bibliologie.
Bukarest: Comitetul de stat pentru cultura si arta. Consiliul asezamintelor culturale 1963. 138 S. 3261

Proceedings. Reference, Special & Information Section, 11th, Oxford, 1963.
London: Library Association 1964. 38 S., 8°, sh 10/- 3262

Progress in library science. Ed. by Robert L. Collison.
London: Butterworth 1967. XVII, 209 S., Abb., 8°, sh 45/- 3263

Ranganathan, Shiyali Ramamrita
The five laws of library science. 2. Aufl.
London: Asia Publishing House 1964. 449 S., Abb., 8°, sh 45/- (= Ranganathan series in library science. No. 12) 3264

Ranganathan, Shiyali Ramamrita
Library manual, for library authorities, librarians and honorary library workers. 2. Aufl.
London: Asia Publishing House 1960. 415 S., ill., 8°, sh 40/-(= Ranganathan series in library science no. 6) 3265

Richtlinien für den Bezug kontingentpflichtiger Literatur aus West-Deutschland, Westberlin und dem kapitalistischen Ausland.
Berlin: Staatssekretariat f.d. Hoch- und Fachschulwesen, Sektor Wiss. Bibliotheken, Museen, Archive und Publicationen 1965. 2 Bl., 8° 3266

Rost, Gottfried
Bibliothek und Dokumentation. Eine bibliogr. Grundlage f.d. Diskussion über

e. einheitl. Informationssystem.
Leipzig: Deutsche Bücherei 1964. 34 S., 8°, MDN 1.20 (= Bibliographischer Informationsdienst d. Deutschen Bücherei. Nr. 5) 3267

Die Rolle der Gewerkschaftsorganisationen in den wissenschaftlichen Bibliotheken. In Verb. mit d. Arbeitskreis f. Mitarbeiter an wissenschaftlichen Bibliotheken und Archiven hrsg.
Berlin: Gewerkschaft Wissenschaft 1961. 36 S., 8° (n.i.B.) 3268

Rowland, A. R.
Reference services.
New York: Shoestring Press. XVI, 259 S., $ 6.- (= Contributions to Library Literature. No. 5) 3269

Sallai, István / Sebestyén, Géza
A Könyvtáros kézikönyve. (Handbuch des Bibliothekars, ungar.) 2. Aufl.
Budapest: Gondelat 1965. 831 S., Abb., geb. 3270

Sammlung richtungsweisender Materialien zur Bibliotheksarbeit in der Sowjetunion.
Berlin: Deutscher Bibliotheksverband 1965. 309 S. u. Bl., 4° 3271

Savova, Elena
Les biblioteques Bulgares et l'information scientifique. (Die Bibliotheken Bulgariens und die wissenschaftliche Information, franz.)
Sofia: Academie Bulgare des Sciences, Biblioteque Centrale avec Service d'Information Scientifique et Archives Scientifiques 1966. 13 S., 35 Lit. 3272

Sbornik materialov soveščanija a po rekomendatel noj bibliografii. (Materialien der Tagung über empfehlende Bibliographie, Referate u. Resolutionen der Tagung vom Januar 1961 in Moskau, russ.)
Moskau: Mesh. Kniga 1961. 160 S., DM 2.- 3273

Schumann, Ilse
Das Bibliothekssystem der Deutschen Demokratischen Republik. 4. überarb. Aufl.
Leipzig: Fachschule für Bibliothekare "Erich Weinert" 1963. IV, 58 S., 4° (= Lehrbriefe f. d. Fachschulfernstudium Reihe A. Nr. I) 3274

Sdobnow, N. W.
Synchronistische Tabellen der russischen Bibliographie.
Moskau: Mesh. Kniga 1961. 320 S., MDN 5.- 3275

Sebestyén, Géza
A könyvtári kutatások mai problematikája a külföldi szakirodalom türkrebén. (Die heutige Problematik der Bibliotheksforschungen im Spiegel der ausländischen Fachliteratur, ungar.)
Budapest: Kultura 1962. 163 S. 3276

Seymour, Smith
An English Library.
London: André Deutsch. sh 30/- 3277

Sharma, Jagdish Saran
The substance of library science.
New York: Asia Publ. 1966. XI, 244 S., ill., 8° 3278

Shera, Jesse Hauk
Libraries and the organization of knowledge. Ed., introd. by D. F. Foskett.
Hamden, Conn.: Archon 1965. XIX, 224 S., 8°, $ 6.50 3279

Social and political aspects of librarianship. Student contributions to library science, ed. by Mary Lee Bundy,

Ruth Aronson.
Albany: State University, School of Library Sciences 1966. 99 S., 8°, $ 2.50 3280

Stellungnahme zu den Programmen der UNESCO für den Ökonomie- und Sozialrat. (8 Kap. Bibl. wesen, Bibliographie u. ä.)
Paris: UNESCO 1960. 182 S. 3281

Die Struktur des Bibliothekswesens der Deutschen Demokratischen Republik.
Leipzig: Fachschule für Bibliothekare "Erich Weinert" 1965. IV, 82 S., 4° (= Lehrbriefe für das Fachschulfernstudium Reihe A., Nr. I) 3282

Students' handbook.
London: Library Association 1966/67. 88 S., 8°, sh 3/- 3283

Studies in bibliography; papers.
Charlottesville/Va.: University Press of Virginia. $ 10 je Band. Vol. 1.: 1948/49, Papers, Contents. Vol. 2.: 1948/49. Vol. 3.: 1949/50. Vol. 5.: 1950-1951. Vol. 4.: 1952-1953. 3284

Subject collections in European libraries. Hrsg.: Richard C. Lewanski.
New York: R.R. Bowker 1964. $ 25.- 3285

Symposium on Library Functions in the Changing Metropolis, Dedham, Mass. 1963. The public library and the city. Ralph W. Conant, ed., Cambridge, Mass.
Cambridge/Mass. Joint Ctr. for Urban Studies of the M.I.T. and Harvard 1965. XII, 216 S., $ 6.75 3286

Thesen für die Theoretische Konferenz zu den Aufgaben und Methoden der Literaturpropaganda der wissenschaftlichen Bibliotheken in der DDR, 12.-14. Okt. 1960.
Berlin: Staatssekretariat für das Hoch- und Fachschulwesen 1960. 7 S., 4° 3287

Thilo, Martin
Das Bibliothekswesen in der Sowjetischen Besatzungszone Deutschlands. Hrsg.: Bundesministerium für gesamtdeutsche Fragen, Bonn und Berlin.
Bonn: Deutscher Bundesverlag 1964. 191 S., DM 7.50 (= Bonner Berichte aus Mittel- und Ostdeutschland) 3288

Thornton, John Leonard
Medical books, libraries and collectors: a study of bibliography and the book trade in relation to the medical sciences; with an introduction by Sir Geoffrey Keynes. 2nd revised ed.
London: Deutsch 1966. XVI, 445 S., 16 Abb., 8°, sh 84/- (= Grafton books) 3289

Thornton, J. L. / Tully, R. I. J.
Scientific books, libraries and collectors, 2., erw. Aufl.
London: Library Association 1962. XIII, 406 S., 8°, Ln. sh 51/- 3290

Tomlinson, Norman
Librarianship, 2. Aufl.
London: Hale 1964. 95 S., 8 Abb., 8°, sh 9/6 (= Target books, careers series.) 3291

Vereinigung von Freunden der Stadt- und Landesbibliothek Dortmund: Jahresgabe.
Dortmund: Vereinigung von Freunden d. Stadt.- u. Landesbibliothek 1964. 4 Bl. (n.i.B.) 3292

Vorstius, Joris
Ergebnisse und Fortschritte der Bibliographie in Deutschland seit dem ersten

Weltkrieg.
Leipzig: VEB Verlag für Buch- und Bibliothekswesen. 172 S., 8°, brosch. MDN 7.50 (= 74. Beiheft zum "Zentralblatt für Bibliothekswesen) 3293

Wachowski, Gertraude
Das Verhältnis von wissenschaftlichen Bibliotheken zu wissenschaftlich-technischer und ökonomischer Information und Dokumentation, dargestellt an Hand von Beispielen aus dem Bezirk Gera. Dipl. Arbeit.
Berlin: Institut für Bibliothekswissenschaft der Humboldt-Universität 1966. 71 S. 3294

Waligora-Rittinghaus, Johanna
Das Bibliothekswesen in Westdeutschland. 2. Aufl.
Leipzig: Fachschule für Bibliothekare "Erich Weinert" 1965. IV, 54 S., 4° (= Lehrbriefe f. d. Fachschulfernstudium, Reihe A, Nr. 1) 3295

Wallach, Kurt Shimon
Kooperation, Koordination oder Zentralisation. Fragestellungen z. Verwaltung wissenschaftl. Allgemein-u. Fachbibliotheken ein- u. desselben Unterhaltsträgers.
Köln: Greven 1965. X, 64 S., 8°, brosch. DM 6.50 (=Arbeiten aus dem Bibliothekar-Lehrinstitut des Landes Nordrhein-Westfalen. H. 27) 3296

Ward, Patricia Layzell
Women and librarianship: an investigation into certain problems of library staffing.
London: Library Association 1966. 59 S., sh 14/- (= Library Association Pamphlets. No. 25) 3297

Weber, Olga S.
Literary and library prizes. 5. Aufl.
New York: R.R. Bowker 1963. 280 S., 4°, $ 8.50 3298

White, Carl Milton
Bases of modern librarianship. A study of library theory and practice in Britain, Canada, Denmark, the Federal Republic of Germany and the United States.
Oxford: Pergamon Press 1964. X, 126 S., 52 Abb., 8°, sh 42/- (= International series of monographs on library and information science. Vol. 1) 3299

Will, Erich
Die Abgabe von Druckwerken an die öffentlichen Bibliotheken. Recht und Praxis der deutschen Pflichtexemplare. Zugleich Materialsammlung für eine Neuregelung.
Köln: Greven 1955. 194 S., kart. DM 9.80 (= Arbeiten aus dem Bibliothekar-Lehrinstitut des Landes Nordrhein-Westfalen. Heft 10) 3300

Wolff, Herbert
Der Anteil der Bibliotheken an der sozialistischen Kultur- und Bildungsarbeit auf dem Lande.
Berlin: Zentralinstitut für Bibliothekswesen 1962. 38 S., 8° (= Studienmaterial für die hauptberuflichen bibliothekarischen Mitarbeiter der allgemeinbildenden Bibliotheken in der DDR. H. 21) 3301

Wooster, Harold
Conversation on Indian libraries.
Washington: Office of Technical Services, U.S. Department of Commerce 1964. 7 S. 3302

Zell, Hans Martin
New reference tools for librarians 1964/65.
Oxford: The Documentation and Supply

Centre, Robert Maxwell & Co. Ltd.
1965. 280 S., sh 30/- 3303

Zu einigen Problemen der sozialistischen Literaturpropaganda der Wissenschaftlichen Bibliotheken. Materialien zur Vorbereitung d. vom 2.-14.10.1960 stattfindenden theoret. Konferenz zu d. Aufgaben und Methoden d. Literaturpropaganda.
Berlin: Staatssekretariat f.d. Hoch- und Fachschulwesen 1960. 97 S., 8° 3304

Die Zusammenarbeit der allgemeinbildenden und der wissenschaftlichen Bibliotheken auf den Gebieten Information und Literatur- und Bibliothekspropaganda. Möglichkeiten u. Perspektiven. Referate.
Rostock: Universitätsbibliothek 1966. 42 gez. Bl., 4° (Maschinenschr. vervielf.) 3305

Zweite Konferenz der bibliothekswissenschaftlichen Hochschulen und Institute in den sozialistischen Ländern, Berlin, 20.-26. Mai 1962. Im Auftrag d. Konferenz hrsg. v. Institut für Bibliothekswissenschaft der Universität zu Berlin. Gesamtredaktion Othmar Feyl. Gegenstand und Methoden der Bibliothekswissenschaft.
Leipzig: VEB Verlag für Buch- und Bibliothekswesen 1963. 348 S., 8° 3306

2.2.1. Adreßbücher, Verbände

Adresboek van Biblioteke in die Nord-Kaap.
Pretoria: South African Library Ass. 1960. 22 S. 3307

Adresboek van Vrystaatse Biblioteke. Directory of Free State Libraries.
Bloemfontein: Suid-Afrikaanse Biblioteekvereniging 1960. 39 Bl. 3308

A.L.A. membership directory. With lists of national, state, provincial, and local library associations, agencies, supervisors, periodicals.
Chicago: American Library Association 1964, 398 S., 4°, $ 10.- 3309

American Library Association. Membership Directory. jl.
Chicago: American Library Ass. $ 10.- 3310

American library directory: a classified list of libraries in the United States and Canada with personnel and statistical data plus a selected list libraries around the world. 25. Aufl.
New York, London: Bowker 1967. XI, 1444 S., 4°, £ 10.- 3311

American school library directory.
Hrsg. Garnett, Arlcane b.
New York: R.R. Bowker, $ 5.- 3312

American universities and colleges.
Washington: Americ. Council on Education 1965. XV, 1339 S., $ 15.- 3313

Annual report and directory and libraries in Oklahoma. jl.
Oklahoma City: Oklahoma State Library, Library Extension Dv. gratis 3314

Archive, Bibliotheken und Dokumentationsstellen der Schweiz. Archives, Bibliothèques et Centres de Documentation en Suisse. Archivi, Biblioteche e Centri di Documentazione in Svizzera. 3. Aufl.
Bern: Schweizerische Vereinigung für Dokumentation 1958. 144 S. 3315

Archives, Bibliotheques et Musees de Belgique. Text in Flemish and French. 2x jl.
Brüssel: Association des Conservateurs d'Archives de Bibliothèques et de Musées 1923 ff. 150 fr. 3316

Arizona Library Directory. alle 2 Jahre.
Tuson: Arizona State Library Association, University of Arizona Library. $ 3.- 3317

Arkansas libraries. Directory issue. jl. 700 Eintragungen, ersch. jährlich.
Little Rock: Arkansas Library Commission. $ 5.- 3318

Aslib directory. A guide to sources of information in Great Britain and Ireland. 2 Bände.
London: Aslib 1952. XIX, 179, 1018 S., sh 126/-. Amendment list: 1962. 61 S., gr.-8° 3319

Balnaves, John
Australian libraries.
London: Bingley 1966. 96 S., Abb., 8°, sh 21/- (= Comperative library studies) 3320

Beck, Helmut
Thüringer Bibliothekenführer. Führer durch d. Bibliotheken d. Bezirke Erfurt, Gera.
Jena: Universitätsbibliothek 1963. 164 S., Abb., 8° 3321

Beitragsordnung des Deutschen Bibliotheksverbandes.
Berlin: Dt. Bibliotheksverband 1964. 1 Bl., 8° (= Dokumente und Materialien, Nr. 4) 3322

Bibliographie der Bibliotheksadreßbücher. Bearb. v. Swolke von Uslar und Manhard Schütze.
München-Pullach: Verlag Dokumentation 1967. 25 Bl., 8°, brosch. DM 9.80 3323

Bibliotecas Especializadas Brasileiras. Guia Para Intercambio Bibliografico. Contendo Plano Para Aquisicao Planificada.
Rio de Janeiro: Instituto Brasileiro de Bibliografia e Documentacao 1962. 374 S. Neuaufl. in Vorbr. 3324

Die Bibliotheken in Nordrhein-Westfalen. 2., überarb. Aufl. Hrsg.: Verband d. Bibliotheken d. Landes Nordrhein-Westfalen im Auftrag d. Kultusministeriums.
Opladen: Westdeutscher Verlag 1964. 149 S., 8°, kart. DM 9.50 3325

Biblioteksarbog 1963/64.
Kopenhagen: Bibliotekscentralen 1964. 161 S. 3326

Bibliothek an Documentatiegids voor Nederland.
Den Haag: Centrale Vereniging van Bibliothecarissen en Nederlands Instituut voor Documentatie en Registratuur 1957. 246 S., hlf. 17.50 3327

Die Bibliotheken in der Schweiz 1959/60. Des Bibliothèques en Suisse,
Bern: Statistische Quellenwerke der Schweiz - Statistiques de la Suisse. Eidgenössisches Statistisches Amt 1963. 72, 4, 4 S., 4°, Sfr. 4.- 3328

Bibliothèques et Musées des Arts du Spectacle dans le Monde. Publ. sous la Dir. d'André Veinstein.
Paris: Centre National de la Recherche Scientifique 1960. 761 S. 3329

Bristol. Public Libraries Catalogue of non-fiction additions to the lending libraries.

Bristol: Public Libraries 1963/64. 4, 416 S., sh 15/- 3330

Brummel, L. / Egger, E.
Guide to Union Catalogues and International Loan Centers Published under the auspices of the International Federation of Library Associations, IFLA.
Den Haag: M. Nijhoff 1961. 89 S., hfl. 10.- 3331

Buck, Paul Hermann
Libraries & Universities. Addresses and reports.
Cambridge/Mass. 1964. XIX, 172 S., 8°, $ 3,95. 3332

Canadian library directory.
Ottawa: Canadian Library Association 1959. 72 S., $ 1.- 3333

Catholic Library World. Catholic Library Association.
Villanova, Pa.: Villanova University 1929 ff. $ 6.- 3334

Channel, Islands; edited by V. A. Woodman and J. E. Spink.
London: Library Association 1965. 2, VII, 86 S., sh 14/- 3335

Collison, Robert Lewis
Les services bibliographiques dans le monde, 1950-1959. (Bibliographical services throughout the world 1950-1959.) Egalement publ. en Engl.
Paris: UNSECO 1961. 242 S., F. 10.50 (= Manuels bibliographiques de l'UNESCO 9.) 3336

Complete address list of public library authorities in Great Britain and Northern Ireland, with a select list of academic and government libraries.
London: Library Association 1966. 2, 30 S., 8°, sh 5/- 3337

Conover, Helen F.
African libraries, book production and archives. A list of references.
Washington: Library of Congress 1962. VI, 64 S. 3338

Dadzie, E.
Directory of archives, libraries and schools of librarianship in Africa. Répertoire des archives, bibliothèques, et écoles de bibliothéconomie d Afrique.
New York: UNESCO 1965. 112 S., $ 2.- 3339

Deutscher Bibliotheksverband. Dokumente und Materialien.
Berlin: Deutscher Bibliotheksverband 1966. 8°. Nr. 1. Statut d. Deutschen Bibliotheksverbandes. 1966. 2 gez. Bl. 4. Beitragsordnung d. Deutschen Bibliotheksverbandes. 1966. 1 Bl. 10. Arbeitsprogramm f.d. Zeitraum v. 1966-1968. 1966. 2 gez. Bl. 3340

Der Deutsche Bibliotheksverband. Dokumente, Materialien, Übersichten. Hrsg. in Verb. mit d. Zentralinst. f. Bibliothekswesen. Red. Erwin Marks.
Berlin: Deutscher Bibliotheksverband 1966. 40 S., 8° 3341

Deutsche Werkbüchereien heute. Anschriften, Büchereileiter, Branchen. Stand 31. Dezember 1963.
Bergisch-Gladbach: Heider 1964. 53 S., 8° 3342

Directorio de Bibliotecas de la Ciudad de Mexico. Una contribucion a la VIII Geria Mexicana del Libro. Directory of Mexico City Libraries.
Mexico City: Mexico City College Press 1958. 114 S. 3343

Directorio de bibliotecas de Cuba. (Bibliothekenführer von Kuba.) Bearb. Fermin Peraza y Sarausa.
Leipzig: Deutsche Bücherei 1963. 51 S. (= Biblioteca del bibliotecario, 2) 3344

Directory of archives, libraries and schools of librarianship in Africa/ Répertoire des archives, bibliothèques et écoles de bibliothéconomie d'Afrique. Ed. by E.W. Dadzie and J.T. Strickland.
Paris: UNESCO 1965. 112 S., F. 7.- (= Unesco bibliographical handbooks/ Manuels bibliographiques de l'Unesco, 10.) 3345

Directory of the Association of American Library Schools.
Lexington: Association of American Library Schools. 450 Eintrag. $ 2.- 3346

Directory of Canadian scientific and technical periodicals.
Ottawa: National Research Council. $ 1.- 3347

Directory of East African Libraries.
Kampala: Makere College Library 1961. 76 S. 3348

Directory: Indianapolis Public Schools and Libraries. Public Relations Office, Indianapolis. jl.
Indianapolis, Ind.: Public Schools. $ 5.- 3349

Directory of libraries and information sources in the Philadelphia area. 11. Aus.
Camden/N.J.: Special Libraries Council of Philadelphia and Vicinity 1964. 168 S., 8°, $ 3.50 3350

Directory of London public libraries. 2. Aufl.
London: Association of Metropolitan Chief Librarians 1963. 76 S., 4°, sh 20/- 3351

Directory of medical libraries in the British Isles. 2. Aufl.
London: Library Association, Medical Section 1965. VIII, 113 S., 8°, sh 36/- 3352

Directory of Members. Medical Library Association. alle 2. Jahre.
Chicago: Medical Library Association. $ 5.- 3353

Directory of members with list of their publications and prices.
London: Periodical Proprietors Association 1966. 68 S., ill., 8° 3354

Directory of northern special library resources. Northern Circle of Technical College Librarians. 2. Aufl.
Ashington/Northumb.: Northumberland County Technical College 1965. 33 S., sh 6/- 3355

Directory of the Ohio Association of School Librarians. jl.
Dayton, Ohio: Ohio Association of School Librarians. $ 2.- 3356

Directory of research libraries.
Tokio: Special Libraries Association 1956. 81, 375 S., $ 3.50 3357

A directory of resources of cooperating libraries in Metropolitan New York.
New York: Council of Higher Educational Institutions in New York City 1962. 4°, $ 1.- 3358

Directory of Scientific and Technical Libraries in Africa South of the Sahara.
London: Conseil Scientifique pour l'Afrique au Sud du Sahara 1965. 71 S., sh 2/6 3359

Directory of South African Libraries. Part 1: Scientific and Research Libraries. Pretoria: The State Library 1965. 3360

Directory of Special Libraries. New York: Special Libraries Association. $ 5.- 3361

Directory of Special Libraries in Australia. Sidney: Library Association of Australia 1954. 149 S., sh 20/- 3362

Directory of special libraries and information centres. Ed. Anthony Thomas Kruzas. Detroit/Mich. Gale Research 1963. 767 S. 3363

Directory of special libraries in Israel. 2. Aufl. Tel Aviv: Centre of Scientific and Technological Information 1964. 154 S. 3364

Directory of special and research libraries in India. Culcutta: Indian Association of Special Libraries and Information Centres 1962. 275 S. 3365

Domay, Friedrich
Handbuch der deutschen wissenschaftlichen Gesellschaften einschließlich zahlreicher Forschungsinstitute und Arbeitsgemeinschaften in der Bundesrepublik Deutschland. Wiesbaden: Franz Steiner 1964. 800 S., Ln. DM 118.- 3366

Downs, Robert
American library resources. A bibliographical guide. First supplement 1950-1961. Chicago: American Library Association 1962. 226 S., 4°, $ 9.- 3367

Eidgenössisches Statistisches Amt. Die Bibliotheken in der Schweiz 1959/60 = Les bibliothèques en Suisse - Le biblioteche nella Svizzera. Verzeichnis nach Kantonen und Gemeinden. Liste par cantons et communes - Elenco delle biblioteche per Cantoni e Comuni. Bern: Eidgenössisches Statistisches Amt 1964. 240 S., 8°, Sfr. 5.- 3368

Fraenkel, Josef
Guide to the Jewish Libraries of the World. London: Cultural Department of the World Jewish Congress 1959. 64 S., sh 5/- 3369

Führer durch die Bibliotheken Hannovers. Hrsg. von d. Bibliotheken Hannovers. Red.: Karl-Heinz Weimann. Mit e. Geleitw. von Wilhelm Totok. Hannover: Niedersächs. Landesbibliothek 1966. 39 S. mit Abb., 8° 3370

Führer durch die Bibliotheken und Literaturstellen der Hauptstadt Berlin. Im Auftrage der Abteilung Kultur des Magistrats von Groß-Berlin. Bearb. und hrsg. von der Berliner Stadtbibliothek in Verbindung mit dem Arbeitskreis der Berliner Bibliotheken- und Literaturstellen. Leipzig: VEB Verlag für Buch- und Bibliothekswesen 1963. 254 S., 8o, Kldr. MDN 5.80 3371

Führer durch die Bibliotheken der Universitätsstadt Jena. Jena: Universitätsbibliothek 1958. 58 S. 3372

Führer durch die Bibliotheken der Stadt und des Bezirkes Leipzig. Leipzig: Verlag für Buch- und Bibliothekswesen 1961. 48 S. 3373

Ghidul bibliotecilu diu RPR. Libraries Guide of the Rumanian Peoples Republic.
Bukarest: Cartimex. 250 S. 3374

Guia de Bibliotecas de la America Latina.
Washington: Pan American Union 1963.
165 S. 3375

Guia das Bibliotecas Brasileiras. 3. Aufl.
Rio de Janeiro: Instituto Nacional do Livro 1955. 678 S., Bras. $.200.- 3376

Guia delle biblioteche. Scientifiche e tecniche e dei centri di documentazione Italiani.
Rom: Ufficio Publicazioni, Consiglio Nazionale delle Ricerche 1965. 1500 Eintragungen. Lire 6.000.- 3377

Gui de centros macionales de informacion bibliografica. 2a ed.
La Habana: Centro Regional de la Unesco en el Hemisferio Occidental 1962.
67 S. 3378

Guide to Government department and other libraries and information bureaux.
16. Aufl.
London: Ministry of Defence 1964.
139 S., 4° 3379

A Guide to Government Libraries. 2. Aufl.
London: H.M.S.O. 1958. VIII, 139 S., sh 7/6 3380

A Guide to the manuscript collections in Liverpool University Library.
Liverpool: University Press 1962. 32 S., 8°, sh 5/- (= Library publication no. 1) 3381

Guide to the manuscript collections in the Sheffield City Libraries.
Sheffield: City Libraries 1956. X, 116 S., sh 5/- 3382

Handbuch der bayerischen Bibliotheken. Hrsg. von Klaus Dahme.
Wiesbaden: Harrassowitz 1966. XX, 191 S., 9 Taf., Ln. DM 38.- 3383

Hadnbuch der Museen und wissenschaftlichen Sammlungen in der Deutschen Demokratischen Republik. Hrsg. H.A. Knorr.
Berlin: Deutscher Verlag der Wissenschaften 1963. 400 S., 1 Karte, 4 Pläne 3384

Handbuch österreichischer Bibliotheken.
1. Bibliotheksverzeichnis, Stand 1960, 1961, XXVI, 333 S., kart. ÖS 92.-
2. Statistik und Personalverzeichnis, Stand 1960, 1961, XIV, 139 S.
3. Rechtsvorschriften u. Erlässe zum österr. Bibliothekswesen, Stand 1.1.196[illegible] XIII, 202 S., Hln. ÖS 80.-
Wien: Österr. Nationalbibliothek (= Bibl[illegible] Schriften. 30. 31. 34.) 3385

Harrison, K. C.
Libraries in Scandinavia.
London: André Deutsch. sh 42/- 3386

Hephurn, Anthony Gerald
Guide to Glasgow libraries.
Glasgow: Mitchell Library 1965. 23 S., sh 5/- 3387

Horecky, Paul L.
Libraries and bibliographic centers in the Soviet Union.
Bloomington/Indiana: Indiana University 3388

Indian Association of Special Libraries and Information Centres, List of Members.
Calcutta: Indian Ass. of Special Libraries and Information Centres 1962. 16 S. 3389

Information ob Bibliotekach w Polskiej Rzeczypospolitej Ludowej.
Warschau: Biblioteka Narodowa, Instytut Ksiazki i Czytelnictwa 1961 3390

International Federation of Library Association, and International Association of Technological University Libraries. Ifla-tatul telecode and telex address book: telecode in 10 languages and international telex address book for libraries and documentation centres. 2nd ed. compiled by Dr. A Cockx, and Ing. G. Schuurmans Stekhoven, with an introduction by Dr. L. J. van der Wolk.
Sevenoaks/Kent: International Federation of Library Associations 1966. 191 S., 8°, sh 42/- 3391

International Library directory: a world directory of libraries. 2 ed. by A.P. Wales.
London: A.P. Wales Organization (Publishing Division) 1966/67. 1204 S., 4°, £ 11/5/- 3392

International scientific organizations. A guide to their library, documentation, and information services.
Washington: Library of Congress 1962. XI, 794 S. 3393

Internationales Bibliotheksadreßbuch. Bearb. v. Klaus G. Saur. 2 Bände.
München-Pullach: Verlag Dokumentation 1966. XLVIII, 1496 S., 8°, Kst. je DM 60.- (= Handbuch der Techn. Dokumentation und Bibliographie, Bd. 8) 3394

Jackson, William Vernon
A handbook of American library resources. 2. Aufl.
Champaign, Ill.: Illinois Union Bookstore 1962. IX, 88 S., ill., 4°, $ 3.25 3395

Kruzas, Anthony T.
Directory of special libraries and information centers.
Detroit: Gale Research 1963. 767 S., 4°, $ 25.- 3396

Law libraries in the United States and Canada. Ed. American Association of Law Libraries.
Chicago: Commerce Clearing House. $ 4.- 3397

Libraries and Bibliographic Centers in the Soviet Union.
Bloomington/Indiana: Indiana University 3398

Libraries in Cambridge.
Cambridge: The Union Society 1965. 4, 43 S., sh 1/- 3399

The Libraries of London. 2., verb. Aufl. Hrsg.: Raymond Irwin, Ronald Staveley.
London: Library Association 1964. 332 S., sh 40/- 3400

The libraries of the United Nations: a descriptive guide.
New York, U.N., London: H. M. S. O. 1966. VII, 126 S., ill., 8°, sh 11/6 3401

Library resources in Greater Manchester. 2nd ed.; edited by Kenneth Whittaker.
London: Library Association 1966. 2, VIII, 87 S., 8°, sh 16/- 3402

Library resources in South-West England and the Channel Islands; ed. by V.A. Woodman and J.E. Spink.
London: Library Ass. 1965. 2, VII, 86 S., sh 14/- 3403

Library Telex directory. A list of libraries in the United Kingdom with access to Telex. 2. Aufl.

London: Library Association 1962. 24 S., Abb., 8⁰, sh 8/- 3404

List of Members.
London: Bibliographical Society 1965. 21 S., gr.-8⁰, gratis 3405

List of university institutions in the Commonwealth. 10th ed.
London: Association of Commonwealth Universities 1966. 14 S., 8⁰, gratis 3406

Magdeburger Bibliothekenführer. Red. Emil Heinz, Martin Wiehle.
Magdeburg: Stadtverordnetenversammlung, Bibliotheksausschuß 1964. 44 S., Abb., 8⁰ 3407

Materialien zur 30. Tagung des Internationalen Verbandes der Bibliothekar-Vereine, Rom 1964.
Berlin: Deutscher Bibliotheksverband 1965. 56 S., 4⁰ (n.i.B.) 3408

Materialien zur 31. Tagung des Internationalen Verbandes der Bibliothekar-Vereine, Helsinki 1965.
Berlin: Deutscher Bibliotheksverband 1966. 82 S., 4⁰ (n.i.B.) 3409

Medieval Britain. 2. Aufl.
London: Library Association, County Libraries Group 1964. 23 S., 8⁰, sh 2/6 (= Readers guides. New Series. No. 82) 3410

Medizinische Bibliotheken in der Deutschen Demokratischen Republik. Verz. med. Fachbibliotheken und Literaturstellen sowie wissenschaftl. Allgemeinbibliotheken mit reichen Beständen an med. Literatur.
Berlin: Ministerium für Gesundheitswesen, Abt. Wissenschaft 1962. 63 S. 3411

Die Mitglieder der zentralen Organe. Die Leiter der regionalen Arbeitsgruppen. Die vorsitzenden der Fachkommissionen.
Berlin: Deutscher Bibliotheksverband 1964. 2 Bl., 8⁰ (n.i.B.) (= Dokumente und Materialien, Nr. 2) 3412

Mitglieder-Verzeichnis. Stand vom Januar 1966.
Frankfurt/M.: Verein der Dipl.-Bibliothekare an wiss. Bibliotheken 1966. 39 S., 8⁰, geh. (n.i.B.) 3413

Nantis handbook and directory of resources, 1964/65.
Nottingham: Nottingham and Nottinghamshire Technical Information Service 1964. 54 S., 8⁰, sh 12/6 3414

National Library Week Cambridge Local Committee, 1966. A brief guide to libraries in the Cambridge area.
Guildhall: Cambridge, Central Library 1966. 19 S., 8⁰, sh 2/- 3415

National technical information services worldwide directory (Nationale technische Informationsdienste der Welt. Verzeichnis).
Zus.gest.v. Technical Information Service, National Research Council, Canada 2. Aufl.
Prag: UTEIN 1966. 73 S. (= FID-Publ. 399; UTEIN-Publ. 3679) 3416

Neal, Kenneth William
A library guide to engineering.
Wolverhampton/Staffs.: K.W. Neal 1965. 22 S., sh 3/- 3417

Österreichische Bibliotheken.
Wien: Österr. Nationalbibliothek (= Biblos-Schriften. Bd. 14) 3418

Ohio Directory of Librarians. jl.
Columbus, Ohio: Ohio State Library 3419

Peti Kongres Saveza drustava bibliotekara Jugoslavije (Fünfter Kongreß des Verbandes der Bibliothekarvereine Jugoslawiens).
Leipzig: Deutsche Bücherei 1964. 203 S., geb. 3420

Repertoire des Associations de Bibliothécaires membres de la Fédération Internationale / Repertoire of the Associations of Librarians members of the International Federation. 4. Ausg. mit Erg.
Den Haag: Martinus Nijhoff 1963. 1964. hfl. 14.- 3421

Répertoire des librairies de France et d'Outremer abonnés à la Bibliographie de la France.
Paris: Circle de la librairie 1962 3422

Roster of Membership: California Library Association.
Berkeley, Calif.: California Librarian, California Library Ass. $ 1.- 3423

Satzungen des Vereins Deutscher Bibliothekare e.V.
München: Verein Deutscher Bibliothekare 1960. 8 S., 8⁰ (n.i.B.) 3424

The Scolma directory of libraries and special collections on Africa. Hrsg.: Standling Conference in Library Materials on Africa.
Cambridge: Heffer 1963. 101, 18 S., 8⁰, sh 15/- 3425

Scottish Library Association. Scottish libraries, a triennial review. 1963/65. Ed. by Moira Burgess. Clackmannan County Library, Scottish Library Association 1966. 59 S., ill., 8⁰ 3426

Sigel-Liste der Bibliotheken des Bezirkes Leipzig. Stand vom 31.7.1963. Bearb. v. Zentralkatalog Leipzig, Universitätsbibliothek.
Leipzig: Karl-Marx-Universität, Bibliothek 1963. 8 Bl., 4⁰ (= Kleine Schriften der Universitätsbibliothek Leipzig. 2) 3427

Sigelverzeichnis für die Bibliotheken der Bundesrepublik Deutschland und Westberlins.
Wiesbaden: Harrassowitz 1960. XI, 155 S., brosch. DM 16.- 3428

South African Libraries. (engl., afrikaans) vjl. Hrsg.: South African Library Association.
Pretoria: University of Pretoria 1933 ff. 3429

Special Libraries Association. Directory of Members. alle 2 Jahre.
New York: Special Libraries Association. $ 10.- 3430

Special library and information services in the United Kingdom. (Fachbibliotheken und Informationsdienste im Vereinigten Königreich. engl.) 2., veränd. Aufl.
London: The Library Association 1965. 366 S. 3431

Suomen erikoiskirjastojen luettelo. Directory of Special Libraries in Finnland.
Helsinki: Finnsih Association for Documentation 1962. 80 S. 3432

Suomen tieteellisten kirjastojen opas. Guide to the Scientific Libraries of Finland.
Helsinki: Council of Research Libraries 1955. 123 S., fmk 250.- 3433

Taschenbuch für das wissenschaftliche Leben. Anschriften von 4.200 wissenschaftl. Institutionen Westdeutschlands einschl. d. wichtigsten Dokumentations- und Informationsstellen, Archive und Bibliotheken, wissenschaftlichen Gesellschaften und Berufsorganisationen.
Bonn: Festland-Verlag 1960. 600 S., kl. 8°, Ln. DM 14.- 3434

Tauber, Maurice Falcolm
Resources of Australian libraries. Bestände australischer Bibliotheken.
Canberra: Australian Advisory Council on bibliographical services 1963. 42 S. 3435

Die Veröffentlichungen des Zentralinstituts für Bibliothekswesen 1950-1960. Hrsg. anläßlich s. 10jähr. Bestehens im März 1965.
Berlin: Zentralinstitut für Bibliothekswesen 1960. 31 S., 8° 3436

Verzeichnis von Berliner Dokumentationsstellen.
Berlin: Deutsche Gesellschaft für Dokumentation, Berliner Arbeitskreis 1964. 86 Bl., XVI S., 8° 3437

Verzeichnis der Düsseldorfer Behördenbibliotheken. Stand Aug. 1964.
Düsseldorf: Bibliothek d. Landesregierung von Nordrhein-Westfalen 1964. 43 Bl., 4° 3438

Verzeichnis österreichischer Bibliotheken.
Wien: Hollinek (= Biblos-Schriften, Band 1.) 3439

Verzeichnis der Parlaments- und Behördenbibliotheken.
Bonn: Bibliothek d. Dt. Bundestages 1964. 150 S., 4° (n.i.B.) (= Arbeitsgemeinschaft d. Parlaments- und Behördenbibliotheken, Arbeitshefte Nr. 16) 3440

Verzeichnis der Spezialbibliotheken.
Hrsg. von d. Arbeitsgemeinschaft d. Spezialbibliotheken, Jülich.
Aachen:. J. A. Mayer 1965. X, 228 S., 8°, kart. DM 10.- 3441

Who's who in New Zealand Libraries. 4. Aufl.
Wellington: New Zealand Library Ass. 1962. 57 S. 3442

World directory of agriculture libraries and documentation centres.
Harpenden: International Association of Agricultural Librarians and Documentalists 1960. sh 35/- 3443

2.2.2. Wörterbücher, Nachschlagewerke

Barbier, Antoine-Alexandre
Dictionnaire des ouvrages anonymes, avec une table générale des noms réels des écrivains anonymes et pseudonymes cités dans les deux ouvrages. Nachdruck der 9. Pariser Ausgabe.
Hildesheim: Olms 1963. zus. Ln. DM 376, Suppl. DM 24.-
1. A-D. (1872) XLV S., 1130 Sp.
2. E-L. (1874) 1360 Sp. 3. M-Q. (1875) 1166 Sp. 4. R-Z. Anonymes latins. (1879) 1410 Sp.
Sondert. 1: Brunet, Gustave: Dictionnaire des ouvrages anonymes. Supplément. (1889). III S., 310 Sp.
Sondert. 2: Celani, Henri: Additions et corrections au Dictionnaire des anonymes de Barbier (Nachdr. aus Revue des Bibliothèques, Jg. 11, 1901) Sp. 334-361.
Suite de la 2e ed. de J.M. Querard: Les Supercheries littéraires dévoilées. T. 4-7 3444

Biblioteksglosar. Dansk-engelsk-fransk-tysk. Danmarks Biblioteksskole.
Kopenhagen: Dansk Bibliografisk Kontor 1962. 29 S., 8°, DänKr. 8.- 3445

Biblioteksterner. (svenska, engelska, franska, tyska.) Bibliotheks-Termini. (schwedisch, englisch französisch, deutsch).
Lund: Biblioteksjänst 1963. 58 Bl. 3446

Carter, J.
ABC for book-collectors. 3. verb. Aufl.
London: R. Hart-Davis 1961 3447

A Debreceni Kossuth Lajos Tudomány Egyetem Könyvtárának évkönye. (Annales bibliothecas Universitatis Debreceniensis de Ludovico Kossuth nominate, ungar.) unregelm.
Budapest: Kultura. gratis 3448

Elizarenko, T.P.
Anglo-russkij slovar knigovedceskich terminov. Englisch-russisches Wörterbuch buchkundlicher Ausdrücke. ca. 20.000 Begriffe aus de. Bibliotheks-wesen u. aller verwandten Gebiete. (russ.)
Moskau: Mesh. Kniga 1962. 576 S.
3449

Glossary of cataloguing terms in Indian regional languages.
Calcutta: Indian Association of Special Libraries and Information Centres 1964. Rs 2.- (= Technical Pamphlet, No. 1) 3450

Goodson, Jack Bezar / Morris, Joseph Acton
A contour dictionary. 3. überarb. u. erw. Aufl. A short text-book on contour reading with map exercises.
London: Harrap 1960. 64 S., gr.-8°, sh 7/6 3451

Harrod, L.
The Librarians Glossary. Terms used in librarianship and the book crafts. 2. Aufl.
London: A. Deutsch 1959. 332 S., sh 18/- 3452

Hertzberger, M.
Dictionnaire á l'usage de la librairie ancienne. (dän., niederl., engl., franz., dt., ital., span. schwed.)
Paris: Ligue Intl. Libr. Ancienne 1956 3453

Informator bibliotekarza i ksiegarza na rok 1961. Informationsband für Bibliothekare und Buchhändler.
Warschau: Ars Polona 1960. 160 S., DM 7.- 3454

Japanese scientific terms. Library science. 2.600 Begriffe, 150 Abkürzungen. engl., japan.
Tokio: Ministry of Education 1958. 307 S. 3455

Jelisarenkowa, T.P.
Englisch-russisches Wörterbuch des Buchwesens.
Moskau: Mesh. Kniga 1962. 512 S., Ln. MDN 7.95 3456

Landau, Thomas
Encyclopaedia of librarianship. 3. Aufl.
London: Bowes 1966. X,484 S., sh 84/- 3457

Lexicon of archive terminology. (franz., engl., dt., span., ital., niederl.)
Amsterdam: Elsevier 1964. VIII, 83 S., hfl. 12.50 3458

Magyar Könyvszemle. (Ungarische Bücherschau, ungar.) 4x jl.
Budapest: Verlag der Ungarischen Akademie der Wissenschaften. DM 18.- jl. 3459

Massa, Gil Beatriz
Diccionario tecnico biblioteconomia.

Espanol-ingles, technical dictionary of librarianship (engl.span., span.engl.) Editorial F. Trillas, Mexico. New York: Wiley 1965. 387 S., $ 10.- 3460

Moravek, Endre
Verzeichnis ungarischer Fachausdrücke und Abkürzungen aus dem Buch- und Bibliothekswesen. (ungar.-dt.-franz.-engl.)
Wien: Österr. Nationalbibliothek 1958. 61 S., kart. DM 30.- (= Biblos-Schriften. Band 17) 3461

Müszaki könyvtarosok tájékoztatoja. (Bibliothekar-Zeitschrift, ungar.) 6x jl.
Budapest: Kultura 1954 ff. 3462

Piette, J.R.F.
A guide to foreign languages for scientific librarians and bibliographers. (Ein Fremdsprachen-Führer für wissenschaftliche Bibliothekare und Bibliographen, engl.) 2. Aufl.
Aberystwyth: Welsh Plant Breeding Station 1960. 55 S. 3463

Pipics, Z.
Dictionarium Bibliothecarii Practicum. Bibliothekswörterbuch in 20 Sprachen. Széchenyi Landesbibliothek, Budapest.
Budapest: Kultura 1963. $ 10.- 3464

Saringulian, M. H.
English Russian dictionary of library and bibliographical terms.
London: Collet's Holdings 1958. 288 S., sh 10/- 3465

Senalp. L., Thompson, A.
Dort dilde kutophanecilik terimleri sozlugu (Bibliothekswesen.) (türk., engl., franz., dt.)
Ankara: Tuerk Tarih Kurumu Basimevi 1959. 379 S. 3466

Shera, J. H.
Encyclopedia of library science and documentation.
New York: Interscience 1965 ff. 3467

Termeni folositi in documentare in limbile romina, rusa, engleza, germana, franceza.
Bukarest: Institutul de documentare technica 1964. 107 S., gr. 8° 3468

Toser, Marie Antoinette
Library manual. A study-work manual of lessons on the use of books and libraries. 6. Aufl.
New York: Wilson 1964. 118 S., ill., 4°, $ 1.25 3469

Vocabularium bibliothecarii. 2nd ed. Comp. by Anthony Thompson. Dt., Eng., Esp., Fr. and Rus.
Paris: UNESCO 1963. 627 S., 24.50 F. 3470

Vocabularium Documentationis.
Den Haag: International Federation for Documentation 1964 3471

Vodičková, Hana / Cejpek, Jiří
Terminologický slovnik knihovnicky a bibliograficky (Terminologisches bibliothekarisches und bibliographisches Wörterbuch, tschech.) Hrsg.: St. Knihovna CSSR. Ustr. ved. metod. Kabinet knihovnictvi.
Prag: St. pedag. Nakl. 1965. 119 S. (= Publikace statnich vedeckych knihoven) 3472

Weitpert, H.
Lexograph. (dt., engl., franz., ital, span.)
Stuttgart: Belser 1963. 400 S., DM 26.- 3473

Weller, E.
Lexicon Pseudonymorum. Reprint.
Hildesheim: Olms 1963 3474

Wieckowska, Helena / Pliszczynska, H.
Podreczny Slownik Bibliotekarza.
Bibliographien zur Klassifikation mit
35 Titeln u. d. Wörterb. mit 37.
Titeln. (poln., engl., franz., dt.,
russ.) Teil 1: Begriffe des Bibliothekswesens. Teil 2: Wörterverzeichnis. Panstwowe Wydawnictwo Naukowe,
Warschau
Warschau: Ars Polona 1955. 309 S.,
DM 16.50 3475

2.2.3. Ausbildung, allgemeine Lehrbücher

Antoszczuk, Stanislaw
Bibliotekarze wojewodztwa N. Z.
badan nad skutecznoscia dotychczasowych form ksztalcenia bibliotekarzy w Polsce. Bibliothekare der
Wojewodschaft N. Aus Untersuchungen der Nützlichkeit d. bisherigen
bibiothekar. Ausbildungsformen in
Polen.
Warschau: Biblioteka narodowa.
Leipzig: Deutsche Bücherei 1965.
201 S., 107 Tab., 1 Beil. 3476

Archivar-gehobener Dienst mit Anhang Besoldung.
Bielefeld: W. Bertelsmann 1958. 20 S.,
8°, geh. DM 1, 75 (=Bundesanstalt für
Arbeitsvermittlung und Arbeitslosenversicherung, Nürnberg. Blätter zur
Berufskunde, Band 3) 3477

Archivar-höherer Dienst. Berichtiger Neudruck.
Bielefeld: W. Bertelsmann 1960. 12 S.,
8°, geh. DM 1. 05 (= Bundesanstalt
für Arbeitsvermittlung und Arbeitslosenversicherung Nürnberg. Blätter
zur Berufskunde. Band 3.) 3478

Association of Assistant Librarians.
Greater London Division. Library
staffs.
London: Association of Assistant
Librarians 1966. 54 S., sh 9/6
3479

Bauhuis, Walter
Zur Frage der Ausbildung für den
Dienst an wissenschaftlichen Bibliotheken. Antworten auf eine
Umfrage.
Münster: Universitätsbibliothek
1960. 40 Bl., 4° (n.i.B.) 3480

Beiträge zur fachlichen Weiterbildung in wissenschaftlichen
Bibliotheken. Hrsg. in Ver. mit
d. Institut für Bibliothekswissenschaft der Humboldt-Universität
zu Berlin. 2x jl.
Leipzig: Bibliothekskommission
f. Aus- und Weiterbildung beim
Staatssekretariat f.d. Hoch- und
Fachschulwesen 1963 ff. (n. i. B.)
3481

Bericht über den Ausbildungskursus.
Dortmund: Vereinigung Dt. Werksarchivare 1962. 148 S., 4° (n.i.B.)
3482

Bericht über den 2. Lehrgang für
die Ausbildung von Werks- und
Wirtschaftsarchivaren. Darmstadt,
7.-10. Jan. 1963.
Dortmund: Vereinigung deutscher
Werks- und Wirtschaftsarchivare
1963. 126 S., 4°, brosch. DM 7.-
3483

Bericht über den 3. Lehrgang für die
Ausbildung von Werks- und Wirtschaftsarchivaren. 13.-16. Januar
1964. Düsseldorf. Hrsg. v. Dr. Artur

Zechel.
Dortmund: Vereinigung deutscher Werks- und Wirtschaftsarchivare 1964. 128 S., 4° 3484

Berufsbild für den Bibliothekar an allgemeinbildenden Bibliotheken. Fachschulabsolvent. 3. Entwurf.
Leipzig: Fachschule für Bibliothekare "Erich Weinert", Fachrichtungskommission "Bibliothekare" 1964. 18 S., 4° 3485

Bibliographie. 2., neuverf. Aufl. 2 Teile.
Leipzig: Fachschule für Bibliothekare "Erich Weinert" 1964. (= Lehrbriefe f.d. Fachschulfernstudium Reihe A, Nr. 4) 3486

Blätter zur Berufskunde, Band 3. Bibliothekar - höherer Dienst an wissenschaftlichen Bibliotheken. Mit Anhang Besoldung. 2. Aufl.
Bielefeld: W. Bertelsmann 1964. 24 S., 8°, geh. DM 2.05 (= Bundesanstalt für Arbeitsvermittlung und Arbeitslosenversicherung, Nürnberg) 3487

Der Bibliothekar an Öffentlichen Büchereien. Merkblatt zur Berufsausbildung.
Stuttgart: Süddeutsche Büchereischule 1962. 10 S., 2 Beil., 8° (n.i.B.) 3488

Böhm, Peter P.
Rechtsfragen der Beamtenausbildung. Unter besonderer Berücksichtigung des höheren Bibliotheksdienstes.
Köln: Carl Heymanns 1963. 131 S., 8°, brosch. DM 15.30 3489

Burkett, Jack / Morgan T.
Special materials in the library: a series of 14 lectures held at the library Association and Aslib headquarters, January 17th to April 11th, 1962, organized by the Department of Librarianship, North Western Polytechnic.
London: Library Association 1963. IX, 179 S., 8°, sh 40/- 3490

Careers Research and Advisory Centre.
A careers library on a shoe-string: a special report.
Cambridge: Careers Research and Advisory Centre 1965. sh 2/- 3491

Choice of careers. 6th ed.
London: Library Association 1966. 24 S., 8°, sh 2/6 (= Readers guides new series 91.) 3492

Davinson, Donald Edward
Academic and legal deposit libraries; an examination guidebook.
London: Clive Bingley 1965. 74 S., sh 13/6 (= Examination guides series.) 3493

Diplom-Bibliothekar - gehobener Dienst an wissenschaftlichen Bibliotheken. Berichtigter Neudruck.
Bielefeld: W. Bertelsmann 1963. 12 S., 8°, geh. DM 1.05 (= Bundesanstalt für Arbeitsvermittlung und Arbeitslosenversicherung, Nürnberg. Blätter zur Berufskunde, Band 3) 3494

Diplom-Bibliothekar für den Dienst an öffentlichen Büchereien - Volksbibliothekar. Mit Anhang Besoldung.
Bielefeld: W. Bertelsmann 1965. 20 S., geh. DM 2.- (= Bundesanstalt für Arbeitsvermittlung und Arbeitslosenversicherung, Nürnberg: Blätter zur Berufskunde, Band 3) 3495

Einführung in die bibliothekarische Literatur.
Berlin: Zentralinstitut für Bibliothekswesen 1960. 31 S., 8° (=Studien-

material für die hauptberuflichen bibliothekarischen Mitarbeiter der allgemeinbildenden Bibliotheken in der DDR, H. 11) 3496

Far Flung Flong, the sceptical "eye" of the School of Librarianship.
London: Ealing Technical College, School of Librarianship 1963. 4°, sh 2/6 3497

Franck, Helmut
Buchkunde. Als Ms. gedr. Nachdr. d. 2., verb. Aufl.
Leipzig: Fachschule f. Bibliothekare "Erich Weinert" 1966. IV, 57 S., 4° (= Lehrbriefe f. d. Fachschulfernstudium. Reihe A, Nr. 5) 3498

Franz, Rudi
Pflichtliteratur für die Ausbildung im Fach Bibliothekslehre. Stand August 1964.
Leipzig: Fachschule für Bibliothekare an wissenschaftlichen Bibliotheken 1964. 9 Bl., 4°, Hln. (nur für den Dienstgebrauch) 3499

Französische Fachtexte.
Berlin: Institut für Bibliothekswissenschafte d. Humboldt-Universität 1963. 56 S., 8°, kart. MDN 3.- (n. i. B.) (= Fremdsprachige Fachtexte f. d. Nachwuchs an wissenschaftl. Bibliotheken H. 2) 3500

Grycz, J. / Gryczowa, A. / Korpala, J.
Bibliotekarstwo powszechne. T. 4. Historia Ksiazki i bibliotek. (Allgemeine Bibliothekskunde. Band IV: Buch- und Bibliotheksgeschichte.)
Warschau: Ars Polona 1959. 190 S., $ 1.05 3501

How to pass department librarian, senior department librarian. Questions and answer. Ed. by Civil Service Publishing Corp., Brooklyn, N. Y.
Brooklyn, N. Y.: Author 1966. $ 3.95 (= Government career exam. ser. 147-C) 3502

How to pass professional library examination; questions and answers. New dynamic home study course. Civil Service Publishing Corp., Brooklyn (Ed.).
Brooklyn, N. Y.: Author 1966. Getr. Pag. 4°, $ 3.95 (= Government career examination ser. 523-S.) 3503

Informacni Bulletin ucastniku konference o vysokoskolskem knihovnickem vzdelani. Informacionnyi Bjulleten ucastnikov konferencii po vyssemu bibliotecnomu obrazovaniju. Informationsbulletin der Teilnehmer der Konferenz der bibliothekarischen Hochschulausbildung.
Berlin: Institut für Bibliothekswissenschaft d. Humboldt-Universität 1962. 3504

Internationaler Sommerkurs für Musikbibliothekare 1964. Zusammenfassender Bericht.
Leipzig: Association internationale des bibliothèques musicales, Ländergruppe 1965. 99 S., 8°, MDN 3.- 3505

Kaspers, Heinrich
Die Ausbildungs- und Prüfungsordnungen für den gehobenen Dienst an wissenschaftlichen Bibliotheken. Gehobener Bibliotheksdienst und den Dienst an öffentlichen Büchereien, Volksbüchereien. Eine Übersicht über die seit d. Begründung dieser Laufbahn im Jahre 1906 erlassenen Bestimmungen.
Bonn: Bibliothek d. Dt. Bundestages 1962. 15 S., 4° (n. i. B.) (= Arbeitsgemeinschaft d. Parlaments- und Be-

hördenbibliotheken. Arbeitshefte, Nr. 10) 3506

Kleine Bibliothekskunde. 2. Aufl. Hrsg. Zentralinstitut für Bibliothekswesen, Berlin.
Leipzig: VEB Bibliographisches Institut 1965. ca. 164 S., 4 S. Abb., 8°, brosch. MDN 7.- 3507

Krabbe, Wilhelm / Luther, Wilhelm Martin
Lehrbuch der Bibliotheksverwaltung.
Stuttgart: Hiersemann 1953. X, 143 S., 9 Abb., brosch. DM 20.- 3508

Kummer, Dietmar
Bestandsaufbau. Lesematerial f.d. Fach Methoden d. Bibliotheksarbeit.
Leipzig: Fachschule f. Bibliothekare "Erich Weinert" 1966. 20 S., 4° 3509

Kunze, Horst
Grundzuge der Bibliothekslehre. 3., völlig neubearb. veränd. Aufl. des Titels "Bibliotheksverwaltungslehre".
Leipzig: VEB Bibliographisches Institut 1964. ca. 400 S., 8°, Hln., MDN 15.- (= Lehrbücher für den Nachwuchs an wiss. Bibliotheken) 3510

Kunze, Horst
Willst du Bibliothekar werden? Über die Ausbildung und Tätigkeit d. Mitarbeiter in d. wissenschaftl. Bibliotheken d. DDR. 2. Ausg.
Berlin: Staatssekretariat f.d. Hoch- und Fachschulwesen 1965. 41 S., 8° 3511

Kyle, Barbara Ruth Fuessli
Teach yourself librarianship.
London: English Universities Press 1964. X, 140 S., ill., 8°, sh 7/6 3512

Lehmann, Cornelia
Lateinische Titel.
Berlin: Institut für Bibliothekswissenschaft der Humboldt-Universität 1960. 104, LXVIII S., 1 Abb., 8°, brosch. MDN 4.90 (n.i.B.) (= Fremdsprachige Fachtexte f.d. Nachwuchs an wissenschaftlichen Bibliotheken. H. 3) 3513

Methoden der Bibliotheksarbeit. Teil 1. 3. Aufl.
Leipzig: Fachschule für Bibliothekare "Erich Weinert" 1964. IV, 36, 16 S., 4° (= Lehrbriefe f.d. Fachschulfernstudium Reihe A, Nr. VI) 3514

Methoden der bibliothekarischen Arbeit. Teil 3. 2. Aufl.
Leipzig: Fachschule für Bibliothekare "Erich Weinert" 1963. III, 35, 12 S., 4° (= Lehrbriefe f.d. Fachschulfernstudium Reihe A, Nr. VI) 3515

Perkins, Ralph
The prospective teacher's knowledge of library fundamentals a study of the responses made by 4.170 college seniors to tests designed to measure familiarity with libraries.
New York: Scarecrow Press 1965. 202 S., 8°, $ 4.50 3516

Peters, Ruth
Englische Fachtexte.
Berlin: Institut für Bibliothekswissenschaft der Humboldt-Universität 1962. 129 S., 8°, brosch. MDN 4.- (n.i.B.) (= Fremdsprachige Fachtexte f.d. Nachwuchs an wissenschaftlichen Bibliotheken. H. 5) 3517

Peterson, Violet E.
Library instruction guide; suggested courses for use by librarians and teachers in junior and senior high schools.

Hamden, Conn.: Shoe String 1965. 45 S. 3518

Piette, J. R. F.
Guide to Foreign Languages for science librarians and bibliographers.
London: Aslib 1965. 58 S., sh 27/- 3519

Rust, Werner
Französische Fachtexte. Teil 1.
Berlin: Institut für Bibliothekswissenschaft der Humboldt-Universität 1959. kart. MDN 2.50 (n.i.B.) (= Fremdsprachige Fachtexte f.d. Nachwuchs an wissenschaftlichen Bibliotheken. H. 1) 3520

Solbach, Grete
Texte für den Französisch-Unterricht am Bibliothekar-Lehrinstitut Köln.
Köln: Bibliothekar-Lehrinstitut 1960. 74 S., 8°, kart. DM 2.- 3521

Some aspects of stock provision: proceedings of a course of lectures held during Octorber 1962. Hrsg.: Derek Jones, Julie Barnard.
London: Association of Assistant Librarians 1964. 64 S., 8°, sh 6/- 3522

Special materials in the library. A series of lectures held in 1962. Hrsg. J. Burkett, F.L.A. Morgan, T. S. Morgan.
London: Library Association 1964. 179 S., sh 40/- 3523

Staveley, Ronald
Personal viewpoints.
London: University College, School of Librarianship and Archives 1964. 18 S., 4° (= Occasional publications. No. 13) 3524

Stelzer, Eva Maria
Russische Fachtexte.
Berlin: Institut für Bibliothekswissenschaft d. Umboldt-Universität 1960. 132, XXVIII S., Abb., 8°, kart. MDN 4.- (n.i.B.) (= Fremdsprachige Fachtexte f.d. Nachwuchs an wissenschaftl. Bibliotheken H. 6) 3525

Straslevye bibliografii. (Fachliche Bibliographie.) Lehrbuch für mittlere und höhere Bibliotheks-Fachschulen, Fortsetzung des 1954 erschienenen Lehrbuches von V.N. Denis'ev über allgemeine Bibliographie. 1. Gesellschaftswissenschaften, 2. Naturwissenschaften, 3. Landwirtschaft, 4. Technik, 5. schöngeistige Literatur (russ.).
Moskau: Mesh. Kinga 1960. 359 S. 3526

Tolkačev, N. T.
Kratkie osnovy bibliografii - Posobie dlja studentow. (Kurzer Grundriss der Bibliographie, Lehrbuch für Studenten, russ.)
Moskau: Mesh. Kniga 1962. 96 S. 3527

Toser, Maria Antoinette
Library manual. A study-work manual of lessons on the use of books and libraries. 6. Aufl.
New York: Wilson 1964. 118 S., ill., 4°, $ 1.25 3528

Tschubarjan, O. S.
Die Wissensgrundlagen des Bibliothekars, Lehrbuch für Schulen zur Ausbildung von Bibliothekaren; Bibliothekskunde; Struktur des Büchereiwesens der UdSSR (russ.).
Moskau: Mesh. Kniga 1960. 240 S., MDN 2.50 3529

Unger, Isolde / Rentzsch, Edith
Bestandsaufbau, Bestandserschließung.
Leipzig: Fachschule für Bibliothekare "Erich Weinert" 1964. V, 39, 45 S., 4⁰ (= Lehrbriefe f.d. Fachschulfernstudium. Reihe D. Nr. V) 3530

Vereinigung Deutscher Werks- und Wirtschaftsarchivare. Bericht über den Lehrgang für die Ausbildung von Werks- und Wirtschaftsarchivaren, hrsg. von Artur Zechel.
Mülheim: Vereinigung Dt. Werks- und Wirtschaftsarchivare 1964. 128 S., kart. DM 11.- 3531

Vleeschauwer, Herman J. de
General introduction to librarianship.
Pretoria: Universiteit van Suid-Afrika 1962. 202 Bl., 8⁰ 3532

Vorträge des 47. Bibliothekarskursus. 4.-8. Okt. 1965.
Bonn: Borromäusverein 1966. 88 S., 8⁰ (= Werkhefte zur Büchereiarbeit. 12.) 3533

Winterich, John Tracy / Randall, David A.
A primer of book collecting. 3 rd. rev. ed.
New York: Crown 1966. IX, 228 S., ill., 8⁰, $ 5.- 3534

2.2.4. Periodika

The AB bookman's yearbook. The specialist book trade annual for all bookmen: dealers and publishers, librarians and collectors. Ed. by Sol. M. Malkin. 2. Teile.
Newark, N.Y.: Antiquarian Bookman 1966. 8⁰, $ 5.-.
P. 1: AB references. P. 2: AB features. 3535

Academia Portuguesa de Ex-Libris
Boletim (Bücher). unregelm.
Lissabon: 1955 ff. Escudo 22.50 für 3 Hefte 3536

Accademie e Biblioteche d'Italia. Cura del Ministero della Pubblica Istruzione. 6x jl.
Rom: Fratelli Palombi Editori 1927/28 ff. Lire 5.600 jl. 3537

Acta Bibliothecaria. jl.
Budapest: Kultura 1955 ff. DM 4.30 jl. 3538

Adyar Library Bulletin. vjl.
Madras: Adyar Library and Research Centre 1937 ff. $ 3.- jl. 3539

AGB-Rundschau - Hausmitteilungen d. Amerika-Gedenkbibliothek / Berliner Zentralbibliothek.
Berlin: Amerika-Gedenkbibliothek / Berliner Zentralbibliothek 1960 ff. 12 Bl., 4⁰ 3540

Ahil Quarterly. vjl.
Chicago: Association of Hospital and Institution Libraries 1961 ff. 3541

A.L.A. Bulletin. 10x jl.
Chicago: American Library Association 1907 ff. 3542

Alabama Librarian. Alabama Library Association. vjl.
Montgomery, Ala.: L.D. Ridings 1949. ff. $ 1.50 3543

Alphabet. Alpha Beta Alpha, National Undergraduate Library Science Fraternity. 3x jl.
Normal, Ill.: Illinois State Normal University 1951 ff. $ -.25 3544

American Library Association Bulletin. Vol. 1-20, 1907-1946.
New York: Johnson Reprints 1964. 8°, $ 320.- 3545

American Library Association. Library Periodicals Round Table. Newsletter. unregelm.
Denver, Colo.: Public Relations Office, Denver Public Library 1954 ff. $ 1.- 3546

Among Friends.
Detroit, Mich.: Friends of the Detroit Public Library Inc. 1955 ff. $ 2.- 3547

Annals of library science. vjl.
New Delhi: Indian National Scientific Documentation 1954 ff. $ 3.- jl. 3548

Annual Report National Library, Edinburgh 1958.
Edinburgh: H. M. S. O. 1960. 40 S., 8°, sh 2/6 3549

Anuario bibliografico Uruguayo. jl.
Montevideo: Biblioteca Nacional 1946 ff. 3550

APLA Bulletin. Atlantic Provinces Library Association. vjl.
Glace Bay: Public Library 1936 ff. Nur für Mitglieder 3551

Arbeitsblätter für betriebliches Informationswesen. unregelm.
Stuttgart: Dorotheen-Verlag. DM 10.- Eh. 3552

Archiv. mtl.
Göttingen: Göttinger Arbeitskreis 3553

Archivalische Zeitschrift. jl.
Köln: Böhlau. DM 30.- Eh. 3554

Der Archivar. 4x jl.
Siegburg: Franz Schmitt 1947 ff. DM 16.50 jl. 3555

Archives and Manuscripts. Library Ass. of Australia. hjl.
Brisbane: Public Library of Queensland 1955 ff. Dollar 2.25 3556

Archivmitteilungen. 6x jl.
Berlin: Staatsverlag. MDN 6.- jl. 3557

Archivni Casopis (Archiv-Zeitschrift). 4x jl.
Prag: Artia. DM 10.50 jl. 3558

Arhivist. 2x jl.
Belgrad: über Jugoslovenska Knjiga. DM 13.40 jl. 3559

Arizona Librarian. Arizona State Library Association.
Safford, Ariz.: Fleming Bennet 1944 ff. $ 2.- 3560

Arkansas Libraries. vjl.
Little Rock, Ark.: Library Association 1945 ff. 3561

Aslib Book List. mtl.
London: Aslib 1935 ff. sh 40/- jl. 3562

Aslib Proceedings, Incorporating Aslib Information. mtl.
London: Aslib 1949 ff. sh 90/- jl. 3563

Asociacion Costarricense de Bibliotecarios Boletin.
San José: Asociacion Costarricense de Bibliotecarios 1955 ff. gratis 3564

Asociacion Cubana de bibliotecarios boletin. vjl.
Havana: Asociacion Cubana de Bibliotecarios 1949 ff. $ 2.- jl. 3565

ASLP Bulletin. Association of Special Libraries of the Philippines. vjl.

Manila: IPA Library 1954 ff. $ 3.- jl. 3566

Assistant librarian. mtl.
London: Association of Assistant Librarians, National Central Library 1952 ff. sh 25/- jl. 3567

Australian Library Journal. vjl.
Sydney: Library Association of Australia 1951 ff. sh 20/- 3568

Audio-Visual School Library Service.
Chicago: American Library Association. $ 2.75 Eh. 3569

Balgarski knigopis (Bücher). mtl.
Sofia: Raznoisnos. $ 4.- jl. 3570

Bancroftiana. unregelm.
Berkeley, Calif.: Friends of the Bancroft Library, University of California 1954 ff. 3571

Bay State Librarian. vjl.
Boston: Simmons College Library 1911 ff. $ 2.- 3572

Beihefte zum "Zentralblatt für Bibliothekswesen".
Leipzig: VEB Bibliographisches Institut. unregelm. 3573

Bericht über die Sitzung des Fachnormenausschusses "Bibliothekswesen und Dokumentation". unregelm.
Wien: Österr. Normenausschuss 1954 ff. 4° 3574

Berita Bibliografi / Bibliographical News (indones.).
Djakarta: P.T. Gunung Agung 1955 ff. Rs. 50.- jl. 3575

Der Berner Bibliothekar. Mitteilungsblatt der Kommission für Jugend- und Volksbibliotheken für den deutschsprachigen Teil des Kantons Bern. 3-4x jl.
Bern: Kantonale Erziehungsdirektion 1965. ff. 4° 3576

Besprechungsschnelldienst. 4x mtl.
Reutlingen: Bücherei und Bildung 1964 ff. DM 60.- jl. 3577

Bibliographical Society of America Papers. vjl.
New York: Bibliographical Society of America 1906 ff. $ 7.- jl. 3578

Bibliographical Society of America. Papers. Jg. 1-55 und Generalregister. 1904-1961. Bulletin Jg. 1-4, 1907-1912 (alles erschienene) und Yearbook of the Bibliographical Society of Chicago Jg. 1-4, 1899-1903 (Vorläufer).
New York: Kraus Reprint. brosch. $ 594.-; Ln. $ 693.- (Einzelbände: Jg. 1-33 je $ 12.50 br., J. 34-44 je $ 18.- br., Jg. 45-55 je $ 8.- br., Bulletin je $ 4.- br., Yearbook je $ 4.50 br.) 3579

Bibliographie deutscher Übersetzungen aus den Sprachen der Völker der Sowjetunion und der Länder der Volksdemokratie. mtl. Abt. I: Wissenschaftliche Literatur.
Leipzig: Verlag für Buch- und Bibliothekswesen 1952 ff. MDN 30.- jl. 3580

Biblio. 10 x jl.
Paris: F 92.- jl. Inland, F 140.- jl. Ausland 3581

Bibliografia Periodicelor din Republica Populara Romina. 6x jl.
Bukarest: über Cartimex. 2 Lei pro No. 3582

Bibliographie commentée à l'Intention des Candidats au Diplome Supérieur de Bibliothécaire.
Paris: Bibliothèque National 1962. 68, 46 S. 3583

Bibliographie der Übersetzungen deutschsprachiger Werke. vjl.
Leipzig: VEB Verlag für Buch- und Bibliothekswesen. MDN 10.- jl. 3584

Bibliographische Berichte. Im Auftrag des Deutschen Bibliographischen Kuratoriums bearbeitet von Erich Zimmermann. 8 Bogen jl.
Frankfurt/M.: Klostermann. DM 25.- jl. 3585

Bibliographische Hefte. unregelm.
Köln: Greven 3586

Bibliographische Kalenderblätter der Berliner Stadtbibliothek. mtl.
Berlin: Berliner Stadtbibliothek 1959 ff. (n.i.B.) 3587

Bibliography, documentation, terminology. 2x mtl.
Paris: UNESCO 1961 ff. gratis 3588

Biblios informativo bibliografico. mtl.
Buenos Aires: Camara argentina del libro 1949 ff. $ 5.- jl. 3589

Biblioteca Zig-Zag. mtl.
Santiago: Zig-Zag 3590

Biblioteconomia. unregelm.
Barcelona: Dirección de la Escuela de Bibliotecarias de la Diputacion Provincial de Barcelona 1944 ff. Ptas. 30.- jl. 3591

Biblioteka na agitatora. 6x jl.
Sofia: Raznoisnos. $ 1.80 jl. 3592

Biblioteka Glowna. Sub-series of Zeszyty Naukowe Uniwersytetu im. Adama Mickiewicza w Poznana. unregelm.
Poznan: Panstwowe Wydawnictwo Naukowe, Oddzial w Posnaniu 1956 ff. 3593

Biblioteka v pomost ma partiinte organisatzii v promichlenostta, stroitelstvoto i transporta (Bibliothèque à l'Aide des organisation du Parti des Industries, Construction et transport.) 8x jl.
Sofia: Raznoisnos. $ 2.- jl. 3594

Biblioteka v pomost na partiinite organisazii v selskoto stopanstvo (Landwirtschaftsbibliothek). 10x jl.
Sofia: Raznoisnos. $ 3.- jl. 3595

Biblioteka Trudovo pravni vaprosi. 8x jl.
Sofia: Raznoisnos. $ 4.- jl. 3596

Biblioteka tschelen opit v promischlenosta, stroitelstvoto transporta i targoviata. 6x jl.
Sofia: Raznoisnos. $ 3.- jl. 3597

Biblioteka tschelen opit v selskoto stopanstov (Landwirtschaftsbibliothek). 8x jl.
Sofia: Raznoisnos. $ 3.- jl. 3598

Bibliotekar. 6x jl.
Belgrad: Jugoslovenska Knjiga 1948 ff. Dinar 1.000 jl. 3599

Bibliotekar; zhurnal teorii i praktiki bibliotechnovo dela. mtl.
Moskau: Ministerstvo Kultury RSFSR 1923 ff. 3600

Bibliotekar spisanie za bibliotechno delo. mtl. Ministerstvo na Prosvetata

i Kulturata, Durzhavna Biblioteka "Vasil Kolarov", Sofia.
Sofia: Raznoisnos 1954 ff. 24 lv. jl. 3601

Bibliotekaren. 5x jl.
Kopenhagen: Foreningens Kontor 1939 ff. DänKr. 8. - jl. 3602

Bibliotekarj (Der Bibliothekar, russ.) mtl.
Moskau: Mesh. Kniga. DM 4.80 jl. 3603

Bibliotekarstvo. 4x jl.
Belgrad: Jugoslovenska Knjiga. DM 13.40 jl. 3604

Bibliotekart (Der Bibliothekar). mtl.
Warschau: Ruch. DM 9.40 jl. 3605

Bibliotheca classica orientalis. 6x jl.
Berlin: Akademie-Verlag. MDN 6.- Eh 3606

Bibliotheca Hispana. Revista de información y orientación bibliograficas in 2 seccions. 4x jl. 1. Obras Generales, Bibliografia, Religion, Filosofia, Pedagogia. 2. Ciencias Puras y Aplicadas.
Madrid: Consejo Superior de Investigaciones Cientificas, Instituto Nicholas Antonio. Ptas. 300. - jl. 3607

Bibliotheck. A Scottish Journal of Bibliography and Allied Topics. 2x jl.
Glasgow: Library Association, University Library 1956 ff. sh 15/- 3608

Bibliotheeksgids. 6x jl.
Antwerpen: The Flemish Assn. of Library, Archive and Museum, Personnel 1922 ff. hfl. 10. - jl. 3609

Bibliothek und Wissenschaft. Ein Jahrbuch. Hrsg. von Heidelberger Bibliothekaren.
Wiesbaden: Harrassowitz 1964 ff. 3610

Der Bibliothekar. mtl.
Leipzig: VEB Bibliographisches Institut 1947 ff. MDN 34.20 jl. 3611

Die Bibliotheken der UdSSR (russ.) Arbeitserfahrungen. ersch. zwanglos.
Moskau: Mesh. Kniga. je Bd. ca. 150 S., DM 2.- 3612

Bibliotheksbladet. Zusammenfass. in engl. 10x jl.
Lund: Sveriges Allmänna Biblioteksförening 1916 ff. SwKr. 25.- 3613

Bibliothekskunde und Bibliographie. Literaturverzeichnis. (russ.) ersch. zwanglos.
Moskau: Mesh. Kniga 1961 ff. 3614

Bibliothekswesen. ZIID-Referatekartei DIN A 6, mtl. ca. 50 Titel.
Berlin: Zentralinstitut für Information und Dokumentation. MDN -.02 je Titel 3615

Biblos - Österreichische Zeitschrift für Buch- und Bibliothekswesen, Dokumentation, Bibliographie und Bibliophilie. vjl.
Wien: Gesellschaft der Freunde der Österr. Nationalbibliothek 1952 ff. ÖS 60. - jl. 3616

Biuletyn Biblotecki Jagiellonskiej Uniwersytet Jagiellonski. (russ.) unregelm.
Krakow: Uniwersytet Jagiellonski 1947 ff. 3617

Bodleian Library Record. 2x jl.
Oxford: Bodleian Library 1938 3618

Boek. unregelm.
Den Haag: Nijhoff 1912 ff. hfl. 17.50 jl. 3619

Bog-Anmelderens Tidsskrifter (Bücher). mtl.
Kopenhagen: Thorkel C. Moller 1944 ff. DänKr. 9.- jl. 3620

Bogens Verden. Tidsskrift for dansk Biblioteksvaesen. mtl.
Kopenhagen: Danmarks Biblioteksforening 1918 ff. DänKr. 20.- jl. 3621

Bok og Bibliotek. Tidsskrift for biblioteker og bokvenner.
Oslo: Statens Bibliotekstilsyn 1934 ff. nkr. 10.- jl. 3622

Boletim bibliográfico da Biblioteca da Universidade de Coimbra.
Coimbra 1914 ff. 3623

Boletim bibliografico Brasileiro. mtl.
Rio de Janeiro: Biblioteca nacional 1953 ff. 4° 3624

Boletin bibliografico Mexicano. 6x jl.
Mexico: Libreria de Porrúa Hermanos y Compania 1939 ff. 3625

Boletin. 6x jl.
Madrid: Dirección General de Archivos y Bibliotecas 1952 ff. $ 4.16 jl. 3626

Boletin anuario bibliografico Cubano (Bibliographiewesen). vjl.
Medellin: Fermin Peraza 1938 ff. $ 2.- jl. 3627

Boletin. Argentine Republic. Biblioteca del Congreso. 2. mtl.
Buenos Aires: 1939 ff. 3628

Bolletino bibliografico. 3x jl.
Mailand: St. Vanadia 3629

Book Collector. Index. 1952-1961. Vol. 1, No. 1 to vol. 10, no. 4.
London: The Book Collector 1964. 59 S., 8°, sh 25/- 3630

The Book Trolley: quarterly journal of the Hospital Libraries and Handicapped Readers Group of the Library Association.
London: St. Thomas Hospital 1965. sh 10/- 3631

Booklist and subcription books bulletin. A guide to current books. 2x mtl.
Washington: American Library Association. $ 6.- jl. 3632

Bookmark. vjl.
Moscow, Idaho: The Library University of Idaho 1948 ff. 3633

Bookmark for the Friends of the University of North Carolina Library. unregelm.
Chapel Hill, N.C.: Library of the University of North Carolina 1944 ff. 3634

Bookmark. News about books and library services. 9x jl.
New York: New York State Library 1940 ff. $ 1.- jl. 3635

Books. 26x jl.
London: National Book League 1929 ff. sh 1/- jl. 3636

Bowker
Annual of library and book trade information; sponsored by the Council of National Library Associations.
New York; London: Bowker 1966. 9,414 S., 8°, sh 74/6 3637

British Book News. A guide to book selection. mtl.

London: British Council 1940 ff. sh 30/- jl. 3638

British Books, incorporating publishers circular and booksellers record. mtl. Sanderstead/Surrey: Publishers Circular 1837 ff. sh 42/- jl. 3639

British Columbia Library Quarterly. vjl. Vancouver: British Columbia Library Association 1937 ff. 3640

British National Bibliography. wtl. London: Council of the British National Bibliography, British Museum 1950 ff. sh 600/- 3641

Buchanzeiger für Öffentliche Büchereien. mtl. Reutlingen: Einkaufszentrale für Öffentliche Büchereien 1947 ff. DM 25. - jl. 3642

Bücher aus Ungarn (dt.) 4x jl. Budapest: Kultura. DM 7. - jl. 3643

Bücherei und Bildung. Fachzeitschrift des Vereins Deutscher Volksbiblothekare e. V. und Mitteilungsblatt des Deutschen Büchereiverbandes e. V. mtl. Reutlingen: Bücherei und Bildung 1949 ff. DM 4. - Eh, DM 36. -jl. 3644

Bücherei und Bildung. Register 1948/ 1958. Zehn-Jahres-Register. Reutlingen: Bücherei und Bildung 1961. 39, 252 S., Ln. DM 50. - 3645

Büchereidienst. vjl. Berlin: Deutscher Büchereiverband, Arbeitsstelle für das Büchereiwesen 1961 ff. DM 30. - jl. 3646

Der Büchermarkt. vjl. München: Staatl. Beratungsstelle für Volksbüchereien in Bayern 3647

Bulletin de l'Association des Bibliothécaires Francais. vjl. Paris: Bulletin d'information 3648

Bulletin de l'Association Internationale des Documentalistes et Techniciens de l'information. 4x jl. Paris: Gauthiers-Villars. F 30. - jl. 3649

Bulletin bibliographique. 5x jl. Paris: I. N. S. E. E. F. 20. - jl. Inland, F 25. - jl. Ausland 3650

Bulletin du bibliophile et du bibliothecaire. 6x jl. Paris: Hachette. F 18. - jl. 3651

Bulletin des bibliothéques de France. mtl. Paris: Direction des Bibiotheques de France 1956 ff. F 45. - jl. 3652

Bulletin critique de livre Francais. 11x jl. Paris: L'Association pour la Diffusion de la Pensée Francaise 1945 ff. F 22. - jl. Inland, F 24. - jl. Ausland 3653

Bulletin d'informations. 4x jl. Paris: Association des Bibliothécaires Francais 1946 ff. F 7. - jl. 3654

Bulletin de libraires. mtl. Paris: Chambre syndicale des Libraires de France 1892 ff. 3655

Bulletin de la librairie ancienne et moderne. mtl. Paris: 1919 ff. F 20. - hl. 3656

Bulletin de l'UNESCO 'a l'intention des bibliotheques. 6x jl. Paris: UNESCO 1947 ff. Fr. 10. - jl. (auch engl., russ., span.) 3657

Cahiers des bibliothèques de France. unregelm.
Paris: Directions des Bibliothèques 1954 ff. 3658

Călăuza Bibliotecarului - Librarians Guide. Wegweiser des Bibliothekars. Publication des Unterrichts- und Kulturministeriums, Bukarest. mtl.
Bukarest: Cartimex. $ 4.- jl. 3659

California Librarian. vjl.
Berkeley, Calif.: California Library Association 1939 ff. $ 5.- 3660

Canadian library. The bulletin of the Canadian Library Association (le Bulletin de l'Association Canadienne des Bibliotheques). 6x jl.
Ottawa: Canadian Library Association 1944 ff. $ 3.- jl. 3661

Carrell. Friends of the University of Miami Library. 2x jl.
Coral Gables, Fla.: Carrell 1960 ff. $ 2.- 3662

Catalogue & Index: periodical of the Library Association Cataloguing and Indexing Group. 4x jl.
London: Library Association 1966 ff. sh 20/- 3663

Catalogue mensuel des traductions. mtl.
Paris: Centre National de la Recherche Scientifique. F 100.- jl. 3664

Catholic library World annual handbooks. jl.
Haverford, Penn.: Catholic Library Association. $ 10.- 3665

Center for Children's Books. mtl.
Chicago, Ill.: University of Chicago Press 1947 ff. $ 4.50 3666

Chronicle. 3x jl.
Syracuse: School of Library Science, Syracuse University 1929 ff. gratis 3667

Church Library Magazine. vjl.
Nashville, Tenn.: Sunday School Board. Southern Baptist Convention 1960 ff. $ 2.- 3668

Classification-Indexing. A report bibliography.
Springfield, Va.: Clearinghouse for Federal Scientific and Technical Information 1965. 38 S. (= PB 168 641) 3669

Claves Jenenses (Jenaer Schlüssel). Quellenveröffentlichungen, Kataloge, wissenschaftliche Darstellungen, bibliotheksgeschichtliche Forschungsergebnisse. unregelm.
Weimar: Böhlau Verlag 3670

Cleveland Medical Library. Bulletin vjl.
Cleveland: Cleveland Medical Library Ass. 1954 ff. gratis 3671

Colby Library Quarterly. vjl.
Waterville, Me.: Colby College Library 1943 ff. $ 2.- 3672

College and Research Libraries. Association of College and Research Libraries. 6x jl.
Chicago: American Library Association 1939 ff. $ 5.- 3673

Columbia Library Columns. 3x jl.
New York/ Butler Library, Columbia University 1951 ff. $ 3.- 3674

Congregational Library. Bulletin. American Congregational Association. 3x jl.

Boston: Congregational Library 1949 ff. 3675

Le courrier littéraire des Pays-Bas et de la Flandre. vjl.
Amsterdam: Stichting voor Vertalingen. hfl. 3.75 jl. 3676

Cuba bibliotecológica. vjl.
Havana: Colegio Nacional de Bibliotecarios Universitarios 1953 ff. $ 1.50 jl. 3677

Cum libris - Bibliotekens arsbok 1963.
Lund: Bibliotekstjänst 1963. 83 S., 8°, kart. SwKr. 15.- 3678

Current Literature. mtl.
London: J. Whitakter & Sons Ltd. 1858 ff. sh 10/- jl. 3679

Daedalus. Journal of the American Academy of Arts and Sciences.
Boston: The American reading public 1963 ff. 3680

Daily and Weekly Newspaper List. jl. (Verzeichnis von 11.000 amerikanischen Zeitungen.)
Topeka, Kansas: Luce Press Clipping Bureau. gratis 3681

Dartmouth College Library Bulletin. 3x jl.
Hanover, N.H.: Man. Ed. Alexander Laing 1957 ff. gratis 3682

D.C. Libraries. vjl.
Silver Spring/Md. District of Columbia Library Ass. 1929 ff. $ 2.50 3683

Deutscher Büchereiverband: Fachbibliographischer Dienst. (FD)
Berlin: Dt. Büchereiverb. 1965 ff. 8°, kart. DM 48.- jl. 3684

DK-Mitteilungen. Zeitschrift der Dezimalklassifikation. 6x jl.
Berlin: Beuth-Vertrieb 1957 ff.
DM 30.- jl. 3685

Dokumentation. Fachbibliothek. Werksbücherei. DFW.
Hannover: Nordwestverlag 1953 ff.
DM 27.. jl. 3686

Dokumentation, Fachbibliothek, Werksbücherei. Index zum ersten Jahrzehnt. 1. Oktober 1952 bis 30. September 1962.
Hannover: Nordwestverlag 1962.
12 S. 3687

East European Accessions Index. A record of monographic and periodical publications issued by East European Countries or in their language, currently received by the Library of Congress and other American libraries. English translations are provided for monographs, titles, and for article titles of the more important periodicals. mtl.
Washington: Superintendent of Documents. $ 10.- jl. 3688

Education Libraries Bulletin. 3x j.
London: Institute of Education, University of London 1958 ff. £ 0.10.6 3689

Engagement calendar and yearbook. Vol. 17: Nature in Ohio.
Cleveland: The Martha Kinney Cooper Ohioana Lib. Association 1963. Ill, 8°, $ 1.50 3690

Fachbibliographischer Dienst. 6x jl.
Hrsg. Deutscher Büchereiverband / Arbeitsstelle Büchereiwesen.
Berlin: Deutscher Büchereiverband 1965 ff. (DM 84.- 1966) 3691

Fichero Bibliográfico Hispanoamericano. mtl.
New York: R.R. Bowker. $ 10.- jl. 3692

Fichier bibliographique de l'entreprise. vjl.
Paris: Dunod. F 54.- jl. Inland, F 64. jl. Ausland 3693

Florida Libraries. Florida Library Association. vjl.
Miami, Fla.: Madeline Riffey 1949 ff. $ 2.- jl. 3694

Giornale della libreria. Organo ufficiale dell' associazione Italiana editori. mtl.
Mailand: Associazione Italiana Editori 1888 ff. 3695

Government periodicals and subscription services. 111. Jg.
Washington: Superintendent of Documents 1965 3696

Hawaii Library Association Journal. 2x jl.
Honolulu: Catherine Colegrove 1944 ff. $ 3.- 3697

Huntington Library Quarterly. A journal for the history and interpretation of English and American civilization. vjl.
San Marino, Calif.: Henry E. Huntington Library and Art Gallery 1937 ff. $ 6.- 3698

IASLIC Bulletin. Indian Association of Special Libraries and Information Centres. unregelm.
Calcutta: Indian Association of Special Libraries and Information Centre 1965 ff. gratis f. Mitgl. 3699

Idaho Librarian. Idaho State Library. vjl.
Boise, Idaho: H. M. Müller 1945 ff. 3700

Illinois Libraries. mtl.
Springfield, Ill.: Illinois State Library 1919 ff. gratis 3701

Indexer Society of Indexers. 2x jl.
Wembley, Mddx.: Thornton 1958 ff., $ 1,50 3702

Indiana University Bookman; for bookmen of Indiana and for Friends of the University. unregelm.
Bloomington, Ind.: Indiana University Library 1956 ff. gratis 3703

Informationsblatt des Deutschen Bibliotheksverbandes. unregelm.
Berlin: Deutscher Bibliotheksverband 1964 ff. 3704

Indian librarian. vjl. engl.
Ju Ilundur City 1945 ff. Rs. 10.- jl. 3705

Indian Library Association Journal. unregelm.
Calcutta: Indian Library Association 1955 f. 3706

Indicateur de l'édition et de la librairie. 4x jl.
Paris: Indicateur de l'édition et de la librairie 3707

Instytutu Bibliograficznego Biuletyn. unregelm.
Warschau: Biblioteka Norodowa, Instytut Bibliograficzny 1947 ff. Zl. 50.- jl. 3708

Inter-American Library Relations. Report of the Associate Librarian. vjl.
Washington: Pan American Union 1955 ff. 3709

Inter-American Review of Bibliography. (engl., franz., portug. span.) 4x jl. Washington: Office of Publication Services, Pan American Union 1951 ff. $ 3.- jl. 3710

International librarian and information service. mtl. Tokio: Kokusai Shiryo Kyokai 1955 ff. $ 4.- jl. 3711

Iowa Library Quarterly. vjl. Des Moines, Iowa: Iowa State Traveling Library 1901 ff. 3712

Irish book. 2x jl. Dublin: Bibliographical Society of Ireland 1959 ff. 3713

Jahrbuch der Bibliotheken, Archive und Dokumentationsstellen der Deutschen Demokratischen Republik. Im Auftr. d. Staatssekretariats f. d. Hoch- und Fachschulwesen hrsg. Rd. Heinz Gittig. Berlin: Deutsche Staatsbibliothek 1965 XIII, 375 S., 8°, MDN 7.- 3714

Jahrbuch der deutschen Bibliotheken. jl. Hrsg.: Verein Dt. Bibliothekare. Wiesbaden: Harrassowitz 3715

Jahrbuch der Deutschen Bücherei. Red. Helmut Rötzsch u. a. Leipzig: Deutsche Bücherei 1965 ff. 3716

Jahrbuch der Stiftung Preußischer Kulturbesitz 1964/65. (Bd. 3). Hrsg. i. Auftr. des Stiftungsrates vom Kurator d. Stiftung Hans-Georg Wormit. Düsseldorf: Knapp 1966. ca. 380 S., 32 Taf., Ln. ca. DM 24.- 3717

Jewish book annual. (engl., hebr., yidd.) Jewish Welfare Board (Ed.) New York: Jewish Council of America 1964. 219 S., 8°, $4.- 3718

John Rylands Library. Bulletin. Manchester: John Rylands Library and Manchester University Press 1903 ff. sh 21/- jl. 3719

John Rylands Library, Manchester. Bulletin. Jg. 1-32, Manchester 1903-1950. New York: Kraus Reprint. Ln $ 558.- 3720

Journal of Education for Librarianship. vjl. Urbana, Ill.: Association of American Library Schools 1960 ff., $ 5.- 3721

Journal de la Librairie. mtl. Brüssel: 1883 ff. bfr. 225.- jl. 3722

Journal of the Society of Archivists. 2x jl. London: Guildhall Library 1955 ff. sh 15/- jl. 3723

Kansas Library Bulletin. vjl. Topeka, Kan.: Kansas Traveling Libraries Commission 1932. ff 3724

Kirjastolehti (Bibliothekswesen). 10x jl. Helsinki: Akateeminen Kirjakauppa 1908 ff. Fmk 12.- jl. 3725

Knihovnik (Der Buchwart). 10 x jl. Prag: Artia 3726

Knjia i knjiznica. 6x jl. Belgrad: Jugoslovenska Knjiga. $ 6.70 jl. 3727

Knjiga i Svet (Buch und Welt). mtl. Belgrad: Jugoslovenska Knjiga. $ 1.20 jl. 3728

Knjznica. unregelm.
Belgrad: Jugoslovenska Knjiga. $ 3.50 jl. 3729

Kodomo Library. mtl.
Tokio: Nippon Shuppan Hanbai Co. Ltd. 1958 ff. Yen 20.- 3730

A Könyv (Das Buch, ungar.) mtl.
Budapest: Kultura. DM 17.- jl. 3731

Könyvtáros (Der Bibliothekar, ungar.) mtl.
Budapest: Kultura. DM 14.- jl. 3732

Könyvtárosok Tájékoztatója (Wegweiser des Bibliothekars).
Bukarest: Cartimex. DM 5.32 jl. 3733

Komsomoljskaja Pravda Library - Biblioteka Komsomoljskaja pravda. mtl.
Moskau: Mesh. Kniga 3734

Law Library Journal. vjl.
New York: American Association of Law Libraries 1908 ff. $ 10.- jl. 3735

Lawn Tennis Library Record; dealing with historical facts and figures. unregelm.
New York: William M. Fischer Lawn Tennis Library 1950 ff. 3736

Leabharlann (Library Association of Ireland). vjl.
Dublin: Desmond Clarke 1930 ff. £ 0.2.6 3737

Librarian and book world and curator. mtl.
London: James Clarke & Co. 1910 ff. sh 15/- jl. 3738

The Libraries, Museums and Art Galleries Year Book. 1954/55.
London: J. Clarke 1955. XXVIII, 647 S., sh 50/- 3739

Librarium; for Friends of Boston College Library. unregelm.
Chestnut Hill, Mass.: Father Brendan Connolly, S.J. 1961 ff. 3740

The Library. Printing, publishing, printing types, book illustration, rare books etc. vjl.
London: Oxford University Press 1889 ff. sh 50/- jl. 3741

The Library. Bibliographical Society, London:
New York: Kraus Reprint
1. Folge: Jg. 1-10, 1899 -1898. Ln. $ 148.50. 2. Folge: Jg. 1-10, 1889-1909. Ln. $ 148.50. 3. Folge: Jg. 1-10, 1910-1919. Ln. $ 148.50 3742

Library Association. Year book.
London: Library Association 1966. 88, 542 S., 8°, sh40/- 3743

Library Association Record. mtl.
London: Library Association 1899 ff. sh 105/- 3744

Library Chronicle. Friends of the University of Pennsylvania Library. 2x jl.
Univ. of Pennsylvania 1933 ff. $ 6.- jl. 3745

Library of Congress Information Bulletin. wtl.
Washington: Card Division, Library of Congress. $ 2.- jl. 3746

Library, Herald. vjl. engl.
Delhi: Delhi Library Assn. 1958 ff. Rs. 10.- jl. 3747

Library Journal. 24x jl.
New York: R.R. Bowker. $ 10.- jl. USA, $ 12.- jl. Ausland 3748

Library Literature; an author and subject index to selected material on library science and librarianship. vjl.
New York: H.W. Wilson Co. 1933 ff. 3749

Library Newss Bulletin. vjl.
Olympia, Wash.: Washington State Library 1932 ff. 3750

Library News Bulletin: Statistical and Directory Number. jl.
Olympia: Washington State Library gratis 3751

Library Notes; issued for Friends of Duke University Library. unregelm.
Durham, N.C.: Duke University Library 1936 ff. 3752

Library Occurent. vjl.
Indianapolis, Ind.: Indiana State Library 1906 ff. gratis 3753

Library periodicals Round Tables. Newsletter. unregelm.
Ed. American Library Association.
Denver/Colo.: Public Relations Office, Denver Public Library 1954 ff. $ 1.- jl. 3754

The Library Quarterly. Discusses and analyzes all aspects of librarianship. vjl.
Chicago: University of Chicago Press 1931 ff. $ 7.- jl. 3755

Library Research in Progress. vjl.
Washington: Library Services Branch, Office of Education, U.S. Dept. 1959 ff. gratis 3756

Library Resources and Technical Services. vjl.
Chicago: American Library Association 1965 ff. $ 5.- jl. 3757

Library Review. vjl.
Glasgow: W. & R. Holmes (Books) Ltd. 1927 ff. sh 26/- jl. 3758

Library Science Abstracts. vjl.
London: Library Association. sh 50/- jl. 3759

Library Service to Labor. Newsletter vjl.
Chicago: Joint Committee on Library Service to Labor Groups, Adult Services Division, American Library Ass. 1948 ff. gratis 3760

Library Trends. vjl.
Urbana/Ill.: The University of Illinois Press. $ 5.- jl. 3761

Library World mtl.
London: W.H. Smith & Son Ltd. 1898 ff. sh 13/6 jl. 3762

Library World- Alam al Maktabat - Arab Book Annual. (arabisch und englisch).
Kairo: 1958 ff. $ 3.- jl. 3763

Libreria. 26x jl.
Mailand: Associazione Librai Italiani 1948 ff. 3764

Libri. International Library Review (dt. franz., engl.)
Kopenhagen: Munksgaard 1950 ff. DänKr. 90.- jl. 3765

Liste d'ouvrages catalogues à la Bibliothèque des Nations Unies. mtl.
Paris: Editions A. Pedone. F 27.50 jl. 3766

Literatur zum Bibliothekswesen. Schnellinformation und Bibliographie der deutschsprachigen Fachliteratur. Red. Paul Dreißiger und Fritz Kunz.

mtl.
Berlin: Zentralinstitut für Bibliotheks-
wesen 1966 ff. 3767

Liverpool Bulletin. Libraries, Museums
& Art Committee. 3x jl.
Liverpool: Liverpool Corporation 1951
ff. 3768

Livres de France. mtl.
Paris: 1950 ff. F 12.- Inland, F 15.-
jl. Ausland 3769

London Librarian. 10x jl.
Bushey: London and Home Counties
Branch of the Library Assn.1955 ff.
sh 10/6 jl. 3770

Louisiana Library Association. Bulletin.
vjl. Ed. John M. Goudeau.
New Orlaens: 1937 ff. $ 2.- 3771

LZ / Leserzeitschrift. zweimtl.
Reutlingen: Bücherei und Bildung 1959
ff. DM 1.80 jl. 3772

Majallah Perpustakaan Singapura /
Singapore Library Journal. 2x jl.
Singapore: Library Association of
Singapore 1961 ff. $ 6.- 3773

Malaysian library journal. Persathan
Perpustakan Persekututuan Tanah
Melayu. vjl.
Kuala Lumpur: Library Association of
the Federation of Malaysia 1961 ff.
$ 3.- jl. 3774

Manchester Review.
Manchester: Libraries Committee 1936
ff. $ 1.- 3775

Maryland Libraries. Maryland Library
Association; Association of School
Librarians of Maryland.
Baltimore: Enoch Pratt Free Library
1955 ff. 3776

mb. mitteilungsblatt des öffent-
lichen büchereiwesens in nieder-
sachsen. unregelm.
Hannover: Fachstelle f.d.Öffent-
liche Büchereiwesen 1962 ff. (n.i.B.)
3777

Medical Library Association. Bulletin
vjl.
Baltimore, Md.: Alfred N. Brandon
1911 ff. $ 7.- 3778

Michigan Librarian. Michigan
Library Ass. Ed. Mrs. Evelyn
Tintera, E. M. Daniel. vjl.
Birmingham: 1935 ff. $ 2.- 3779

Michigan Library News. vjl.
Lansing: Louise F. Rees, Michigan
State Library 1942 ff. gratis 3780

Microcard Bulletin. unregelm.
Washington: Microcard Editions,
Inc. 1948 ff 3781

Minnesota Libraries. vjl.
St. Paul, Minn.: Library Division
Minn. State Dept. of Education 1904
ff. gratis 3782

Mississippi Library News. vjl.
Jackson, Miss.: Mississippi Library
Commission and Mississippi Library
Association 1937 ff. $ 2.- jl. 3783

Mitteilungen und Arbeitshilfen des
Staatl. Büchereiamtes für das Saar-
land. unregelm.
Saarbrücken: Staatl. Büchereiamt
für das Saarland 1961 ff. 3784

Mitteilungen der Gesellschaft für
Bibliothekswesen und Dokumentation
des Landbaues.
Bonn: Gesellschaft für Bibliotheks-
wesen und Dokumentation des Land-

baues, Sekretariat (n.i.B.) 3785

Mitteilungen für hauptberuflich geleitete Bibliotheken.
Leipzig: Stadt- und Bezirksbibliothek 1958 ff. 3786

Mitteilungen und Materialien. 2mtl.
Berlin: Zentralinstitut für Bibliothekswesen 1963 ff. 3787

Mitteilungen der Stadt- und Landesbibliothek Dortmund.
Dortmund: Stadt- und Landesbibliothek 1960 ff 3788

Mitteilungen aus dem wissenschaftlichen Bibliothekswesen der Deutschen Demokratischen Republik. mtl.
Berlin: Staatssekretariat f.d. Hoch- und Fachschulwesen, Beirat f.d. wissenschaftliche Bibliothekswesen 1963 ff. 3789

Mitteilungen der Zentralstelle für wirtschaftswissenschaftliche Dokumentation und Information. Loseblattausgabe.
Berlin: Institut f. Wirtschaftswissenschaften der Deutschen Akademie der Wissenschaften 1965 ff. 8°, ersch. unregelm. 3790

Mitteilungsblatt für die allgemeinen öffentlichen Bibliotheken im Bezirk Erfurt.
Erfurt: Bezirksbibliothek 1958 ff. 3791

Mitteilungsblatt der Arbeitsgemeinschaft pädagogischer Bibliotheken.
Dortmund: Arbeitsgemeinschaft pädagogischer Bibliotheken 1959 ff. 3792

Mitteilungsblatt des Beirates für das Wissenschaftliche Bibliothekswesen beim Staatssekretariat für das Hoch- und Fachschulwesen. unregelm.
Berlin: Beirat f.d. wissenschaftliche Bibliothekswesen beim Staatssekretariat f.d. Hoch- und Fachschulwesen (n.i.B.) 3793

M.L.A. Quarterly. Missouri Library Association. vjl.
St. Louis: St. Louis University Library 1939 ff. $ 2.50 3794

Montana Libraries. vjl.
Missoula, Mont.: Montana State Library Commission 1947 ff. gratis 3795

Montana Library Quarterly. Montana State Library Association. vjl.
Bozeman, Mont.: Montana State College Library 1955 ff. $ 2.- 3796

Monthly Catalogue of United States Government Publications. This lists, by agencies, the publications, printed and Processed issued during each month. The annual index is included in the price to the subscription. mtl.
Washington: Superintendent of Documents. $ 3.- jl. 3797

Monthly Catalog of United States Government Publications Supplements. 3 vol. Vol. 1: 1941-1942, Vol. 2: 1943-1944, Vol. 3: 1945-1946.
New York: Johnson Repr. 1963. 526 S., 8°, $ 20.- 3798

Monthly checklist of State publications issued by the Library of Congress. Records those documents and publications issued by the various States and received in the Library of Congress. mtl.
Washington: Superintendent of Documents. $ 2.- jl. 3799

Monthly Index of Russian Accessions. mtl.
Washington: Superintendent of Documents. $ 12.- jl. 3800

Mountain-Plains Library Quarterly. Mountain-Plains Library Association. vjl.
Wichita, Kan.: Wichita City Library 1956 ff. $ 2.- 3801

Mousaion - books and libraries (engl., franz., dt., ital., span.) unregelm.
Pretoria: University of South Africa 1955 ff. 3802

Municipal Reference Library Notes. mtl.
New York: New York Public Library 1914 ff. $ 2.50 3803

Die Musikbücherei. 3x jl. Hrsg.: Arbeitsgemeinschaft für Öffentliche Musikbüchereien. Deutsche Gruppe in der Internationalen Vereinigung der Musikbibliotheken AIBM.
Reutlingen: Bücherei und Bildung 1954 ff. DM 6.- jl. 3804

Nachrichten der Vereinigung schweizerischer Bibliothekare. (franz., dt., ital.)
Bern: Schweizer. Landesbibliothek 1925 ff. Sfr. 13.50 3805

Nantis technical periodicals review. mtl.
Nottingham: Nottingham & Nottinghamshire Technical Information Service 1964 ff. sh 20/- jl. 3806

National Lending Library for Science & Technology Index of conference proceedings received by the N.L.L. vjl.
Boston: National Lending Library 1964 ff. gratis 3807

National Lending Library Translations Bulletin. mtl.
London: H.M.S.O. sh 53/- jl. 3808

National Library of Wales. Journal. Supplements. Text in English and Welsh. 2x jl.
Aberystwyth: Council of the National Library of Wales 1939 ff. 3809

Nederlands Archievenblad (Dokumentation) 3 x mtl.
Groningen: N.V. Erven B.v.d. Kamp. hfl. 14.50 jl. 3810

Die neue Bücherei. 6x jl.
München: Staatl. Beratungsstelle für Volksbüchereien in Bayern 3811

Neue Mitteilungen aus der Deutschen Bücherei.
Leipzig: Deutsche Bücherei 3812

Neue Mitteilungen aus der Deutschen Bücherei. Gesamtausgabe. Hrsg. anläßl. d. 50jährigen Bestehens der Deutschen Bücherei am 3. Oktober 1962.
Leipzig: Deutsche Bücherei 1962. 80 Bl., 2 Taf., 8° 3813

Neue Volksbildung; Buch und Bücherei mtl.
Wien: Bundesministerium für Unterricht. ÖS 40.- 3814

Neuer Bücherdienst. vjl.
Wien: J. Maitz. ÖS 20.- jl. 3815

Neuerscheinungsdienst fremdsprachiger Importliteratur. wtl.
Leipzig: Leipziger Kommissions- und Großbuchhandel 3816

Nevada Library Directory. jl.
Carson City: Nevada Libraries, Nevada State Library. $ 50.- 3817

New Mexico Library Bulletin vjl.
Santa Fe/N. M.: Dorothy I. Watkins
1932 ff. 3818

News Notes of California Libraries. vjl.
Sacramento, Calif.: California State
Library 1906 ff. 3819

New South Wales Library Bulletin. A
monthly catalogue of new books, with
Australian periodical index, Children's
libraries section, Library staff news,
State Library Board news. mtl.
Sydney: Public Library of New South
Wales 1952 ff. sh 42/- 3820

The New World Library. Yearbook.
A record of the events, developments,
and personalities of 1964.
London: Caxton 1965. 416 S., £ 6.6.-
3821

New York Library Association Bulletin.
alle 2 Jahre.
Albany, N.Y.: The New York Library
Association. $ 1.- 3822

New York Public Library. Branch
Library Book.News. 5x jl.
New York: New York Public Library
1924 ff. $ 1.- 3823

New York Public Library Bulletin. 10x
jl.
New York: David V. Erdman 1897 ff.
$ 3.- 3824

New Zealand Libraries. mtl.
Wellington: New Zealand Library Asso-
ciation 1933 ff. sh 20/- jl. 3825

News from the Deutsche Bücherei. (Neue
Mitteilungen der Deutschen Bücherei,
engl., unregelm.)
Leipzig: Deutscher Bücherei 3826

Newsletter (engl., franz.). vjl.
Toronto: Bibliographical Society
of Canada, University College
1955 ff 3827

Norsk bibliografisk bibliotek -
Norwegian bibliography library.
Contains also Norsk Tidsskrift -
index. unregelm.
Oslo: Fabritius & Sonners forlag
1936 ff. nkr. 40.- jl. 3828

North Carolina Libraries. North
Carolina Library Association. vjl.
Chapel Hill, N.C.: Louis Round
Wilson Library 1942 ff. $ 2.- 3829

North Country Libraries (Formerly:
New Hampshire Public Libraries).
6x jl.
Concord, N.H.: New Hampshire
State Library & Vermont Free
Library Service 1900 ff. 3830

Notes and Queries for Readers and
Writers, Collectors and Librarians
mtl.
London: Oxford University Press
1849 ff. sh 48/- jl. 3831

Les nouveaux livres scientifiques
et industriels. 4x jl.
Paris: Dunod 3832

Nouvelles bibliographiques de la
Division des Bibliothèques de l'
UNESCO. vjl.
Paris: UNESCO 1961 ff. 3833

Nowe Informacje o Deutsche
Bücherei. (Neue Mitteilungen aus
der Deutschen Bücherei, poln.)
unregelm.
Leipzig: Deutsche Bücherei 3834

Nowe Ksiazki - Neue Bücher. 2x mtl.
Warschau: Ars Polona. DM 12.- jl. 3835

Nuevas Informaciones de la Deutsche Bücherei. Span. Ausgabe der Neuen Mitteilungen der Deutschen Bücherei.
Leipzig: Deutsche Bücherei 1965 ff. 3836

N.Y.L.A. Bulletin. 6x jl.
Albany, N.Y.: New York Library Association 1953 ff 3937

L'officiel de la librairie - Bulletin des libraires. mtl.
Paris: Fédération Francaise des Syndicats Libraires 1892 ff. Fr. 20.- jl. Inland, Fr. 35.- jl. Ausland 3838

Ohioana: of Ohio and Ohioans. vjl.
Columbus: Ohio Cooper Ohioana Library Ass. 1958 ff. $ 2.50 3839

Oklahoma Librarian. Oklahoma Library Association. vjl.
Oklahoma City. Oklahoma Library Association 1951 ff. $ 3.- 3840

Ontario library review. vjl.
Toronto: Provincial Library Service 1916 ff. $ 1.50 3841

De Openbare Bibliotheek. 10x jl.
Den Haag: Centr. Ver. O.B. hfl. 12.50 jl. 3942

Pakistan Library Review. vjl.
Karachi: Writer's Emporium 1948 ff. $ 3.- jl. 3843

Pamphleteer Monthly; a buying-guide to worthwhile reading. unregelm.
New York: William-Frederick Press, Pamphlet Distributing Co. 1940 ff. $ 5.- 3844

Pennsylvania Library Association. Bulletin. vjl.
Harrisburg, Pa.: Hilda Reitzel 1945 ff. $ 2.- 3845

PNLA Quarterly. Pacific Northwest Library Association. vjl.
Pocatello, Idaho.: Idaho State College Library 1936 ff. $ 2.- 3846

Poradnik Bibliotekarza. Stowarzyszenie Bibliotekarzy Polskich. mtl.
Warschau: Romand Lukaszewska 1949 ff. Zl. 36.- 3847

Prezglad Biblioteczny - Bibliotheksrundschau. vjl.
Warschau: Ruch 1927 ff. DM 19.10 jl. 3848

Princeton University Library Chronicle. vjl.
Princeton, N.J.: Friends of the Library, Princeton University. Library 1939 ff 3849

Přirustky technické literatury v studijnich knihovnách v CSR - Neuerwerbungen technischer Literatur in den wissenschaftlichen Bibliotheken der Tschechoslowakei. Nachrichtenblatt f. technische Betriebsbüchereien und Studienabteilung der Industriebetriebe und wissenschaftlicher Forschungsinstitute. mtl.
Prag: Artia 3850

Private library. vjl.
London: Private Libraries Assn. 1958 ff. sh 20/- jl. 3851

Przeglad Piśmiennictwa o Ksiazce. Supplement to: Przeglad Biblioteczny. vjl.
Warschau: Ruch 1951 ff. Zl. 48.- jl. 3852

Przewodnik Bibliograficzny - Bibliographischer Führer. wtl.
Warschau: Ruch DM 6.70 jl. 3853

Quarterly Bulletin of the South African Library (engl., afrikaans).
Cape Town: South African Public Library 1946 ff. sh 15/- jl. 3954

Quarterly Journal of the Library of Congress. vjl.
Washington: Superintendent of Documents $ 2.- jl. 3855

Referatekartei "Bibliothekswesen". mtl.
Leipzig: Deutsche Bücherei 1964 ff 3856

Research in Librarianship. 3x jl.
Oldham: Research in Librarianship 1965 ff. sh 15/- jl. 3857

Revista de Archivos, Bibliotecas y Museos. 2x jl.
Madrid: José Antonio G. Noblejas 1897 ff. $ 10.- jl. 3858

Revista de la Biblioteca Nacional. vjl.
Havana: Biblioteca Nacional 1950 ff. $ 2.- 3859

Ruch Biblijny i Liturgiczny. 6x jl.
Warschau: Ruch. DM 30.40 jl. 3860

Rutgers University Library. Journal. State University of New Jersey. Young. Associated Friends of the Library of Rutgers.
New Brunswick, N.J.: University 1937 ff. 3861

Sala de Autores Antioquenos. Boletin de bibliografia antioquena.
La Sala: Biblioteca General de la Universidad de Antioqua 1963 ff. 3862

Bulletin. Saskatchewan Library Association. 2x jl.
Regina: Legislative Library 1947 ff. nur für Mitglieder 3863

School Librarian and School Library Review. School Library Association. 3x jl.
London: Norman Furlong & Norman Culpan 1937 ff. 24/- 3864

School Libraries. American Association of School Librarians. Div. of American Library Association. vjl.
Chicago: J.E. Lowrie 1952 ff. 3865

School Library Bulletin. Bureau of Libraries, Board of Education, Brooklyn, N.Y.
Brooklyn: 1908 ff. 3866

School Library Journal. 8x jl.
New York: R.R. Bowker. $ 5.- jl. 3867

Sci-tech News. Special Libraries Association, Science-Technology. Div. vjl.
Sherman Oaks, Calif.: Ed. Frank T. Bennett 1947 ff. $ 1.- 3868

Skolbiblioteket. 6x jl.
Lund: Ed. Gösta Östling, Bibliotekstjanst 1955 ff. 3869

Sociedad de Bibliotecarios de Puerto Rico, Boletin. 3x jl.
Rio Piedras: Universidad de Puerto Rico 1961 ff. 3870

South Carolina Librarian. South Carolina Library Association. 2x jl.
Greensboro, N.C.: Herbert Hucks, Jr.J. Ruzicka, Publ. 1956 ff. $ 1.- 3871

South Dakota Library Bulletin. vjl.
Pierre, S.D.: South Dakota State Library Commission 1914 ff. 3872

Sowjet-Literatur. mtl.
Moskau: Mesh. Kniga. DM 11. - jl. 3873

Spain. Dirección General de Archivos y Bibliotecas Boletin. 6x jl.
Madrid: Ed. José Antonio G. Noblejas 1952 ff. Ptas 125. - jl. 3874

Special Libraries. Special Libraries Association. mtl.
Ed. Mary L. Allision.
New York: 1910 ff. $ 10. - 3875

Sprawy Biblioteczne (Library Affairs) (poln., russ., engl., franz., dt.) unregelm.
Warschau: Ruch 1962 ff. 3876

Studienmaterial für die hauptberuflichen bibliothekarischen Mitarbeiter der allgemeinbildenden Bibliotheken in der DDR. (Schriftenreihe).
Berlin: Zentralinstitut für Bibliothekswesen 3877

Studies in bibliography. Papers of the Bibliographical Society of the University of Virginia. jl. Vol. 18
Charlottesville/Va.: University of Virginia Press 1965. 312 S., 4°, $ 10. - 3878

Studii si Cercetari de Bibiologie. Biblioteca Academiei Republicii Populare Romine. Summaries in French and Russian. unregelm.
Bukarest: Editura Academiei R. P. R. 1955 ff. Lei 18.45 jl. 3879

Tamiment Institute Library. Library Bulletin. mtl.
New York: Ed. Louise Heinze 1957 ff. gratis 3880

Technická Knihovna (Die Technische Bücherei). mtl.
Prag: Artia 3881

Tennessee Librarian vjl.
Knoxville, Tenn.: Knoxville Public Library 1948 ff. $ 2. - 3882

Texas, Libraries. Texas Library and Historical Commission. 6x jl.
Austin, Tex.: Texas State Library 1954 ff. gratis 3883

Texas Library Journal. Texas Library Association. vjl.
Austin, Tex.: Mrs. Nadine B. Nelson 1924 ff. $ 2. - 3884

Top of the News. vjl.
Chicago: Children's Services Division and the Young Adult Services Division, American Library Association 1942 ff. 3885

UNESCO bulletin for libraries. 6x jl.
Paris: UNESCO 1947 ff. sh 18/- jl. (auch franz., russ., span.) 3886

Unesco Bulletin for Libraries. English edition.
New York: Kraus Reprint. Ln $ 115. - 3887

University of Illinois Library School. 3x jl.
Urbana, Ill.: Herbert Goldhor 1949 ff. $ 2. - 3888

University of Pennsylvania Library, Philadelphia. Library Chronicle. unregelm.
Austin, Tex.: Oscar Maurer University of Texas 1944 ff. 3889

University of Rochester Library Bulletin. 3x jl.
Rochester, N.Y.: University of Rochester Library 1945 ff. $ 2. - 3890

Untertiteldienst. mtl.
Reutlingen: Bücherei und Bildung 1955 ff. DM 40,- jl. 3891

Utah Libraries. Utah Library Association. unregelm.
Salt Lake City, Utah: Salt Lake City Public Library 1957 ff. 3892

Vallesia. Bulletin annuel de la Bibliothèque et des archives cantonales du Valais, des Musées de Valère et de la Majorie. Jahrbuch d. Walliser Kantonsbibliothek, d. Staatsarchivs u. d. Museen v. Valeria u. Majoria. 19. 1964
Sion: Bibliothèque cantonale 1964. XX, 365 S., XII S. Abb., 4° 3893

Verband der Bibliotheken des Landes Nordrhein-Westfalen. Mitteilungsblatt vjl.
Köln: Universitäts- und Stadtbibliothek 1950 ff 3894

Vereinigung Schweizerischer Bibliothekare ... Nachrichten. Text and title French and German. 6x jl.
Bern: Schweizer. Landesbibliothek 1925 ff. Sfr. 12.50 jl. 3895

Virginia Librarian. Virginia Library Association vjl. Ed. Joseph B. Runey.
Greensboro: N. C. 1954 ff 3896

Vjesnik Bibliotekara Hrvatske - Nachrichten für Bibliothekare. unregelm.
Belgrad: Jugoslovenska Knjiga. DM 9.- jl. 3897

Voprosy arkhivovedenija (Fragen des Archivwesens). 4x jl.
Moskau: Mesh. Kniga 3898

Voprosy literatury (Fragen der Literatur) mtl.
Moskau: Mesh. Kniga. DM 44.- jl. 3899

WALA News. West African Library Association. hlj.
Ibadan: University Library 1954 ff. nur für Mitglieder 3900

West Virginia Libraries. West Virginia Library Association. vjl.
Morgantown: West Virginia University 1955 ff 3901

Westchester Library Association. Bulletin. vjl.
White Plains, N.Y.: White Plains Public Library 1941 ff. $ 1.- 3902

Wilson Library Bulletin. mtl.
New York: Ed. Kathleen Molz. H.W. Wilson 1914 ff 3903

Wisconsin Library Bulletin. 6x jl.
Madison, Wis.: Wisconsin Free Library Commission 1905 ff. $ 2.- 3904

Wyoming Library Roundup. Wyoming Library Association. vjl.
Cheyenne, Wyo.: Wyoming State Library 1945 ff 3905

Yale University Library Gazette. vjl.
New Haven, Conn.: Donald C. Gallup 1926 ff. $ 3.- jl. 3906

Zeitschrift für Bibliothekswesen und Bibliographie. Organ des Vereins Deutscher Bibliothekare und des Vereins der Diplom-Bibliothekare. 6x jl.
Frankfurt/M.: Klostermann 1954 ff. DM 36.50 jl. 3907

Zeitschriften-Dienst. mtl.
Berlin: Deutscher Bücherei 1965 ff. 3908

Zeitschriftendienst. Mitteilungen der Arbeitsstelle für Zeitschriftenberatung. vjl.
Münster: Arbeitsstelle für Zeitschriften-

beratung 1958 ff. DM 1.50 Eh., DM 5.- jl. 3909

Zentralblatt für Bibliothekswesen. 79. Jg. mtl.
Leipzig: VEB Bibliographisches Institut 1965 ff. MDN 48.- jl. 3910

Zentralblatt für Bibliothekswesen. Generalregister. Jahrgang 51/1934 bis 70/1956. Bearb. Ruth Unger. Otto Harrassowitz
Leipzig: VEB Verlag für Buch und Bibliothekswesen/VEB Bibliographisches Institut 1963. 139 S., gr. 8°, brosch MDN 28.60 3911

Zentralblatt für Bibliothekswesen.
New York: Kraus Reprint. brosch. $ 990.-, Ln. $ 1125.- 3912

ZIID-Referatekartei Bibliothekswesen. Verantw. Red. Erika Jesche. mtl.
Mit 50-100 Titeln in Karteiform 10, 5 x 15 cm.
Leipzig: Deutsche Bücherei 1964 ff. 3913

2.3.0. Besondere Bibliotheken

Ambraser Kunst- und Wunderkammer. Die Bibliothek. Katalog der Ausstellung im Prunksaal 28. Mai bis 30. September 1965.
Wien: Österr. Nationalbibliothek 1965. 77 S., 19 Abb., ÖS 30.- (= Biblos-Schriften, Band 41.) 3914

American Theological Library Association. Annual Conference. Summary of Proceedings. jl.
Austin, Tex.: American Theological Library Ass. $ 2.50 3915

Arbeitsmaterialien für Fachschulbibliotheken.
Berlin: Methodische Beratungsstelle f. Bibliothekspropaganda bei d. Deutschen Staatsbibliothek 1963. 64 S., 8°, MDN 6.50 3916

Baer, Hans
Bibliographie und bibliographische Arbeitstechnik. Eine Einführung.
Frauenfeld: Huber 1961. 172 S., 8°, Sfr. 12.- 3917

Bericht über die 8. Tagung in Essen, Städtischer Saalbau, am 16., 17. und 18. März 1961.
Jülich: Arbeitsgemeinschaft der Spezialbibliotheken 1962. 79 S., 8° 3918

Bericht über die 9. Tagung in München. Bibliothek der Technischen Hochschule München vom 7. bis 9. März 1963.
Jülich: Arbeitsgemeinschaft der Spezialbibliotheken 1964. 170 S. 3919

Bericht über das Treffen der Parlaments- und Behördenbibliothekare im Rahmen der 53. Deutschen Bibliothekartages in Saarbrücken am 5. Juni 1963.
Bonn: Bibliothek d. Deutschen Bundestages 1963. 28 S., 4° (n.i.B.) (= Arbeitsgemeinschaft d. Parlaments- und Behördenbibliotheken. Arbeitshefte Nr. 14) 3920

Boichat, Suzanne
La bibliothèque de William Stauffer. Cataloguement et classement, avec notice biographique.
La Chaux-de-Fonds: Ass. des Bibliothécaires Suisse 1964. 4° 3921

Bowers, Melvyn K.
Easy bulletin boards for the school library.
New York: Scarecrow 1966. 106 S., $ 3.50 3922

Busse, Kurt
Handbuch der Werkbücherei.

München: Verlag Mensch und Arbeit 1955.
208 S., 8°, Ln. DM 14.50 3923

A checklist for the organisation, operation and evaluation of a company library.
New York: Special Library Association 1960. 64 S. 3924

Clapp, Verner Warren
The future of the research library.
Urbana/Ill. University of Illinois Press 1964. VII, 114 S., 8°, $ 4.50 (= Phineas L. Windsor Ser. Lectures in Librarianship, no. 8) 3925

College and Research Libraries. Jg. 1-13. Chicago. 1939-1952.
New York: Kraus Reprint. $ 205.- brosch., $ 230.- Ln. 3926

Corsten, Severin:
Die Bibliothek des Auswärtigen Amts. - Ortmann, Wilhelm:
Das Deutsche Postbibliothekswesen. Entwicklung, Aufgaben, Gestaltung.
Bonn: Bibliothek des Deutschen Bundestages 1961. 31 S., 4° (= Arbeitsgemeinschaft d. Parlaments- und Behördenbibliotheken, Arbeitshefte Nr. 6) 3927

Current abstracts & indexes in the technical and commercial libraries.
Manchester: Central Library 1963.
42 S., 8°, sh 10/6 3928

Currie, Dorothy H.
How to organize a children's library.
Dobbs Ferry, N.Y.: Oceano 1965. VIII, 184 S., $ 5.- 3929

Das Deutsche Papiermuseum.
Leipzig: Deutsche Bücherei 1965. 2 Bl., gr. 8° (= Neue Mitteilungen aus der Deutschen Bücherei, Nr. 46) 3930

Deutsche Werkbüchereien heute. Anschriften, Büchereileiter, Branchen. Hrsg.: Bundesvereinigung d. dt. Arbeitgeberverbände. Stand: 31. Dez. 1963.
Bergisch Gladbach: Heider 1964.
53 S., 8o 3931

Douglas, Mary Peacock
La Bibliotheque d'école primaire et ses différentes fonctions. Egalement pub. en Eng. et en Esp.
Paris: UNESCO 1965. 103 S., ill., 5.25 F. (= Manuels de l'UNESCO à l'usage des bibliotheques, 12.) (engl. Titel: The primary school library and its services.) 3932

Dreßler, Irmgard
Kinderbibliotheksarbeit in der Deutschen Demokratischen Republik.
Berlin: Deutscher Bibliotheksverband 1965. 63 S., Abb., 8°, DM 3.- 3933

Dvořáček, Jaroslav
Das Museum des tschechischen Schrifttums. Aus dem Tschechischen übers. von Josef Fanta. 3., erg. Aufl.
Prag: Orbis 1963. 88 S., Abb., 8°, brosch. Kcs 6.- 3934

Gloor, Elisabeth
Die Bibliothek des Eidgenössischen Amtes für Straßen- und Flußbau. Diplomarbeit.
Bern: Vereinigung Schweizer. Bibliothekare 1962. II, 24 Bl., 4° 3935

Der Grundbestand - Bücher für den Aufbau von Jugendbücherei und Schülerbücherei. Überarb. Neuausg. Hrsg. v. Büchereiwesen in Holstein e.V.
Rendsburg: Büchereizentrale 1965. 41 S., 8°, brosch. (n.i.B.) 3936

Hakenmeyer, Uta / Heuer, Lottelore / Vahlbruch, Heinz
Die kleine Behördenbibliothek, Aufgaben und Besonderheiten von Einmannbüchereren.
Hardt, Walter:
Erfahrungen beim Aufbau des alphabetischen Sachkatalogs (Schlagwortkatalog) der Bibliothek der Ruhrknappschaft.
Bonn: Bibliothek des Deutschen Bundestages 1962. 4° (= Arbeitsgemeinschaft der Parlaments- und Behördenbibliotheken, Arbeitshefte Nr. 11) 3937

Hardt, Walter
Besonderheiten des Behördenschrifttums. -
Karlsruhe: Arbeitsgemeinschaft d. Parlaments- und Behördenbibliotheken. 1965. II, Bl. 68 S., 4° (= Arbeitsgemeinschaft d. Parlaments- u. Behördenbibliotheken. Arbeitshefte. Nr. 19) 3938

Hewitt, Arthur Reginald
An elementary guide for masonic librarians.
London: United Grand Lodge of England 1965. 32 S., sh 5/- 3939

Hospital Libraries and work with the disabled. Hrsg.: Mora E. Going.
London: The Library Association 1963. 186 S., ill, sh 44/- 3940

Hospital library services surveyed, the hospital library scene: the view of a regional board administrator, the needs of a special patients groups and the international picture; papers given at the Hospital Libraries and Handicapped Readers Group Conference and Weekend. School held at Sorby Hall, University of Sheffield, July 1964.
London: Library Association 1965. 63 S., sh 12/6 3941

Instituts- und Hochschulbibliotheken. Denkschrift der Deutschen Forschungsgemeinschaft, Bad Godesberg.
Bad Godesberg: Deutsche Forschungsgemeinschaft 3942

International Congress of libraries and museums of the performing arts. Internationaler Kongress der Theaterbibliotheken und -museen.
Hrsg.: von Günter Schöne.
München: Theatermuseum 1964. 39 S., 1 gef. Bl., gr. 8°, DM 3.- 3943

Internationales Zeitungsmuseum der Stadt Aachen. Festgabe zur Eröffnung von Ausstellungsräumen im Internationalen Zeitungsmuseum der Stadt Aachen am 19. Oktober 1962, dem Tag der Enthüllung einer Tafel zur Erinnerung an Julius Reuter, den Begründer des Reuterschen Telegraphenbüros in Aachen 1850. (dt., engl.)
Aachen: Metz 1962. 64 S., Abb., 8° 394

Jirkovská, Vera
Die Staatsbibliothek der Tschechoslowakischen Republik. Die Universitätsbiblithek Prag.
Prag: Staatsbibliothek d. Tschechoslowakischen Republik 1960. 16 S., Abb., 8° 394

Kaladi, Armando
La Bibliothèque du service des bâtiments du Départment des travaux publics du canton de Vaud.
Genf: Ecole de Bibliothécaires 1963. I, 21 Bl., 4° 394

Kittnar, Vladimir
Technische Staatsbibliothek in Prag.
Prag: Technische Staatsbibliothek 1963.

31 S., Abb., 8o (n.i.B.) 3947

Koch, Nikolaus
Strukturprinzipien des pädagogischen Bibliotheks- und Dokumentationsorganismus.
München: List 1965. 18 S., 8o, geh.
3948

Kortendick, James Joseph
The library in the Catholic theological seminary in the United States.
Washington: Catholic Univ. 1965. XI, 353 S., 8o, $ 7.25 3949

Kruzas, Anthony Thomas
Business and industrial libraries in the United States 1820-1940.
New York: Special Libraries 1965. 133 S., $ 7.- 3950

Lamb, J.P.
Commercial and technical libraries.
London: Allen & Unwin 3951

Die landeskundliche Arbeit der Gebietsbibliotheken. Methodisches Hilfsbuch aus der Reihe "Die Gebietsbibliothek" (russ.)
Moskau: Mesh. Kniga 1961. 240 S.. DM 3.- 3952

Lewis, Chester M.
Special libraries. How to plan and equip them. A project of the New York Chapter.
New York: Special Libraries 1963. VI, 117 S., ill., 4o (= SLA monograph no. 2) 3953

Leyland, Eric
Libraries in schools.
New York: Philosophical 1965. 143 S., $ 4.75 3954

The Library in the hospital and care in the community. Papers given at the Hospital Libraries and Handicapped Readers Group Conference and Weekend School held at. Florence Boot Hall, University of Nottingham, July 1963.
London: Library Association 1964.
32, 4 Abb., 8o, sh 9/- 3955

The Library in the primary school: a report of the Primary Schools Subcommittee of the School. Library Association; with a preface by W.O. Lester Smith. 2nd ed. with a new introduction by C.H.C. Osborne.
London: School Library Association 1966. 93 S. , ill., 8o, sh 11/6 3956

Materialien für die Kinderbibliotheksarbeit. I. Liste empfehlenswerter Kinderbücher f.d. Systematik-Altersgruppe. 1. 2. Staffelungsschlüssel f. Kerntitel.
Berlin: Zentralinstitut f. Bibliothekswesen 1966. 15 S., 8o 3957

Medical libraries in hospitals: notes for secretary/librarians and others.
London: Library Association Medical Section 1966. III, 195 S., 8o, sh 5/6 3958

Mobile Library Meeting. Radstock Mobile Libraries: papers and discussions at the mobile library meeting, Norton Radstock Technical College, Radstock Saturday 15th May, 1965. 2. Aufl..
Bridgwater/Som.: Somerset County Library 1965. 50 S., sh 4/- 3959

Moser, Firtz
Die Amerika-Gedenkbibliothek Berlin. Entstehung, Gestalt und Wirken einer öffentlichen Zentralbibliothek.
Wiesbaden: Otto Harrassowitz 1964. X, 161 S., Abb., 10 Taf., brosch. DM 36.- (= Beiträge zum Buch- und Bibliothekswesen, Band 13) 3960

Munby, Alan Noel Latimer
Cambridge college libraries. Aids for research students. 2. erw. u. verb. Aufl. Cambridge: Heffer 1962. XV, 56 S., 8°, sh 8/6 3961

Munby, Alan Noel Latimer
The libraries of English men of Letters: a public lecture delivered at the Library Association on 29th Oct. 1964. London: Library Association 1964/65. 20 S., 8°, sh 3/6 (= Arundell Esdaile memorial lectures. 1964) 3962

National Book League. Education Department. Medical Department.
The planning and organization of medical book and journal services in regional hospitals: a National Book League guide for librarians.
London: Nuffield Provincial Hospitals Trust 1966. 34 S., Abb., 8°, sh 3/6, (= Nuffield Provincial Hospitals Trust. Publications.) 3963

National Book League. School library books: non-fiction: catalogue of an exhibition.
London: National Book League 1965. 338 S., 8°, sh 9/6 3964

Neal, Kenneth William
Technical college libraries. A guide to problems and practice.
Wolverhampton/Staffs.: K.W. Neal 1965. XVIII, 159 S., Abb., 8°, sh 30/- 3965

Die Österreichische Nationalbibliothek, Geschichte - Bestände - Aufgaben. 3. Aufl..
Wien: Österreichische Nationalbibliothek 1964. 80 S., ÖS 30.- (= Biblos-Schriften, Band 39.) 3966

Otto, Frieda
Die Spezialbibliothek als Grundlage sozialwissenschaftlicher Forschung.
Kiel: Institut für Weltwirtschaft, Bibliothek 1963. 15 S., 8° 3967

The Planning of School Libraries in New Buildings.
Lochgilphead/Argyll: School Library Association in Scotland 1963. 1, 8 S., 8°, sh 1/- 3968

Prinzhorn, Fritz:
Eigenart und Bedeutung der Parlaments- und Behördenbibliotheken. -
Wernicke, Kurt Georg:
Probleme der Parlaments- und Behördenbibliotheken.
Bonn: Bibliothek des Deutschen Bundestages 1961. 19 S., 4° (n.i.B.) (=Arbeitsgemeinschaft der Parlaments- und Behördenbibliotheken. Arbeitshefte, Nr. 7) 3969

Reichardt, Günther
Die wissenschaftlichen Spezialbibliotheken im Rahmen des deutschen Bibliothekswesens. Vortrag auf der 8. Tagung der Arbeitsgemeinschaft technischer und wirtschaftlicher Bibliotheken. Essen 1962.
Essen: Zentralbibliothek 1962. 26 S., 8° 3970

Roe, Ernest
Teachers, librarians and children: a study of libraries in educations.
London: Lockwood 1965. XV, 189 S., sh 25/- 3971

Romanliteratur für Patientenbüchereien. Eine Empfehlungsliste. 3. Aufl. Hrsg. von der Arbeitsstelle f. d. Büchereiwesen, zgest. von den Krankenhausbüchereien München
Berlin: Deutscher Büchereiverband 1964. 40 S., 4° 3972

Sanders, Brenda Mary
Library services in hospitals: a survey of their present provision and possible future development in the South East Metropolitan Region.
London: Library Association 1966.
45 S., ill., 8°, sh 14/- (= Library Association. Pamphlets-no. 27) 3973

Scherrer, Paul
Die Bibliothek des Deutschen Patentamtes und die kulturellen Aufgaben technischer Bibliotheken.
Köln: Heymann 1959. 31 S., 8°, engl. brosch. DM 4.80 3974

Schloesser, Karlaugust
Erfahrungen in einer Industrie-Bibliothek. 10 Jahre Schloemann-Bücherei.
Düsseldorf: Schloemann 1963. 10 S., 4° 3975

The school library.
London: H.M.S.O. 1967. V, 27 S., 4 Abb., 8°, sh 3/6 (= Education pamphlets-no. 21) 3976

Die Schulbibliotheken München, Frankfurt, Berlin, Hamburg, Essen.
München: List 1965. 83 S., 8°, brosch. DM 4.40 (= Harms Pädagogische Reihe, H. 95. - Das pädagogische Bibliothekswesen in Deutschland, T. 5) 3977

Schumann, Ilse
Die Gemeindebibliothek. Ihre Unterbringung u. Ausstattg. Hrsg. in Verb. mit d. Stadt-u. Kreisbibliotheken des Bezirkes.
Potsdam: Stadt- u. Bezirksbibliothek 1966. 31 S., Abb., 8° 3978

Smith, Denison L. / Baxter, Eric G.
College Library Administration in Colleges of Technology, Art, Commerce and Further Education.
London: Oxford University Press. 208 S., sh 35/- 3979

Smith, Ruth S.
Publicity for a church library.
Grand Rapids, Mich.: Zondervan 1966. 46 S., ill., 8°, $ 1.- 3980

Special Libraries. Jg. 1-20, New York 1910-1929.
New York: Kraus Reprint. brosch. $ 189.-, Ln. $ 220.- 3981

Special libraries of Greater New York. 10. Ausg.
New York: Special Libraries Association 1963. 8°, $ 12.50 3982

Steinert, Christa
Neue Aufgaben der Gewerkschaftsbibliotheken.
Berlin: Tribüne 1965. 64 S., MDN 1.- 3983

Stiftung Schweizerische Osteuropa-Bibliothek Bern. Memorandum über die Stiftung Schweizerische Osteuropa-Bibliothek.
Bern: Schweizerische Osteuropa Bibliothek 1960. 20 Bl., 18 S., Fig., 4° 3984

Stott, Cyril Ainsworth
School libraries: a short manual. 2nd ed. reprinted with revised bibliography and a new appendix.
London: Cambridge U.P. 1966. 153 S., ill., 8°, sh 15/- 3985

Studies in the school library.
Lochsilphead/Argyll: School Library Association in Scotland 1961. 20 S., 8°, sh 1/- 3986

Symposium on National Libraries in Europe. Vienna, Sept. 1958. National

libraries, their problems and prospects. 2nd impression.
Paris: UNESCO 1963. 125 S., ill.,. $ 2.- (= Unesco manuals for libraries, 11.) 3987

Thornton, John Leonard
Medical librarianship, principles and practice.
London: Lockwood 1963. VIII, 152 S., ill., 8°, sh 15/- (= New librarianship series.) 3988

Werksbüchereiarbeit. Mitteilungen d. Arbeitsgemeinschaft Werkbüchereien f.d. Bundesgebiet und Berlin e.V. 2x jl.
Frankfurt/M.: Arbeitsgemeinschaft Werkbüchereien f.d. Bundesgebiet und Berlin 1965 ff. DM 2.-Eh. 3989

Wheeler, H. R.
The community college library;a plan for action.
Hamden/Conn.: Shoe String 1965. XIII, 170 S., $ 5.- 3990

Zur Wiedereröffnung des Deutschen Buch- und Schriftmuseums.
Leipzig: Dt. Bücherei 1954. 2 Bl., 8° (= Neue Mitteilungen aus der Dt. Bücherei, Nr. 4) 3991

Zwigart, Erwin
Wegleitung für die Anlegung von Werkarchiven (Firmenarchiven). Zustg. von F. Zwigart unter Mitarb. des Ausschusses für Werkarchiv und Werkmuseum.
Bern: Schweizer. Vereinigung für Dokumentation 1965. VI, 42 S., 8°, Sfr.-3.- 3992

2.3.1. Öffentliche Büchereien

Der umfassende und allseitige Aufbau des Sozialismus in der DDR und die Aufgaben der allgemeinbildenden Bibliotheken.
Berlin: Zentralinstitut für Bibliothekswesen 1963. 36 S., 8° (= Studienmaterial für die hauptberuflichen bibliothekarischen Mitarbeiter der allgemeinbildenden Bibliotheken in der DDR. H. 29) 3993

Aeschimann-Briod, Marie-José
Deux experiences à la Bibliotheque des jeunes de La-Cahux-de-Fonds: Etablissement du catalogue dictionnaire, enquete sur les lectures enfantines. Trav. de dipl. Association des bibliothecaires suisse La-Cahux-de-Fonds.
La Chaux-de-Fonds: Association des Bibliothecaires Suisses 1965. 4° 3994

Allgemeinbildende Bibliotheken und Erwachsenenqualifizierung.
Berlin: Zentralinstitut für Bibliothekswesen 1963. 40 S., 8° (= Studienmaterial für die hauptberuflichen bibliothekarischen Mitarbeiter der allgemeinbildenden Bibliotheken in der DDR) 3995

Beispielliste für die Bestandssichtung vornehmlich im Bereich des ländlichen Bibliothekswesens.
Berlin: Zentralinstitut für Bibliothekswesen 1965. 167 S., 8° 3996

Bibliotheksstatistik 1964. Die allgemeinbildenden Bibliotheken der DDR in Zahlen. Bearb. v. Wolfgang Horscht.
Berlin: Zentralinstitut für Bibliothekswesen 1965. 105 S., Abb., graf. Darst., 8°, brosch. 3997

Bierwagen, Marion
Arbeit mit jugendlichen Lesern.
Berlin: Zentralinstitut für Bibliothekswesen 1963. 37 S., brosch. (= Studienmaterial, H. 37) 3998

Büchereiarbeit mit Kindern und Jugendlichen in Öffentlichen Büchereien. Bearb. Werner Jahrmann.
Berlin: Deutscher Büchereiverband 1964. 12 S., 8^{0} (n. i. B.) (= Druckschriften d. Arbeitsstelle f. d. Büchereiwesen, 3) 3999

Büchereiplanung. 10 Beiträge zum Volksbildungswesen der Gegenwart. Hrsg. von Joerden, Rudolf / Langfeldt, Johannes.
Reutlingen: Bücherei und Bildung 1957. 124 S., Ln. DM 9.50 4000

Busch, Jürgen
Kostenaufwand und Wirkungsmöglichkeiten einer Autobücherei im ländlichen und großstädtischen Büchereiwesen.
Köln: Greven 1957. 52 S., 1 Karte, kart. DM 5.80 4001

Carrier, Esther Jane
Fiction in public libraries, 1876-1900.
New York: Scarecrow 1965. 458 S., $ 10.- 4002

Costs of public library service. 1963. (Finanzielle Aufwendungen in öffentlichen Bibliotheken im Jahre 1963, engl.)
Chicago: American Library Assoc. 1964. 17 S., 4 Abb. 4003

Dennis, Donald D.
Simplifying work in small public libraries. Special consultants: Joseph L. Wheeler, Patricia An Sacks.
Philadelphia, Pa.: Dexel Inst. of Techn. 1965. V, 80 S., ill, $ 2.50 4004

Dressler, Irmgard
Kinderbibliotheksarbeit in der Deutschen Demokratischen Republik.
Berlin: Dt. Bibliotheksverband 1965. 72 S., Abb., 8^{0} 4005

Dreßler, Irmgard
Zur Arbeit mit dem Kinderbuch in den Bibliotheken der DDR.
Berlin: Deutscher Bibliotheksverband 1965. 8 S., geh. 4006

Friis
The Public Library in South Africa.
London: André Deutsch/ Cape Town: Africaanse Pers. sh 75/- 4007

Galvin, Hoyt R. / Van Buren, Martin
The Small public library building.
Paris: UNESCO 1962. 133 S., ill., 7.- F (= Unesco public library manuals, 10.) 4008

Die Gemeindebibliothek. Eine Anleitung f. d. nebenberufl. tätigen Bibliotheksleiter. Hrsg. in Verb. mit d. Stadt- u. Kreisbibliotheken d. Bezirkes.
Potsdam: Stadt- u. Bezirksbibliothek 1965. S. 15, 8^{0} 4009

Gespräche mit Lesern in der Kinderbibliothek. Red. Irmgard Dreßler.
Berlin: Zentralinstitut für Bibliothekswesen 1963. 131 S., brosch. 4010

Hampstead Civic Centre.
London: Hampstead Public Library 1964. 9 S., 11 Ab., 8^{0}, sh 3/6 4011

Handbuch der öffentlichen Büchereien 1965.
Berlin: Deutscher Büchereiverband 1965. 250 S., 8^{0}, Pp., DM 17.50 4012

Harrison, Kenneth Cecil. Public libraries today.
New York: Philosophical Press 1964. 146 S., ill., 8^{0}, $ 4.75 (= New Librarianship series.) 4013

Heintze, Ingeborg
L'Organisation d'une petite bibliothèque publique. Egalement pub. en Eng. et en Esp.
Paris: UNESCO 1963. 68 S., ill., 4.50 F (= Manuels de l'UNESCO à l'usage des bibliothèques, 13) (engl. Titel: The organization of the small public library) 4014

Helwig, Hellmuth
Der Bibliothekseinband für deutsche öffentliche wissenschaftliche Bibliotheken. Die Leitsätze u. Empfehlungen .f.d techn. Gestaltung d. Bibliothekseinbände d. Kommission f. Einbandfragen d. Vereins Dt. Bibliothekare.
Mannheim: Hellmuth Helwig 1964. 35 S., 8o, geh. DM 3.- 4015

Hepworth, Philip / Alexander, Mary
Norwich Public Libraries. Norfolk and Norwich Record Office.
Norwich: Public Libraries 1965. 124 S., sh 15/- 4016

Höhl, Martha
Büchereiwerbung
Berlin: Deutscher Büchereiverband 1964. 63 S., 8o, brosch. (= Druckschriften d. Arbeitsstelle f.d. Büchereiwesen) 4017

Jeffress, A.A.
Proceedings of the Public Library.
Airdrie/Lanakshire: Scottish Library Association 1963. 34 S., 8o, sh 5/- 4018

Jolliffe, Harold
Public library extension avtivities.
London: The Library Association 1962. XIII, 330 S., ill., 48 Abb., 8°, sh 60/- 4019

Kommunale öffentliche Bücherei.
Köln: Kommunale Gemeinschaftsstelle für Verwaltungsvereinfachung/ Leipzig: Deutsche Bücherei 1964. 142 S., 25 Tab. 4020

Kroll, Morton
The public libraries of the Pacific Northwest. Pacific Northwest Library Association.
Seattle: Washington University Press 1960. XV, 461 S., Abb., 8o, sh 60/- (= Library development project reports. Vol. 1) 4021

Literarische Veranstaltungen in der Kinderbibliothek.
Leipzig: Fachscule für Bibliothekare "Erich Weinert" 1960. ca. 150 S., 8o (= Lehrbriefe für das Fachschulfernstudium, Reihe D, Nr. V) 4022

Matthias, Wolfgang
Die polytechnische Bildung und Erziehung der heranwachsenden Generation und ihre Unterstützung durch die allgemeinbildenden Bibliotheken.
Berlin: Zentralinstitut für Bibliothekswesen 1963. 48 S., brosch. (= Studienmaterial, H 33) 4023

Maurois, André
La bibliothèque publique et sa mission. Egalement pub. en Eng. et en Esp.
Paris: UNESCO 1963. 34 S., ill, gratis (Engl. Titel: Public libraries and their mission.) 4024

Myller, Rolf
The design of the small public library; illustrations by Lewis Silverstein.
New York: Bowker 1966. 95 S., ill., 4o, sh 72/6 4025

Paret, J.
Keuzelijst van godsdienstige lectuur ten dienste van de openbare bibliotheek.

Antwerpen: Bond van de kristelijke bibliothecarissen van de provincie 1963. VII, 41 Bl., 4°, bfr. 30.- 4026

Paret, J.
Proeve van keuzelijst ten dienste van de openbare bibliotheek. 1961-1963.
Antwerpen: Bond van de Kristelijke Bibliothecarissen 1964. III, VII, 33 Bl., bfr 30.- 4027

Proceedings, papers and summaries of discussions at the Public Libraries Conference, 1964, Rothesay, 30th to 2nd Oct.
London: Library Association 1964. 58 S., 8°, sh 5/- 4028

Proceedings, papers and summaries of discussions at the Public Libraries Conference.
London: Library Association 1965. 54 S., sh 5/- 4029

Ratschläge für dem Bestandsaufbau. Schöne Literatur, Sachliteratur, Hinweise.
Rendsburg: Büchereizentrale 1966. 68 gez. Bl., 8° 4030

Rolle und Aufgaben der allgemeinbildenden Bibliotheken om sozialistischen System der Erwachsenenqualifizierung in der DDR.
Berlin: Zentralinstitut für Bibliothekswesen 1963. 31 S., 8°, geh. (=Studienmaterial, H. 35) 4031

Rose, Ernestine
The Public library in American life.
New York: Columbia University Press 4032

Rubach, Christel
Die Volksbücherei als Bildungsbücher in der Theorie der deutschen Bücherhallenbewegung.
Köln: Greven 1962. 250 S., kart. DM 19.80 (= Arbeiten aus dem Bibliothekar-Lehrinstitut des Landes Nordrhein-Westfalen, Heft 21) 4033

Scherer, Gisela
Die Ausübung hoheitsrechtlicher Befugnisse im Sinne des Art. 33 Abs. 4 des Grundgesetzes an den öffentlichen Bibliotheken.
Köln: Greven 1965. (= Arbeiten aus dem Bibliothekar-Lehrinstitut des Landes Nordrhein-Westfalen, Heft 28) 4034

Schnellstatistik kommunaler öffentlicher Bibliotheken und Büchereien aus Orten mit mehr als 20.000 Einwohnern.
Berlin: Deutscher Büchereiverband 1965. 16 + 2 Bl., quer-8°, brosch. DM 5.- 4035

Schumann, Wolfgang
Die Entwicklung der allgemeinbildenden Bibliotheken und örtlichen Leitungstätigkeit im Bibliothekswesen.
Berlin: Zentralinstitut für Bibliothekswesen 1962. 34 S., 8° (= Studienmaterial f.d. hauptberuflichen bibliothekarischen Mitarbeiter der allgemeinbildenden Bibliotheken in der DDR. H. 23) 4036

Das Sieb. Empfehlenswerte Bücher für Kinder- und Jugendbüchereien 1955-1960. Hrsg.: von Büchereiwesen in Holstein e. V.
Rendsburg: Büchereizentrale 1961. 71 S., 8° (n.i.B.) 4037

Sinclair, Dorothy
Administration of the small public library.
Chicago: American Library Association 1965. IX, 173 S., $ 5.- 4038

Sommerfeld, Kurt
Zur Arbeit mit dem landwirtschaftlichen Fachbuch in den allgemeinen öffentlichen Bibliotheken.
Berlin: Zentralinstitut für Bibliothekswesen 1962. 58 S., 8o (= Studienmaterial für die hauptberuflichen bibliothekarischen Mitarbeiter der allgemeinbildenden Bibliotheken in der DDR. H. 22) 4039

Sondersammelgebiete der kommunalen Bibliotheken und Büchereien, Katalog. Nachtr. 1958/1962.
Köln: Verband d. Bibliotheken d. Landes Nordrhein-Westfalen. 1965. 549 S., 8o, Kldr. DM 44.- 4040

Standards for children's services in public libraries. Prep. by the Subcomm. on Standards for Children's Service, Public Library Association, American Library Association.
Chicago: American Library Association 1964. 24 S., 8o, $ 1.- 4041

Statistik der Öffentlichen Büchereien für das Jahr ...
Berlin: Deutscher Büchereiverband jl. 4042

Statistik der Öffentlichen kommunalen Jugendbüchereien der Bundesrepublik Deutschland 1957/58. Bearb. Heinz Regelitzky.
Berlin: Deutscher Büchereiverband 1959. 92 S., 4o 4043

Tausend Titel. Empfehlenswerte Bücher für Öffentliche Büchereien 1960-1965. Ausgewählt, bearb. und hrsg. von der Büchereizentrale Rendsburg des Vereins Büchereiwesen in Holstein e.V.
Rendsburg: Büchereizentrale 1965. 140 S., kart. (n.i.B.) 4044

Twembeke, Michel van
Openbare bibliotheken. Wettelyke en reglementaire beschikkingen. Hoofdbepalingen van de wet van 17 oktober 1921, gewijzigd bij de wet van 19 juni 1947, en der besluiten van toepassing.
1963. 18 Bl., ill., Tab., 4o 4045

The University library.
London: Association of University Teachers 1964. 11 S., 8o sh 2/- 4046

Wettbewerb der allgemeinen öffentlichen Bibliotheken des Bezirkes Schwerin für das Jahr 1966.
Schwerin: Stadt- und Bezirksbibliothek 1966. 10 S., geh. 4047

Wie unterstützen die allgemeinbildenden Bibliotheken die polytechnische Bildung und Erziehung der heranwachsenden Generation?
Berlin: Zentralinstitut für Bibliothekswesen 1963. 40 S., 8o (= Studienmaterial für die hauptberuflichen bibliothekarischen Mitarbeiter der allgemeinbildenden Bibliotheken in der DDR) 4048

Wilkens, Erik
Neue Wege der Büchereistatistik.
Wiesbaden: Harrassowitz 1966. 60 S., 12 Tab., brosch. DM 8.80 (= Beiträge zum Büchereiwesen, Reihe A, Bd. 6) 4049

Wilkens, Erik
Die öffentliche Bücherei. Ziele und Wege ihrer Arbeit.
Berlin: Deutscher Büchereiverband 1961. 12 S., 8o (= Druckschriften d. Arbeitsstelle f.d. Büchereiwesen, 2) 4050

Wilkens, Erik/ Weimar, Volker
Das Büchereiwesen in den Landkreisen Schleswig-Holsteins.
Flensburg: Büchereizentrale 1963. 31 S., 8°, brosch. (n.i.B.) 4051

Wolff, Herbert
Die öffentlichen Bibliotheken des Kreises Güstrow in ihrer geschichtlichen Entwicklung. Ein Beitrag zur 75-Jahr-Feier d. Stadt- und Kreisbibliothek. Güstrow.
Leipzig: Deutsche Bücherei 1964. 70 S., 10 Abb., 16 Tab. (= Beiträge zur Geschichte d. öffentlichen Bibliotheken in Mecklenburg 1) 4052

Zehn Jahre allgemeines öffentliches Bibliothekswesen Bezirk Potsdam, 1954-1964.
Hrsg. von d. Stadt- u. Bezirksbibliothek Potsdam anlässl. ihres 10jährigen Bestehsn.
Potsdam: Stadt- und Bezirksbibliothek 1964. 100 S., 16 Bl. Abb., 8° (n.i. B.) 4053

Zur Organisation des städtischen Büchereiwesens. Zus.gest. von Rudolf Joerden.
Wiesbaden: Harrassowitz 1967. 93 S., 5 Abb., brosch. DM 9,80 (= Beiträge zum Büchereiwesen, Reihe B, H. 1) 4054

2.4.0. Bibliotheksverwaltung

38 Bibliotheken, Museen.
Stuttgart: Karl Krämer 1964. 120 S., 300 Abb., kart. DM 19.80 (Abon. DM 17.80 (= architektur wettbewerbe) 4055

Activity statistics for a large biomedical library. Advance Information Systems Div., Hughes Dynamics, Inc., Sherman Oaks/Calif. (Ed.)
Washington: Office of Technical Services, U.S. Department of Commerce 1964. 28 S., $ 2.- 4056

Allen, Joan
The organization of small libraries. A manual for educational institution in tropical countries.
London: Oxford U. P. 1961. VII, 88 S., 8o, sh 4/- 4057

Arbeitstagung Technik und Bauen im wissenschaftlichen Bibliothekswesen der Deutschen Demokratischen Republik, Leipzig, September 1960. Bericht.
Berlin: Staatssekretariat f.d. Hoch- und Fachschulwesen, Sektor Wissenschaftliche Bibliotheken, Museen und Publikationen, Kommission für Technisierung und Baufragen 1961. 79 S., 2 Taf., 8° 4058

Archer, Horace Richard
Rare book collections; some theoretical and practical suggestions for use by librarians and students.
Chicago: Amer. Lib. Ass. 1965. VIII, 128 S., $ 3.- 4059

Basic stock for the reference library.
London: Library Association, Reference, Speical and Information Section 1964. 24 S., 8o, sh 1/- 4060

Bell, Frederick Thomas / Smith, Frank Seymour
Library bookselling: a history and a handbook of current practice.
London: Deutsch 1966. 127 S., ill., 8°, sh 22/6 4061

Berriman, Sidney George / Harrison, K. C.
British public library buildings.
London: Deutsch; New York: London

House 1966. 260 S., ill., 4° 4062

Berriman, S. G. / Harrison, K. C.
British Public Library Buildings. A guide to public library buildings in Britain during the last five years.
London: Deutsch 1966. 260 S., 205 Abb., 47 Pl., 8° 4063

Bibliographie de la documentation et de la bibliothèconomie.
Den Haag: 1962. 38, 36 S. 4064

Bibliography on mechanized library processes.
Washington: Office of Science Information Service, National Science Foundation 1963 4065

Bibliotheksverwaltung. Teil 1-3, 4, 5. 3., verb. Aufl.
Leipzig: Fachschule für Bibliothekare "Erich Weinert" 1964. V, 106 + IV, 47 + V, 92 S. (= Lehrbriefe f. d. Fachschulfernstudium. Reihe A. Nr. III) 4066

Bibliothekswissenschaft und Bibliographie (russ.)
Moskau: Mesh. Kniga 1962. 140 S., MDN 2.10 4067

Boutell, Henry Sherman
First editions of today and how to tell them; American, British and Irish. 4. Aufl.
Berkeley/Calif. Wanda Underhill 1965. 227 S., $ 10.- 4068

Bowler, Roberta
Local public library administration.
Chicago: International City Mangers' Assn. 1964. XIII, 375 S., ill., 4°, $ 7.50 (= Intl. City Managers Assn. Municipal Managemtn series.) 4069

Boyd, Jessie Edna
Books libraries and you; a handbook on the use of reference books and the reference resources of the library.
New York: Scribners 1965. XII, 205 S., $ 3.60 4070

Brandschutz-Ordnung für die Deutsche Bücherei.
Leipzig: Deutsche Bücherei 1964. 11 S., 8° (n.i.B.) 4071

Breillat, Pierre
Des Réserves précieuses dans les bibliothèques. Egalement pub. en Eng.
Paris: UNESCO 1965. 39 S., F 4.- (Aus: Bull. de l'UNESCO à l'intention des bibliothèques, Vol. XIX, No. 4 + 5) (Engl. Titel: The rare books section in the library) 4072

Breillat, Pierre
The rare books section in the library.
London: H.M.S.O. 1965. 38 S., sh 6/- (= United Nations Education, Scientific and Cultural Organisation, Publications.) 4073

Brown, James Duff
Manual of Librara Economy. 7. Aufl.
London: Grafton Books, Andre Deutsch, 1961. XII, 307 S., Abb., 8°, sh 63/- 4074

Brown / Lock
Manual of library economy.
London: André Deutsch. sh 63/- 4075

Buckland, Lawrence F.
The recording of Library of Congress bibliographical data in machine form; a report prepared for the Council on Library Resources, Inc.
Washington: Council on Lib. Resources 1965. X, 54 S., 8°, gratis 4076

Burgemeister, Burghard / Prasse, Werner
Geschäftsgangprobleme. Erfahrungen und Vorschläge aus d. Sächs. Landesbibliothek Dresden.
Berlin: Deutsche Staatsbibliothek, Methodische Beratungsstelle f. Bibliothekspropaganda 1962. 52 S., 8°, MDN 7,35 4077

Burkett, Jack
Special library and information services in the United Kingdom. 2. Aufl.
London: Library Association 1965. 366 S., sh 60/- 4078

Burr, Viktor
Der Neubau der Universitätsbibliothek Bonn. Ein Beitrag zum modernen Bibliotheksgebäude.
Wien: Gesellschaft der Freunde der Österreichischen Nationalbibliothek 1961. 19 S., 8° 4079

Caldwell, William
An introduction to county library practice. 2. Aufl.
London: Association of Assistant Librarians 1964. 80 S., 8°, sh 12/6 4080

Code du bon usage en matiere de publications scientifiques. (code of good practice for scientific publications.) Eglement publ. en Engl., Esp. et Rus.
Paris: UNESCO 1962. 5 S., gratis (= UNESCO Document NS 177) 4081

Conference on Libraires and Automation. Airlie Foundation Warrenton, Virginia. Libraries and Automation: Proceedings of the Conference held under the sponsorship of the Library of Congress, National Science Foundation and Council on Library Resources, Inc. Ed. by. B.E. Markuson.
Washington: Library of Congress 1964. XII, 268 S., ill., $ 2.75 4082

Coplan, Kate
The library reaches out; reports on library service and community relations by some leading American librarians.
New York: Oceana Publishing 1965. XIV, 403 S., $ 9.50 4083

Corbett, Edmund Victor
Public library finance and accountancy.
London: Library Association 1960. XI, 212 S., ill., 8°, sh 24/8 4084

Davinson, Donald Edward
Periodicals: a manual of practice for librarians.
London: André Deutsch Ltd. 1964. 200 S., ill., 8°, sh30/- 4085

Desev, Boris
Nagledna agitacija v bibliotekata. Practicesko rukovodstvo. 2. popraveno i dopulneno izd. (Sichtwerbung in der Bibliothek, Prakt. Anleitung.)
Sofia: Durz. izd. Nauka i izkustvo 1965. 147 S., 167 Abb., 25 Lit. 4086

The design of small branch libraries. A brief prepared for use in the County Architects Department in collaboration with the County Librarian.
Nottingham: Nottinghamshire County Council 1963. 30 S., 4°, sh 2/6 4087

Development of performance standards for library binding. Phase I. Report of the survey team, April 1961.
Chicago: American Library Association, Library Technology Project 1961. VII, 62 S., $ 1.- (= LTP publs. no. 2) 4088

Dougherty, Richard M. / Heinritz, Fred J.
Scientific management of library operations.
New York: Scarecrow 1966. 258 S., ill., 8°, $ 7.- 4089

Downs, Robert Bingham
How to do library research.
Urbana, Ill. / London: Illinois U.P. 1966. 7, 179 S., ill., 8°, sh 38/- 4090

Dricker, Peter Ferdinand
The concept of the corporation.
New York: New American Library 1964. XIV, XIV, 255 S., sh 6/- 4091

Dühmert, Anneliese
Buchpflege. Eine Bibliographie.
Stuttgart: Kettler 1963. 209 S., geb. 4092

Einrichtung für die in einem Mehrzweckraum untergebrachte Kleinstbibliothek. Zarizeni pro nejmenski knihovnu imistenou ve viceucelove mistnosti.
Prag: Statni Knihovna CSSR 1965. 10 S., 3 Abb. 4093

Elliott
Library publicity and service.
London: André Deutsch. sh 21/- 4094

Enser
Branch Library Practice.
London: André Deutsch. sh 25/- 4095

Erickson, E. Walfred
College and University library surveys 1938-1952.
Chicago: American Library Association 1961. 115 S. (= ACRL monograph. 25) 4096

Evaluation of record players for libraries. Series II. A report based on a study conducted for the Library Technology Project by United States Testing Co.
Chicago: Author 1964. $ 6.- 4097

Evans
A tropical Library service.
London: André Deutsch. sh 30/- 4098

Freihandbibliotheken der Deutschen Demokratischen Republik. Farbaufn. u. Grundrisse allgemeinbildender Bibliotheken.
Berlin: Zentralinstitut f. Bibliothekswesen 1965. 20 Bl., 8°; 44 Dias in 2 Kästchen. 4099

Fuchs, Hermann
Kurzgefasste Verwaltungslehre für Institutsbibliotheken. Mit einem Anhang: Regeln für die alphabetische Katalogisierung. 2. Aufl.
Wiesbaden: Harrassowitz 1961. VIII, 132 S., Ln. DM 15.- 4100

Fuchs, Hermann
Bibliotheksverwaltung.
Wiesbaden: Harrassowitz 1963. XI, 234 S., Ln. DM 28.- 4101

Das Gebäude der Deutschen Bücherei und seine baulichen Erweiterungen. Überarb. Neudruck.
Leipzig: Dt. Bücherei 1963. 5 S., Abb., 8° (= Neue Mitteilungen aus d. Dt. Bücherei Nr. 28) 4102

Die Gemeinden und Gemeindeverbände des Saarlandes als Träger und Unterhaltsträger von Büchereien im Jahre 1963.
Saarbrücken: Staatl. Büchereiamt für das Saarland 1964. 18 Bl, 4°, brosch. (= Mitteilungen und Arbeitshilfen, H. 17) 4103

Grenfell, David
Periodicals and serials: their treatment in special libraries; with a foreword by E. M. R. Ditmas. 2. ed.
London: Aslib 1965. XV, 223 S., ill., 8°, sh 30/- 4104

Griffin, Hillis L.
EDP procedures in technical library operations. Phillips Petroleum Co., Idaho Falls (Ed.). Contract AT-(10-1)205
Washington: Office of Technical Services, U. S. Department of Commerce 1963. 91 S., $ 2.- 4105

Grundlagen für die bibliothekarische Regionalplanung.
Wiesbaden: Harrassowitz 1966. 52 S., brosch. ca. DM 6.- (= Beiträge zum Büchereiwesen, Reihe A: Druckschriften der Arbeitsstelle für das Büchereiwesen, Band 5) 4106

Gujrati, B. S.
Library organization.
New York: Paragon 1964. 102 S., 8°, $ 3.- 4107

Harrison & Berriman
British Public Library Buildings.
London: André Deutsch 4108

Helbig, Marianne
Die Fachbuchverbreitung in der Landwirtschaft und ihre Steigerung durch die ländlichen Bibliotheken. Diss. v. 15. Juli 1966
Jena: Landwirtsch. Fak. 1966. V, 161 S., 9 Bl., 4° 4109

Helbig, Gunther
Grundlagen und Methodik der Bereitstellung landwirtschaftlicher Fachliteratur für die Praxis der sozialistischen Landwirtschaft in den allgemeinen öffentlichen Bibliotheken. Diss. v. 15. Juli 1966.
Jena: Landwirtsch. Fak. 1966. 127 Bl., 4° 4110

Hepworth, Philip
Archives and manuscripts in libraries. 2. Aufl.
London: Library Association 1964. 70 S., ill., 8° (= Library Association. Pamphlets. No. 18) 4111

Herner, Saul
Deciding when to establish your own storage and retrieval system. Herner & Co., Washington, D. C. (Ed.) Contract AF 49 638 1182.
Washington: Office of Technical Services, U. S. Department of Commerce 1963. 20 S., $ 1.60 (= AFOSR 64-0230) 4112

Jackson, W. V.
Library guide Brazilian studies.
Pittsburgh: Univ. of Pittsburgh Bk. Centers 1965. XIII, 197 S., Dollar 7.- 4113

Jager, Theo
State Library. Die Staatsbibliothek. South West Africa.
Pretoria: State Library 1964. 216 S., 4° (= Bibliographie Nr. 7) 4114

Jefferson, George
Library co-operation.
New York: London House 1966. 160 S., 8°, $ 4.75 4115

Jefferson, G.
Public Library administration: an examination guidebook.
London: Bingley 1965. 75 S., sh 13/6 (= Examination guide books.) 4116

Jenkinson, Sir Hilary
A manual of archive administration. Repr. with a new introduction and

bibliography by Roger H. Ellis.
London/Lund: Humphries 1965. XXII,
261 S., sh 36/- 4117

Kameny, S. I.
Input-Output File and Library Functions. The Q-32 LISP 1.5 MOD. 2,5 System. System Development Corp. Santa Monica, Calif. (Ed.)
Washington: Office of Technical Services, U.S. Department of Commerce 1965. 16 S., $ 1.- 4118

Karl, Hans
Die Vorbereitung der Bauplanung von wissenschaftlichen Bibliotheken in der DDR. Unters. einiger Programmstellungsprobleme unter Verwendung d. Ergebnisse e. Fragespiegels.
Berlin: Methodisches Zentrum f. wissenschaftliche Bibliotheken beim Staatssekretariat f.d. Hoch- u. Fachschulwesen 1966. 91 S., 8⁰ 4119

Kennedy, J. H.
IBM 1401 Computer produced and mintained library circulations records.
Washington: US Office of Technical Services 1964. 6 S., $ -.50 4120

Kent, Allen
Library planning for automation.
Based on the proceedings of a conference at the University of Pittsburgh, June 2-3, 1964. (Bibliotheksplanung für die Automatisierung, engl.)
Washington: Spartan Books / London: Macmillan 1965. IX, 195 S. 4121

Krieger, Waldemar / Funke, Fritz / Rost, Gottfried
Die Deutsche Bücherei im Bau. Ihre Erweiterung und Technisierung seit 1959.
Leipzig: Deutsche Bücherei 1963.
12 Bl., 8⁰ (= Neujahrsgabe d. Dt. Bücherei 1964) 4122

Kunz, Fritz
Von der Theke zur Freihand. Ein technischer Wegweiser für die Umstellungsarbeiten.
Berlin: Zentralinstitut für Bibliothekswesen 1962. 32 S., 8⁰ (= Studienmaterial f.d. hauptberuflichen bibliothekarischen Mitarbeiter der allgemeinbildenden Bibliotheken in der DDR. H. 27) 4123

Kurth, William Herman/ Grim, R. W.
Moving a library.
New York: Scarecrow 1966. 220 S., ill., 8⁰, $ 5.75 4124

Landau, Thomas
Library furniture and equipment.
London: Lockwood 1963. XI, 77 S., ill., quer-8⁰, sh 25/- 4125

Langenbeck, E.H.
A plan to reduce costs of technical library operations in the Department of Defense. Naval Ordnance Lab., White Oak/Md. (Ed.)
Washington: Office of Technical Services, U.S. Department of Commerce 1961. 12 S., ill., $ 1.60 (= NOLTR 61-102) 4126

Langer, Oskar
Meine Methode des Katalogkartendruckes sowie der Bibliotheksrationalisierung.
Wien: Österreichisches Institut für Bibliographie 1964. 24 S., 8⁰, ÖS 30.- 4127

Leamer, L. E.
Suggestions for a basic economics library. A guide to the building of an economics library for school, classroom, or individual.
New York: Jt. Council on Econ 1965. 58 S., $ -.75 4128

Lehmann, Gerhard
Bauliche Grundlagen der allgemeinen öffentlichen Bibliothek. Diss. v. 23. Dez. 1964.
Dresden: Techn. Universität, Fak. f. Bauw. 1964. 132 Bl., Abb., Anl. 4° 4129

Leitfaden für die Verwaltung evangelischer Büchereien. 2., erw. Aufl.
Göttingen: Deutscher Verband evangelischer Büchereien 1966. 47 S., Abb. 8° 4130

Die Lesesäle der Deutschen Bücherei. Überarb. Neudruck.
Leipzig: Deutsche Bücherei 1962. 2 Bl., 8° (= Neue Mitteilungen aus d. Dt. Bücherei, Nr. 8) 4131

Lewis, Chester M.
Special Libraries: How to plan and equip them (Planung und Einrichtung von Fachbibliotheken, engl.)
New York: Special Libraries Association 1963. VI, 117 S., Abb. 4132

Lewis, Sulwyn
Towards international co-operation.
Oxford, London: Pergamon 1966. VIII, 327 S., ill., 8°, sh 25/- (= Commonwealth and international library. Liberal studies division, edited by E.F. Candlin and D.F. Bratchell) 4133

Library buildings. Ed. by J. D. Reynolds.
London: Library Association 1966. 2, 92 S., ill., gr.-8°, sh 28/- 4134

Library environment; aspects of interior planning; proceedings. Ed. by Frazer G. Poole. Sponsored by the Equipment Comm., Buildings and Equipment Section.
Chicago: American Library Association 1965. 69 S., ill., 4°, $ 2.- 4135

Library practice for colleges of education; with a foreword by H.L. Elvin. Ed. by Norman Furlong.
London: Library Association 1966. 240 S., ill., 4 Abb., 8°, sh 56/- 4136

Lighting of libraries. Illuminating Engineering Society, London.
London: York House, Westminster Bridge Rd. 1966. 18 S., ill., sh 10/6 4137

Lock
Brown's Manual of Library Economy.
London: André Deutsch. sh 63/- 4138

Lock, Reginald Northwood
Library administration. 2. Aufl.
London: Lockwood 1965. X, 150 S., sh 18/- 4139

Manual of procedures for private libraries. American Association of Law Libraries (Ed.). Rev., enl. by Elizabeth Finley.
South Hackensack, N.J.: American Association of Law Libraries 1966. XI, 176 S., 8°, $ 8.50 (= AALL Publications Ser. 8) 4140

March, Ivan
Running a record library.
Blackpool/Lancs.: Long Playing Record Library 1965. 189 S., ill., sh 21/- 4141

Metcalf, Keyes D.
Planning Academic and Research Library Buildings.
Cambridge: Librarian Emeritus, Harvard Univ. 1965. 431 S., sh 80/- 4142

Mevissen, Werner
Büchereibau.

Essen: Ernst Heyer 1958. 258 S., 4°, Ln. 4143

Millard, Patricia (comp.)
Modern library equipment.
London: Lockwood 1966. X, 216 S., ill., 8°, sh 45/- 4144

Mills, Jack
A modern outline of library classification.
London: Chapman & Hall 1960. VIII, 196 S., Abb., 8°, sh 36/- 4145

Minimum bibliotecna technika. Minimum der Bibliothekstechnik. 2. poprav. izd.
Sofia: Nauka i izkustvo 1964. 322 S. 4146

Möhlenbrock, Sigurd
Biblioteksstyrelsen. Arbetsuppgifter - arbetsmetoder. Der Bibliotheksvorstand, Arbeitsaufgaben - Arbeitsmethoden.
Lund: Bibliotekstjänst 1964. 42 S. 4147

National inventory of library needs.
Washington: Office of Technical Services U.S. Department of Commerce 1965. 72 S., ill., $ 2.- 4148

Needham, C. D.
Organizing knowledge in libraries. An introduction to Classification and Cataloguing.
London: André Deutsch 1964. 259 S., 8°, sh 30/- 4149

Otkrytyj dostup k kniznym fondam v naučnych bibliotekach. (Der freie Zugang zu den Buchbeständen in wissenschaftlichen Bibliotheken, russ.)
Moskau: 1964. 264 S. 4150

Percival, Arthur
Discovery with books. An adventure guide to the library.
London: Blond 1965. 117 S., 8°, sh 12/6 4151

Perkins, Ralph
Book selection media; a descriptive guide to aids for selecting library materials.
Champaign, Ill.: National Council of Teachers in English 1966. XI, 188 S., 8°, $ 2.- 4152

Petzholdt, J.
Bibliotheca bibliographica.
Nieuwkoop: B. de Graaf 1961 4153

Planning library buildings for service. Proceedings.
Chicago: American Library Association 1964. 127 S., ill., 4°, $ 3.75 4154

Plumb, Philip Walter
Central library storage of books: an essay awarded the Sevensma Prize, 1962.
London: Library Association 1965. 57 S., sh 16/- (= Library Association. Pamphlets No. 24) 4155

Problems in planning library facilities: consultants, architects, plans, and critiques. Proceedings.
Chicago: American Library Association 1964. 208 S., ill., 4°, $ 4.25 4156

Public Library buildings: the way ahead.
London: Library Association 1960. 16 S., ill., 8°, sh 1/- 4157

Puigvert, Alfredo
Organización comercial de la liberia.
Madrid: Paraninfo 1964. 225 S., 8°, Kst. Ptas. 130.- 4158

Ranganathan, Shiyali Ramamrita
The organization of libraries. 3. Aufl.
London: Oxford University Press 1963.
XI, 202 S., ill., 8°, sh 6/6 (= Teaching
in India series. Vol. 14) 4159

Ratschläge für den Bestandsaufbau. Sachgruppe Technik: Elektronik.
Rendsburg: Büchereizentrale Rendsburg 1965. 104 Bl., 8° (n.i.B.) 4160

Redfern, Brian L.
Organizing music in libraries.
New York: Philosophical Lib. 1966.
80 S., 8°, $ 4.75 4161

Register zur Systematik der Buchaufstellung in der Stadtbücherei in Bielefeld.
Bielefeld: Stadtbücherei 1965. 94 Bl.,
8° 4162

Schellenberg, Theodore R.
The management of archives.
New York: Columbia 1965. XV, 383 S.,
8°, $ 13.50 (= Columbia studies in
lib. service. No. 14) 4163

Schröter, Erich
Freihandbibliotheken. Räume, Ausstattung.
Berlin: Zentralinstitut für Bibliothekswesen 1964. 28 S., Abb., 8°, MDN
1.65 4164

Seminar on the Acquisition of Latin American Library Materials. Final report, 7th seminar, Coral Gables, Fla., June 14-16 1962. Reuniones bibliotecologicas, no. 2.
Washington: General Secretariat, Org. of Amer. States, Pan American Union
1964. 58 S., 4°, $ 1.- 4165

Seven papers by invited speakers and discussion on aspects of practical experience in the use of the R.I.B.A.
SfB/UDC building filing manual: report of an open meeting held at the Royal Institute of British Architects, on 8 April 1965, under the auspices of the Building Industry Libraries Group. Ed. by G. Waller.
London: Building Industry Libraries
1965. 3, 29 S., sh 7/6 (= SfB
Symposia - no. 8) 4166

Shaffer, Kenneth R.
Library personnel administration and supervision. 2. verb. u. erw. Aufl.
Hamden/Conn.: Shoe String 1963.
214 S., 8°, $ 6.- 4167

Smith, Denison Langley
College library administration in colleges of technology, art, commerce, and further education.
New York; Oxford: Pergamon Press
1965. VIII, 185 S., $ 5.60 4168

Smith, Seymour
English Language Book Society edition.
London: André Deutsch. sh 6/- 4169

Special libraries. A guide for management. A project of the Illinois Chapter. Ed. by Edward G. Strable.
New York: Special Library Association 1966. VIII, 63 S., ill., 4°, $ 4.-
4170

Spyers-Duran, Peter
Moving library materials.
Milwaukee: Library Association, University of Wisconsin 1964. III,
51 S., ill., 4°, $ 2.50 4171

Statistics and market intelligence library.
London: Board of Trade 1965. 1,
11 S., gratis 4172

Stromeyer, Rainald
Europäische Bibliotheksbauten seit 1930. Lösungen und Möglichkeiten d. Anlage u. d. Bestandsunterbringung.
Wiesbaden: Harrassowitz 1962. XIII, 180 S., 8 Taf., 4°, brosch. DM 34.- 4173

Stummvoll, Josef
Die Bibliothek der Zukunft. Automationsprobleme im Bibliothekswesen.
Wien: Österr. Nationalbibliothek 1965. 28 S., gr.-8°, kart. DM 20.- (= Biblos-Schriften. Band 42) 4174

Swiderski, Boleslaw
Wspolpraca bibliotek w zakresie gromadzenia zbiorow. Zusammenarbeit bei der Erwerbung von Bibliotheksbeständen.
Warschau: Stowarzyszenie bibiotekarzy polskich 1964. 164 S. 4175

Symposium on new techniques in library and documentation work, Genf, 15-16 February 1963. Lectures on new techniques in documentation. Delivered to the Symposium ...
Genf: International institute for labor studies 1963. 74 S., 8° 4176

Systematik der Buchaufstellung in der Stadtbücherei Bielefeld.
Bielefeld: Stadtbücherei 1965. 233 S., 8° 4177

Taylor, Robert S. / Hieber, Caroline E.
Library Systems Analysis. Report No. 3. Manual for the Analysis of Library Systems.
Washington: Office of Technical Services, U.S. Department of Commerce 1965. 84 S., $ 3.- 4178

Technische Einrichtungen und räumliche Situation der wissenschaftlichen Bibliotheken in der Deutschen Demokratischen Republik bei Beginn des Siebenjahrplanes. Bericht.
Leipzig: Kommission für Technisierung und Baufragen beim Sektor Wissenschaftliche Bibliotheken, Museen und Publikationen im Staatssekretariat f.d. Hoch- und Fachschulwesen 1960. 19 S., 1 Pl., 8° 4179

Thompson, Anthony
Library Buildings of Britain and Europe: an international study, with examples mainly fron Britain and some from Europe and overseas, with contributions by specialists.
London: Butterworth 1963. XII, 326 S., ill., 4°, sh 105/- 4180

Vleeschauwer, Herman J. de.
Comment suis je venu a la bibliotheque?
Pretoria: Universiteit van Suid-Afrika 1963. 8°, hfl. 52.- 4181

Vleeschauwer, Herman J. de.
The University Library its nature and function.
Pretoria: Universiteit van Suid-Afrika 1962. II, 206 Bl., 8° 4182

Wallach, Kurt Shimon
Kooperation, Koordination und Zentralisation. Fragestellungen zur Verwaltung wissenschaftlicher Allgemein- und Fachbibliotheken ein und desselben Unterhaltsträgers.
Köln: Greven 1965. 64 S., kart. DM 6.50 (= Arbeiten aus dem Bibliothekar-Lehrinstitut des Landes Nordrhein-Westfalen, Heft 27) 4183

Whatmore, Geoffrey
News information; the organisation of press cuttings in the libraries of newspapers and broadcasting services.
Hamden, Con.: Archon 1965. IX, 165 S., ill., $ 4.50 4184

White, A. Sandri
Thirty million books in stock. Everyone's guide to U.S. Government publications.
Central Valley/N.Y.: Aurea Publ. 1962.
84 S. 4185

Young, Virginia G.
The library trustee: A practical guidebook. American Library Trustees Association (Ed.)
New York: R.R. Bowker 1964. 200 S., Ln. $ 7.50 4186

Zeitungen und Zeitschriften im Bestand und in der Arbeit mit dem Leser.
Berlin: Zentralinstitut für Bibliothekswesen 1963. 40 S., 8° (= Studienmaterial für die hauptberuflichen bibliothekarischen Mitarbeiter der allgemeinbildenden Bibliotheken in der DDR) 4187

2.4.1. Organisation, Hilfsmittel

Barton, Walter
Bibliothek und Mikrofilm. Ein vorläufiger Überblick über d. Mikrofilmpraxis dt. Bibliotheken unter bes. Berücks. d. Zeitungsverfilmung. Im Auftr. d. Kommission f. Zeitungsfragen d. Vereins Dt. Bibliothekare erstattet.
Oldenburg: Verein Dt. Bibliothekare 1963. 16 Bl., 4o (n.i.B.) 4188

Battey, P. / Mejia, R.
SC 4020 microfilm recorder, programming manual. Ed.: David Taylor Model Basin, Washington.
Washington: Office of Technical Services, U.S. Department of Commerce 1961. 46 S., ill., $ 4.60 (= DTMB Dep. 1469) 4189

Belaja, I. K.
Gigiena i restavracija bibliotecnych fondov, metodiceskoe posobie.(Hygiene und Restaurierung von Bibliotheksbeständen. Method. Leitfaden, russ.)
Moskau: Mesh. Kniga 1964. 107 S. 4190

Die Büchereitechnik der Büchereien der Betriebsform A 1. Orte bis zu 1.000 Einwohnern.
Rendsburg: Büchereizentrale 1962.
12 S., 4°, brosch. (n.i.B.) 4191

Die Büchereitechnik der Büchereien der Betriebsform A 2. Orte von 1.000 bis zu 2.000 Einwohnern.
Rendsburg: Büchereizentrale 1962.
12 S., 4°, brosch. (n.i.B.) 4192

Die Büchereitechnik der Büchereien der Betriebsform A 3. Orte von 2.000 bis zu 5.000 Einwohnern.
Rendsburg: Büchereizentrale 1962.
12 S., 4°, brosch. (n.i.B.) 4193

Die Büchereitechnik der Büchereien der Betriebsform B 1. Büchereien mit einem Fassungsvermögen von etwa 5.000 und mehr Bänden.
Rendsburg: Büchereizentrale 1962.
12 S., 4°, brosch. (n.i.B.) 4194

Die Büchereitechnik der Büchereien der Betriebsform B 2.: Büchereien mit einem Fassungsvermögen von etwa 8.000 und mehr Bänden.
Rendsburg: Büchereizentrale 1962.
12 S., 4°, brosch. (n.i.B.) 4195

The development of a minicard viewer processor MX-1993 (XW-1)/G. Final engineering report. Xerox Corp., Rochester/N.Y. (Ed.)
Contract AF 30(602).
Washington: Office of Technical Services, U. S. Department of

Commerce 1961. 70 S., ill., $ 6.60 (= RADC-TR-61-128) 4196

Donker Duyvis, Frits / Schippers, M. E.
Les services de reproduction de documents. Comment les organiser et les administrer efficacement. Egalement publié en Eng.
Paris: UNESCO 1961. 26 S., F 1.75 (aus: Bull. d l'UNESCO à l'intention des bibliothèques, Vol. XIV, No. 6) (engl. Titel: Document reproduction services. 23 S.) 4197

Evaluation of record players for libraries. Series II. A report based on a study conducted for the Library Technology Project by United States Testing Co. Loseblattausgabe.
Chicago: American Library Association, Library Technology Project 1964. Ill., 4°, $ 6.- (= LTP Publ. No. 8) 4198

Frank, Otto
Die Mikrofilmtechnik. Hrsg.: Ausschuss für wirtschaftl. Verwaltung, AWV.
Stuttgart: Dorotheen-Verlag 1961. 336 S., 21 Tab., 87 Abb., 8°, Ln. DM 32.- (= Handbuch d. Reprographie Band 2) 4199

Günther, Alfred
La microphotographie dans les bibliothèques. Engalement pub. en Eng.
Paris: UNESCO 1962. 26 S., 8°, 2.-F (aus: Bull. de l'UNESCO à l'intention des bibliothèques, Vol. XVI, No. 1) 4200

Günther, Alfred
Microphotography in the library.
Paris: UNESCO 1962. 28 S., Abb., 8°, DM 1.80 4201

Hawken, W. R.
Photocopying from Bound Volumes: Supplement no. 2.
1964. 12 S., $ 2.- (= LTP publication No. 4. Supp. 2.) 4202

Hawken, W. R.
Photocopying from Bound Volumes; Supplement No. 3.
Chicago: American Library Association 1964. 40 S. 4203

Helwig, Hellmuth
Empfehlungen für die technische Gestaltung der Bibliothekseinbände für öffentliche wissenschaftliche Bibliotheken.
Hannover: Verein Dt. Bibliothekare 1963. IV, 18 Bl., 4°, DM 1.- (n.i.B.) (= Einband und Buchpflege. H. 1) 4204

Helwig, Hellmuth
Handbuch der Einbandkunde. 3 Bände.
Hamburg: Maximilian-Gesellschaft 1953-55 4205

Kent, Allen
Library planning for automation (Bibliotheksplanung für die Automatisierung, engl.)
Washington: Spartan Books; London: Macmillan 1965. S. 35-53, 5 Abb., 1 Schem. 4206

The library and the machine: selected papers and discussions from a study conference held at Nottingham, 19-22 April, 1966, on library applications of computers and data processing equipment; edited by C.D. Batty.
Market Hill, Scunthorpe/Lincs.: Library Association 1966. 1, 58 S., 8°, sh 5/- 4207

Liebich, Werner
Anwendungsmöglichkeiten der Vertikalablage. Ein Beitrag zum Problem der Bearbeitung, Aufbewahrung und Erschliessung ungebundener und broschierter Bibliotheksmaterialien.
Köln: Greven 1959. 90 S., 17 Abb., kart. DM 11.20 (= Arbeiten aus dem Bibliothekar-Lehrinstitut des Landes Nordrhein-Westfalen, Heft 18) 4208

Liehl, Ekkehard
Die Einbandstelle und der Verkehr mit den Buchbindern.
Münster: Verein Dt. Bibliothekare 1963. 25 Bl., 4°, DM 1.- (n.i.B.) (= Einband und Buchpflege. H. 2) 4209

Literatur über Bibliothekstechnik. Rationalisierung und Standardisierung, Lochkarten, Büromaschinen, Vervielfältigungen, Mikrofilmtechnik, Lesegeräte, Nachrichtenübermittlung, Förderanlagen. Berichtszeit 1955-63.
Dresden: Technische Universität, Bibliothek / TWA 1963 4210

Literatur über Xerografie. Berichtszeit 1944-1962.
Leipzig: Deutsche Bücherei, Abt. Auskunft 1963 4211

Mikrofilm 1962. Zeichnungsverfilmung, Schriftgutverfilmung, Wiedergabegüte, Wirtschaftlichkeit. Hrsg.: Ausschuss für wirtschaftliche Verwaltung.
Stuttgart: Dorotheen-Verlag 1963. 48 S., 3 Tab., 6 Abb. 4212

Mikrofilm 1965. Organisatorische und technische Fragen des Mikrofilms für Schriftgut- und Zeichnungsverfilmung.
Stuttgart: Dorotheen-Verlag 1966. 36 S., 4°, kart. DM 15.- 4213

Mikrofilm- und Thermo-Verbuchungsverfahren. Eine vergleichende Unters. v. 4 maschinellen, mit Transactionkarten arbeitenden Ausleihverbuchungsverfahren. Im Auftr. d.v.d. Arbeitsstelle f.d. Büchereiwesen berufenen Gutachtergremiums ausgewertet und dargest.
Berlin: Deutscher Büchereiverband, Arbeitsstelle f.d. Büchereiwesen 1965. 53 S., 29 Tab. (= Büchereidienst, Beih. 11) 4214

Die Mikrokopie auf Gavaert-Duplofilmen.
Antwerpen: Gevaert Photo-Producten 1960. 28 S., Abb., 8° 4215

Müller, Dietrich
Maschinelle Datenverarbeitung im Bibliothekswesen. Literaturzusammenstellung.
Frankfurt/Main: Zentralstelle f. Maschinelle Dokumentation 1966. III, 52 Bl., 4°, kart. DM 10.- (= ZMD. A, 3) 4216

Neue Methoden der Restaurierung und Konservierung von Büchern und Dokumenten (russ.)
Moskau: Mesh. Kniga 1960. 160 S., MDN 1.60 4217

An ordinary of British armorial bookbindings in the Clements Collection, Victoria and Albert Museum.
London: Victoria & Albert Museum 1960. 191 S., 4°, sh 30/- 4218

Pargeter, Philip Sanders
The reproduction of catalogue cards.
London: Library Association 1960. 47 S., ill., 8°, sh 9/- (= Library Association. Pamphlets no. 20) 4219

Photocopying and the law: a guide for librarians and teachers and other suppliers and users of photocopies of copyright works.
London: Society of Authors 1965. 2, 8 S., 8°, sh 1/- 4220

Photography. 3rd ed.
London: Library Association (County Libraries Group) 1965. 24 S., 8°, sh 2/6 (= Readers' guides, new series-no. 89) 4221

Rationalisering in danske folkebiblioteker. Betaenkning afgivet af Danmarks Biblioteksforenings Rationaliseringskomite.
Kopenhagen: Bibliotekscentralen 1964. 310 S. 4222

Schriftgutverfilmung. Organisatorische und technische Richtlinien. Ausschuss für wirtschaftliche Verwaltung.
Stuttgart: Dorotheen-Verlag 1966. 64 S., 8°, kart. DM 9.60 4223

Serials Computer Project. Final report. University library and computer center, University of California. (Computer-Vorhaben für Zeitschriftenbearbeitung. Schlussbericht. Universitätsbibliothek und Computerzentrum der Universität Kalifornien, engl.)
San Diego, Calif.: Universitätsbibliothek und Computerzentrum der Universität Kalifornien 1964. 75 S. 4224

The testing and evaluation of record players for libraries. Report based on a study conducted for the Library Tech. Project by Consumers' Res. Inc.
Chicago: American Library Association, Library Technology Project 1962. VIII, 76 S., ill., 4°, $ 2.- 4225

Verry, H. R.
Microcopying methods.
London: Focal Press 1964. 176 S., 56 Ill., 8°, sh 63/- 4226

Wassermann, Paul
The librarian and the machine; observations on the applications of machines in administration of college and university libraries.
Detroit: Gale 1965. 170 S., 8°, $ 9.- 4227

Wyczanski, A.
Der Mikrofilm - das Buch der Zukunft. (poln.)
Warschau: Ars Polona 1960. 160 S., DM 7.- 4228

2.4.2. Katalogisierung

Akers, S. G.
Simple library cataloging. 4. Aufl.
Chicago: American Library Association 1964. 250 S., $ 5.- 4229

Allgemeine Systematik für Büchereien. Erarbeitet vom Ausschuss für Systematik beim Verband der Bibliotheken des Landes Nordrhein-Westfalen. Neueste Ausg.
Reutlingen: Bücherei und Bildung 1964. 191 S., Ln. DM 12.- 4230

Ambarzumjan, S. N.
Für die Leser über die Bibliothekskataloge.
Moskau: Mesh. Kniga 1961. 48 S., MDN 60.- 4231

Ambarcumjan, Z. N.
Gos. biblioteka SSSR im V. I. Lenina. Tablicy bibliotecnoj klassifikacii dlja detskich bibliotek. 2., verb. u. erg. Aufl.

Moskau: Izd. Kniga 1964. 83 S. 4232

American standards for periodical title abbregiations.
New York: American Standards Association, Sectional Committee Z39 on Standardization in the Field of Library Work and Documentation 1964. 19 S., 4°, $ 2.- 4233

Angermann, Rudolf
Grundzüge einer Theorie des systematischen Sachkataloges für Volksbüchereien. 2 Bände.
Siegburg: Franz Schmitt 1949/59. 213, 220 S., Ln. DM 7.80 u. 11.70 4234

Die Arbeit der Abteilung Beschaffung und Zugang. Überarb. Neudruck.
Leipzig: Deutsche Bücherei 1964. 5 S., 8° (= Neue Mitteilungen aus d. Dt. Bücherei Nr. 35) 4235

Baader, Peter
Drei Hauptprobleme der Alphabetischen Katalogisierung.
Wiesbaden: Harrassowitz 1962. X, 155 S., brosch. DM 30.- (= Beiträge zum Buch- und Bibliothekswesen) 4236

Baer, Hans
Bibliographie und bibliographische Arbeitstechnik. 2. Aufl.
Frauenfeld: Huber & Co. A.G. 1964. 174 S., brosch. Sfr 12.- (= Bibliothek des Schweizer Buchhandels, Band 3) 4237

Benge, Ronald Charles
Bibliography and the provision of books.
London: Association of Assistant Librarians 1963. 240 S., ill., 8°, sh 30/- 4238

Bergmann, Werner
Einheitliche Katalogisierung. Eine Literaturübersicht z. Internationalen Konferenz über Grundsätze alphabet. Katalogisierung, Paris 1961.
Leipzig: Deutsche Bücherei 1964. 35 S., 8° (n.i.B.) (= Bibliographischer Informationsdienst d. Dt. Bücherei Nr. 6) 4239

Bestandsaufbau und Katalogisierung der Sammlung "Künstlerische Drucke". Überarb. Neudruck.
Leipzig: Deutsche Bücherei 1964. 2 Bl., 8° (= Neue Mitteilungen aus d. Dt. Bücherei Nr. 23.6) 4240

Bibliografia. Poradnik metodyki bibliograficznej dla autorow bibliografii specialnych. Bibliographie. Einführung in die Bibliographische Methodik für Autoren von Fachbibliographien.
Warschau: Ruch 1960. 324 S. 4241

Bibliografie. Uniterm system of coordinate indexing.
Den Haag: Technisch Documentatie- en Informatie-Centrum voor de Krijgsmacht 1962. 39 S. 4242

Bibliografija estestvennonaučnoj, techničeskoj i sel'skochozjajstvennoj literatury Učebnik. (Bibliographie der naturwissenschaftlichen, technischen und landwirtschaftlichen Literatur. Lehrbuch für das Bibliotheksinstitut, russ.)
Moskau: Mesh. Kniga 1962. 223 S. 4243

Bibliographical style manual.
London: H.M.S.O. 1963. VI, 62 S., 4°, sh 5/6 4244

Bibliographische Tätigkeit. 9., überarb. Ausg.
Leipzig: Deutsche Bücherei 1965. 2 Bl., 8° (= Neue Mitteilungen aus der Deutschen Bücherei Nr. 1) 4245

Bibliothekarisch-bibliographische Klassifikation. Tafeln für wissenschaftliche Bibliotheken. Erscheint zwanglos.
Moskau: Mesh. Kniga. jede Folge ca. 200 S., DM 3.- 4246

Bibliotheksbestände und -kataloge. Lehrbuch für Bibliotheks-Institute.
Moskau: Mesh. Kniga 1961. 320 S., DM 3.- 4247

Binns, Norman Evan
An introduction to historical bibliography. 2., verb. u. erw. Aufl.
London: Association of Assistant Librarians 1962. 388 S., ill., 8°, sh 40/- 4248

Bowers, Fredson
Bibliography and textual criticism.
London: Oxford University Press 1964. 220 S., sh 35/- 4249

Bowers, Fredson
Studies in bibliography. Papers of the bibliographical Society of the University of Virginia.
Charlottesville/Va.: Bibliographical Society of the University of Virginia 1963. 276 S., 4°, $ 10.- 4250

Bradt, E. P.
The indexing of general art periodicals; a dissertation submitted to the Faculty of the University of Chicago Graduate Library School in Candidacy for the Master of Arts.
Chicago: University of Chicago, Graduate Library School 1964. Geh. Pag. $ 5.05 4251

Brasse, Zofia
Biblioteczny katalog alfabetyczny. Materialy bibliogr. Der alphabetische Bibliothekskatalog.
Posen: Universität 1964. 67 S. 4252

British National Bibliography, Supplementary classification schedules, prepared to augment the Dewey Decimal Classification for use in the "British National Bibliography" and first introduced in January 1960.
London: British National Bibliography 1963. III, VIII, 94 S., Abb., 4°, gratis 4253

Bruyn, Günter de
Einführung in die Systematik für allgemeinbildende Bibliotheken.
Berlin: Zentralinstitut für Bibliothekswesen 1961. 67 S., 8° (= Studienmaterial f. d. hauptberuflichen bibliothekarischen Mitarbeiter der allgemeinbildenden Bibliotheken in der DDR. H. 17) 4254

Bryant, Margaret S.
Bibliographies, abstracts and indexes. (Handbuch über Grundprobleme d. bibliograph. Organisat. u. Aufnahme z. B. kritische Wertung des zu erfassenden Materials, mehrfache bzw. nicht ausreichende Erfassung, National-Bibliograph. oder auswählende Sachbibliographien, Kosten, Nutzen, Literaturnachw., engl.)
New Brunswick/N.J.: Graduate Library School of Rutgers Unitersity 1960. 108 S. (= State of Library Art, vol. 2, pt. 2) 4255

Burnat, Martine
Classement et cataloguement de la bibliothèque du Musée d'archéolo-

gie et d'histoire du canton de Vaud.
Trav. de dipl. Ecole de bibliothécaires
Genève.
Genf: 1965. I, 48 S., 4° 4256

Burnett, Alfred David
Cataloguing policy objectives and the computer: a paper presented to the Catalogue Working Party of the Libraries and Computers Group on the 7th September 1966.
Durham: A. D. Burnett 1966. III, 35 S., 4°, sh 5/- 4257

Coates, Eric James
Subject catalogues - headings and structure.
London: Library Association 1960. 186 S., ill., 8°, sh 22/8 4258

Code of good practice for scientific publications.
Paris: UNESCO 1962 . (= UNESCO document NS 177.) 4259

Collison, Robert Lewis
Bibliographies, subject and national. A guide to their contents, arrangement and use. 2., verb. u. erw. Aufl.
London: Lockwood 1962. XVIII, 185 S., Abb., 8°, sh 25/- 4260

Cosyns-Verhaegen, E. / Goffioul, F. / Bobon, Jean
Psychiatrie et hygiène mentale. Principes de bibliothéconomie et de bibliographie.
Brüssel: Commission belge de bibliographie & Fondation Julie Renson 1965. 104 S., 8°, Fr. 150.- (= Bibliographia Belgica, 84) 4261

Csikely
Nyolcnyelvü cimfelveteli kéziszotar - Leggyakrabban elöforduló kifejezések és röviditések (Achtsprachiges Wörterbuch für die Titelaufnahme, die häufigsten Ausdrücke und Abkürzungen.)
Budapest: Kultura 1954. 41 S. 4262

Dafinov, Z.
Rabota s techničéskata literatura v bibliotekite. Arbeit mit der technischen Literatur in den Bibliotheken.
Sofia: Raznoisnos 1962. 123 S. 4263

Davison, Keith
Classification practice in Britain (Klassifizierungspraxis in England, engl.)
London: Library Association 1966. 34 S., sh 12/- 4264

Dent, William
Practical cataloguing: an examination guidebook.
London: Clive Bingley 1966. 83 S., 8°, sh 15/- 4265

Deutsche Bücherei Leipzig: Der Alphabetische Katalog und der Sachkatalog. Eine Anleitung zu ihrer Benutzung. 4., veränd. Aufl.
Leipzig: Deutsche Bücherei 1965. 18 S., 8°, geh. MDN 30.- 4266

Dezimalklassifikation.
Berlin: Deutsches Institut für Zeitgeschichte 1961. 420 S., 4°, Kldr.-Ordner DM 40.- 4267

Dezimal-Klassifikation. Gesellschaftswissenschaften. Hrsg. Heinz Engelbert u. Ernst Wirkner.
Berlin: Arbeitsgruppe Gesellschaftswissenschaftliche Dokumentation und Information, beim ZK der SED 1963. 350 S., 4° 4268

Dezimal-Klassifikation. Fachausg. Staat u. Recht. (Als Ms. gedr.)
Potsdam-Babelsberg: Zentralstelle

f. d. staats- u. rechtswissenschaftliche Information u. Dokumentation im Institut für staats-u. rechtswissenschaftliche Forschung d. Deutschen Akademie f. Staats- u. Rechtswissenschaft "Walter Ulbricht" 1965 ff. 8° 4269

Drehmann, Lorenz
Einleitung zu einer saarländischen Bibliographie. Privatdruck.
Saarbrücken: L. Drehmann 1965. 7 S., 8° 4270

Drei Hauptprobleme der alphabetischen Katalogisierung. Vorarbeiten für eine Reform. Peter Baader; Körperschaftliche Verfasser. Dietrich Poggendorf: Mechanische Ordnung der Titel. Hans Oskar Weber: Einheitszettel.
Wiesbaden: Verlag Otto Harrassowitz 1962. VIII, 155 S., 4°, brosch. DM 30.- (= Beiträge zum Buch- und Bibliothekswesen, Band 11) 4271

Drtina, Jaroslav
Der Schlagwortkatalog.
Leipzig: VEB Verlag für Buch- und Bibliothekswesen 1962. 96 S., 8°, Hln. MDN 7.- 4272

Eaton, Thelma
Cataloging 500. The principles of book description.
North Egremont, Mass.: Shadow Hill Press 1966. VI, 73 S., 8°, $ 2.60 4273

Einheitliche Regeln der Beschreibung von Druckwerken für Bibliothekskataloge. 2. Aufl. (russ.) 1. Teil. 2. Folge: Die Organisation d. alphabetischen Kataloge u.a. komplizierte Fälle der Anordnung der Karteikarten im Katalog unter bes. Berücksichtigung der Spezifik der ausländischen Bücher.
Moskau: Mesh. Kniga 1960. 160 S., DM 2.50 4274

Einlegeordnung für den alphabetischen Blattkatalog im Quartformat (Quartkatalog).
München: Bayer. Staatsbibliothek 1965. 13 S., 4° (n. i. B.) 4275

Engelbert, Heinz
Die Dezimalklassifikation und ihre Anwendung auf dem Gebiet der Gesellschaftswissenschaften unter bes. Berücksichtigung d. Staats- und Rechtswissenschaft. Einf. u. Materialsammlung.
Berlin: Arbeitsgruppe Gesellschaftswissenschaftliche Dokumentation und Information im Institut für Gesellschaftswissenschaften beim ZK d. SED 1962. 52 S., 4° 4276

Die Erschließung der schönen Literatur durch den Sachkatalog der Deutschen Bücherei.
Leipzig: Deutsche Bücherei 1963. 7 S., 8° (= Neue Mitteilungen aus d. Dt. Bücherei, Nr. 41) 4277

Die Erschliessung der technischen Literatur auf den Schwerpunktgebieten des Siebenjahrplanes durch den Sachkatalog der Deutschen Bücherei.
Leipzig: Deutsche Bücherei 1960. 5 S., 8° (= Neue Mitteilungen aus d. Dt. Bücherei, Nr. 27) 4278

Fill, Karl
Einführung in das Wesen der Dezimalklassifikation. 2. erg. Aufl.
Berlin: Beuth-Vertrieb 1960. 44 S., 8°, geh. DM 3.20 (= Veröffentlichungen d. Internationalen Verbandes f. Dokumentation Nr. 300, Deutscher Normenausschuss, Aus-

schuss für Klassifikation) 4279

Fleischhack, Curt
Bibliographisches Grundwissen. 5., veränd. Aufl.
Leipzig: VEB Bibliographisches Institut 1964. 104 S., 8°, kart. MDN 3.80 4280

Fragen zur Bibliographie der einzelnen Zweige der Naturwissenschaften (russ.) Sammlung von Vorträgen, die auf der VI. wissenschaftlichen Konferenz der Bibliothek der Akademie der Wissenschaften der UdSSR gehalten wurden.
Moskau: Mesh. Kniga 1960. 160 S., DM 2.50 4281

Frank, Otto
Dezimalklassifikation. Anwendung und Entwicklung.
Stuttgart: Dorotheen-Verlag 1960. 88 S., 8°, kart. DM 6.- (= Handbuch d. Klassifikation H. 12, FID publ. 298) 4282

Frank, Otto
Handbuch der Klassifikation.
Stuttgart: Dorotheen-Verlag 1947-1962. 4283

Fuchs, Hermann
Kommentar zu den Instruktionen für die alphabetischen Kataloge der Preussischen Bibliotheken. Neuauflage.
Wiesbaden: Harrassowitz 1966 4284

Garrison, Morton
Medical Bibliography.
London: André Deutsch. sh 168/- 4285

Glaeser, Georg
Zur Frage des bibliographischen Apparates an pädagogischen Bibliotheken. Eine Arbeitsunterlage f. d. Jahreskonferenz 1964 d. Arbeitsgemeinschaft Pädagog. Bibliotheken.
Dortmund: Pädagog. Zentralbücherei d. Landes Nordrhein-Westfalen 1964. 30 Bl., 4° (n. i. B.) 4286

Grenfell, David
Periodicals and Serials. Their treatment in special libraries.
London: Aslib 1965. 238 S., sh 22/- f. Mitgl., sh 30/- f. Nichtmitgl. 4287

Guillermin, Micheline
Cataloguement et classement de la bibliothèque de l'Office cantonal de la formation professionnelle à Genève Trav. de dipl. Ecole de bibliothécaires Genève.
Genf: 1965. II, 27 S., 4° 4288

Die Handschriften- und Inkunabelabteilung der Deutschen Staatsbibliothek.
Berlin: Deutsche Staatsbibliothek 1961. 4 Bl. m. Abb., 8° 4289

Hamilton, Ch.
Collecting autographs and manuscripts.
Norman, Okla.: University of Oklahoma Press 1961 4290

Hayes, R. M. / Shoffner, R. M.
The economics of book catalog production. A study prepared for Stanford University Libraries and the Council on Library Resources.
Sherman Oaks: Advanced Information Systems, Hughes Dynamics Inc. 1964. II, 110 S., $ 10.- 4291

Haykin, D. H.
Subject headings. A practical guide. Schlagwörter. Ein praktischer Führer.
Warschau: Ruch 1961. 140 S. 4292

Hellmer, S. .O. / Oehman, M.
Handledning i klassifikation för mindre bibliotek Utarb. pa grundval av Klassifikationssystem för svenska bibliothek.
Lund: Bibliotekstjaenst 1964. SwKr 19.75 4293

Herald, A. C.
Processing Manual: A pictorial workbook of catalog cards.
Teaneck, N. J.: Fairleigh Dickinson University Library 1964. $ 6.- 4294

Herner, Saul / Meyer, Robert S.
Classifying and indexing for the special library. Herner, Meyer & Co., Washington, D. C.
Washington, D. C.: Office of Technical Services 1957. 8 S. 4295

Herrick, Mary Darrah
Index to the classed catalog of the Boston University Library. 2 Bde.
Boston: G. K. Hall 1965. 1311 S., 4°, $ 85.- 4296

Herrmann, Peter
Praktische Anwendung der Dezimalklassifikation. 5. überarb. Aufl.
Leipzig: VEB Bibliographisches Institut 1965. 98 S., Abb., 8°, brosch. MDN 3.50 (= Veröffentlichungen der Fédération Internationale de Documentation FID Nr. 308/ZIID-Schriftenreihe) 4297

Hirschberger, Egon
Geographischer Katalog und Geographischer Schlüssel des Systematischen Kataloges der Bayerischen Staatsbibliothek. Im Auftrag der Bayerischen Staatsbibliothek verfaßt.
Wiesbaden: Harrassowitz 1964. XXXVIII, 477 S., brosch. DM 60.- 4298

Höhne, Heinz
Deutsche Bücherei und internationale Reform der alphabetischen Katalogisierung. Standpunkt d. Dt. Bücherei zu Einzelfragen d. Reform. Auf Grund von Beratungen e. Arbeitsgruppe ausgearb. Mit e. bibliograph. Übersicht von Werner Bergmann u. e. Anh.
Leipzig: Deutsche Bücherei 1964. 90 S., 8° (n. i. B.) 4299

Instrukcija po sostavleniju eżegodnika "Bibliografija sovetskoj bibliografii" - Instruktion für die Zusammenstellung der "Bibliographie sowjetischer Bibliographien". (russ.)
Moskau: Mesh. Kniga 1963. 32 S. 4300

Instruktionen für die alphabetischen Kataloge der Preußischen Bibliotheken vom 10. Mai 1899. Zweite Ausgabe in der Fassung vom 10. August 1908. Unveränderter Nachdruck des Neudrucks 1915.
Wiesbaden: Otto Harrassowitz 1964. X, 179 S., brosch. DM 12.80 4301

Johnson, Albert Frederick
Practical cataloguing.
London: Library Association, Association of Assistant Librarians 1962. 116 S., ill., 8°, sh 15/- 4302

Jolley, Leonard
The principles of cataloguing.
London: Lockwood 1961. VIII, 149 S., 8°, sh 15/- (= New librarianship series) 4303

Kaltwasser, Franz Georg
Elektronische Kataloge in Bibliotheken.
Bochum: Verband d. Bibliotheken d. Landes Nordrhein-Westfalen 1965. 19 S., gr. 8° 4304

Die Kartensammlung der Deutschen Bücherei.
Leipzig: Deutsche Bücherei (Neue Mitteilungen aus der Deutschen

Bücherei Heft 31) 4305

Katalogisierungsordnung der Bayerischen Staatsbibliothek, München. Zusammengest. v. d. Katalogkommission d. Bayer. Staatsbibliothek, Red.: F. G. Kaltwasser.
München: Bayerische Staatsbibliothek 1965. VII, 118 S., 4° (n. i. B) 4306

Katalogisierungsordnung der Universitätsbibliothek München, 3. Ausg.
München: Universitätsbibliothek 1964. 126 S., 8° 4307

Klenow, A. W.
Bibliothekarische Kataloge. Leitfaden für Bibliothekare (russ.)
Moskau: Mesh. Kniga 1963. 352 S., Hln. MDN 4.05 4308

Kondakow, I. P. (Ivan Petrovič Kondakov)
Die sowjetische bibliothekarisch-bibliographische Klassifikation.
Berlin: 1966. 34 S., 4o, (= Materialien zum Seminar d. Mitarbeiter in Bibliotheken der UdSSR u. d. DDR) 4309

Koordinacija spravocno-bibliograficeskoj raboty bibliotek. Sbornik statej (Die Koordinierung der bibliographischen Auskunftsarbeit der Bibliotheken, russ.)
Moskau: Izd. Kniga 1965. 115 S., 3 Tab. 4310

Korporative Verfasserschaft als Ordnungsprinzip in Katalogen der Deutschen Bücherei. Überarb. Neudruck.
Leipzig: Deutsche Bücherei 1965. 7 S., 8°, geh. (= Neue Mitteilungen aus d. Dt. Bücherei, Nr. 33) 4311

Krieger, F. J.
The Soviet classification scheme for literature. Contract AF 49 (638) 700. Ed.: Rand Corp., Santa Monica/Calif.
Washington: Office of Technical Services, U. S. Department of Commerce 1962. 12 S., $ 1.60 (= RAND-RM-3325-PR) 4312

Kurzgefasste Regeln für die alphabetische Katalogisierung an den Institutsbibliotheken der Rheinischen Friedrich-Wilhelms-Universität Bonn. 2. Auflage in Vorbereitung.
Bonn: Universitätsbibliothek 4313

Kurzregeln für die alphabetische Katalogisierung an den Institutsbibliotheken der Ruhr-Universität Bochum.
Bochum: Universitätsbibliothek 1964. 20 S., 4 Bl., 4° 4314

Laffin, John
Codes and ciphers: secret writing through the ages.
London: Abelard-Schuman 1964. X, 134 S., ill., 8°, sh 13/6 4315

La Montagne, Leo E.
American library classification. With special reference to the Library of Congress.
Hamden/Conn.: Shoe String Press 1961. X, 433 S., 8° 4316

Leipziger Titeldrucke. Neudruck von: Zetteldrucke und Verlage.
Leipzig: Deutsche Bücherei 1961. 3 Bl., 8° (= Neue Mitteilungen aus der Deutschen Bücherei Nr. 6) 4317

Lewina, S. S.
Die Verwendung der Bibliographie in der Massenbibliothek (russ.) 2., überarb. Aufl.
Moskau: Mesh. Kniga 1960. 96 S., DM 1.25 4318

Library catalogs: changing dimensions, the twentyeighth annual conference of the Graduate Library School, August 5-7. University of Chicago studies in library science, Papers publ. originally in the Library quarterly, January 1964.
Chicago: University of Chicago Press 1964. 127 S., ill., gr.-8°, $ 3.75 4319

Löffler, Karl
Einführung in die Katalogkunde. 2., neu bearb. Aufl.
Stuttgart: Hiersemann 1956. 163 S., Ln. DM 20.- 4320

Malclès, Luise Noelle
La Bibliographie. 2., verb. Aufl.
Paris: 1962. 136 S. 4321

Malclès, Louise-Noelle
Manuel de bibliographie.
Paris: Presses universitaires de France 1963. 328 S. 4322

Die Musikaliensammlung der Deutschen Bücherei.
Leipzig: Deutsche Bücherei (= Neue Mitteilungen aus der Deutschen Bücherei, Heft 24) 4323

Die Musikbibliographien der Deutschen Bücherei.
Leipzig: Deutsche Bücherei 1962. 2 Bl., 8° (= Neue Mitteilungen aus der Deutschen Bücherei, Nr. 36) 4324

Needham, C. D.
Organising Knowledge in Libraries: An introduction to classification and cataloguing.
London: Grafton 1964. 256 S., £ 1.10 4325

Nemcenko, Vera / Sytina, Nina Jakovlevna
Opisanie special'nych vidov technicesкoj literatury (Die Titelaufnahme spezieller Arten von technischer Literatur, russ.)
Moskau: Izd. Veseojuznoj kniznoj Palaty 1963. 94 S. 4326

Nikiforovskaja, N. A.
Pravila bibliograficeskogo opisanija proizvedenij pecati. (Regeln für die bibliographische Aufnahme von Druckwerken, russ.)
Leningrad: Biblioteka AN SSSR 1964. 289 S. 4327

Novikova, Elena Andreevna
Opisanie proizvedenij pecati i organizacija alfavitnogo kataloga v techniceskich bibliotekach (Die Titelaufnahme von Druckschriften und die Organisation des alphabetischen Kataloges in technischen Bibliotheken, russ.)
Moskau: Gos. publ. nauc.-techn. Bibl. SSSR 1964. 136 S. 4328

Olding, Raymond Knox (comp.)
Reading in library cataloguing; edited and introduced by R. K. Olding.
London: Lockwood 1966. X, 278 S., ill., 8°, sh 36/- 4329

Olney, John C.
Library cataloguing and classification. Ed.: System Development Corp., Santa Monica/Calif.
Washington: Office of Technical Services, U.S. Department of Commerce 1963. 53 S., $ 5.60 (= TM-1192) 4330

Pelletier, Monique
Catalogues auteurs. Regles d'intercalation. (Alphabetischer Katalog.

Einordnungsregeln.)
Paris: Bibliotheques nationale 1964.
15 S. 4331

Penna, Carlos Victor
Catalogacion y clasificacion de libros. 2. Aufl.
Buenos Aires: Editorial Kapelusz 1964.
X, 329 S. (= Colección Universitaria; serie: Bibliotecologia) 4332

Philips, William Howard
A primer of book classification. 5. Ausg.
London: Association of Assistant Librarians 1961. 232 S., 8⁰, sh 18/6 4333

Piercy, Esther, J.
Commonsense cataloging; a manual for the organization of books and other materials in school and small public libraries.
New York: Wilson 1965. 223 S., 4⁰, $ 5.- 4334

Plumbe, Wilfred John
The preservation of books.
London: Oxford University Press 1964.
IX, 72 S., Abb., 8⁰, sh 20/- 4335

Poggendorf, Dietrich
Die Umstellung alphabetischer Kataloge von der grammatischen auf die gegebene Folge der Ordnungswörter. Statistische Untersuchungen und Arbeitszeitstudien am Zentralkatalog des Landes Nordrhein-Westfalen.
Köln: Greven 1958. 138 S., kart. DM 12.60 (= Arbeiten aus dem Bibliothekar-Lehrinstitut des Landes Nordrhein-Westfalen, Heft 16) 4336

Pröve, Karl-Heinz
Zentralkatalogisierung für Öffentliche Büchereien.
Berlin: Deutscher Büchereiverband 1965. 18 S., 8⁰, geh. (= Büchereidienst, Beiheft 13) 4337

Quigg, Patrick Joseph
Theory of cataloguing.
New York: Philosophical Lib. 1966.
88 S., 8⁰, $ 4.75 4338

Ragotzi, Dagmar
Die regionalen Zentralkataloge Deutschlands seit 1945
Göttingen: Evangelische Bibliotheksschule 1966. V, 69 gez. Bl., 4⁰ (= Arbeiten aus der Evangelischen Bibliotheksschule Göttingen. 1.) 4339

Ranganathan, Shiyali Ramamrita
Classified catalogue code with additional rules for dictionary catalogue code. 5. Ausg.
London: Asia Publishing House 1964.
644 S., Taf., 8⁰, sh 75/- (=Ranganathan series in library science. No. 2) 4340

Ranz, Jim
The printed book catalogue in American libraries, 1723-1900.
Chicago: American Library Association 1964. VII, 144 S., 8⁰, $ 3.- (= ACR L monograph no. 26) 4341

Rationalisierung durch Titeldrucke.
Leipzig: Deutsche Bücherei 1962.
5 S., 8⁰ (= Neue Mitteilungen aus d. Dt. Bücherei. Nr. 40) 4342

Reblin, Bodo
Das Katalogsystem der allgemeinbildenden Bibliotheken.
Berlin: Zentralinstitut für Bibliothekswesen 1963. 28 S., 8⁰ (= Studienmaterial für die hauptberuflichen bibliothekarischen Mitarbeiter der

allgemeinbildenden Bibliotheken in der DDR. H. 30) 4343

Reblin, Bodo
Studienanleitung Katalogisieren.
Leipzig: Fachschule für Bibliothekare "Erich Weinert" 1963. 17 S., 4° (= Lehrbriefe f.d. Fachschulfernstudium. Reihe A. Nr. II) 4344

Redfern, Brian
Organizing music in libraries.
London: Clive Bingley 1966. 80 S., 8°, sh 16/- 4345

Regeln für die alphabetische Katalogisierung. Teilentwurf Januar 1965. Hrsg. v. Verein dt. Bibliothekare, Komm. f. alphabet. Katalogisierung.
Frankfurt/M.: Klostermann 1965. 92 S., kart. DM 6.80 (= Zeitschrift für Bibliothekswesen und Bibliographie, Sonderh. 2) 4346

Règles catalographiques. Référence: Règles catalographiques en usage à la Bibliothèque Royale de Belgique (adaptées).
Liège: Services éducatifs de la Province de Liège 1963. 128 Bl., 4° 4347

Regeln für die alphabetische Katalogisierung in wissenschaftlichen Bibliotheken. 4., durchgesehener fotomechanischer Nachdruck der "Instruktionen für die alphabetischen Kataloge der Preussischen Bibliotheken".
Leipzig: VEB Bibliographisches Institut. 180 S., 8°, brosch. MDN 6.20 4348

Report of the International Conference on Cataloguing Principles, 1961, Paris.
London: International Federation of Library Associations, Publications Organizing Committee of the International Conference on Cataloguing Principles 1963. VIII, 293 S., Abb., gr.-8°, sh 63/- 4349

Reynold, R. C. / Parakusumah, I.
Short list of subject headings.
Bandung: F.K.I.P. 1964. 41 S. 4350

Roberts, Brian
Universal Decimal Classification for use in Polar Libraries. 2. Aufl.
Cambridge: Scott Polar Research Institute 1963. 185 S., Abb., 4°, sh 21/-(=Scott Polar Research Institute Occasional papers. No. 2.) (= Fédération Internationale de la Documentation. No. 348.) 4351

Robinson, A. M. Lewin
Systematic bibliography: a practical guide to the work of compilation. Revised ed.
London: Bingley 1966. 88 S., 8°, sh 16/- 4352

Roloff, Heinrich
Sachkatalogisierung auf neuen Wegen. Von der Facettenklassifikation zu Deskriptor und Thesaurus.
Berlin: Meth. Zentrum f. wiss. Bibliotheken b. Staatssekr. f.d. Hoch- und Fachschulwesen 1966. 54 S., 34 Lit. 4353

Rost, Gottfried
Bibliographie und Bibliograph. Eine Literaturinformation über Formen u. Methoden d. Bibliographie. Mit e. Ausblick auf d. elektron. Verarb. bibliogr. Daten
Leipzig: Deutsche Bücherei 1966. 51 S., 8° (= Bibliographischer Informationsdienst d. Deutschen Bücherei. Nr. 10) 4354

Rusch, Gerhard
Einführung in die Titelaufnahme. 2 Bände mit Lösungsheft.
Leipzig: Bibliographisches Institut 1965 f. 208, 216 S., 8°, Kst. je MDN 18.60
München-Pullach: Verlag Dokumentation 1967. 208, 216 S., 8°, Kst. je DM 28.50 4355

Sacchi, Augustin
Instruktion für den Schlagwortkatalog der ETH-Bibliothek.
Zürich: Eidgen. Techn. Hochschule, Bibliothek 1960. 30 gez. Bl., 4° (= Schriftenreihe der Bibliothek der ETH, Nr. 8) 4356

Sacchi, Augustin
Katalogisierungs-Instruktion für die ETH-Bibliothek. 3. wesentl. veränd. Aufl.
Zürich: Eidgenossische Technische Hochschule, Bibliothek 1963. 95 Bl., 4° (= Eidgenössische Technische Hochschule. Schriftenreihe d. Bibliothek) 4357

Sacchi, Augustin
Katalogisierungsinstruktion für die ETH-Bibliothek. Mech. Ordng. 2., umgearb. u. erw. Aufl. Definitive Ausg. nebst Erg. u. Berichtiggn.
Zürich: Bibliothek d. Eidgenössischen Technischen Hochschule 1964-65. 141, 2 gez. Bl., 4° (= Eidgen. Techn. Hochschule. Schriftenreihe d. Bibliothek. Nr. 9) 4358

Sammlung und bibliographische Verzeichnung der Hochschulschriften. Überarb. Neudruck.
Leipzig: Deutsche Bücherei 1964. 2 Bl., 8° (= Neue Mitteilungen aus d. Dt. Bücherei, Nr. 7) 4359

Sammlung und Verzeichnung der amtlichen Druckschriften. Überarb. Neudr.
Leipzig: Deutsche Bücherei 1964. 2 Bl., 8° (= Neue Mitteilungen aus d. Dt. Bücherei. Nr. 19) 4360

Die Sammlung und Verzeichnung von Schallplatten an der Deutschen Bücherei.
Leipzig: Deutsche Bücherei (= Neue Mitteilungen aus der Dt. Bücherei. Nr. 32) 4361

Sammlung und Verzeichnung der Schriften von Organisationen und Firmen. Überarb. Neudr.
Leipzig: Deutsche Bücherei 1963. 2 Bl. 8° (n. i. B.) (= Neue Mitteilungen aus d. Dt. Bücherei Nr. 25) 4362

Saunders, Wilfred Leonard / Furlong, Norman
Cataloguing rules; a simplified version of Library Association and American Library Association 'Cataloguing Rules: author and title entries' for the use of school librarians; 3rd ed.
London: School Library Association 1966. 3, 10 S., ill., 8°, sh 3/- 4363

Schmidmaier, Dieter
Wo finde ich was? Ein Wegweiser durch den bibliographischen Apparat der Bücherei der Bergakademie für deren Benutzer. 3., verb. Aufl.
Freiberg/Sa.: Bücherei der Bergakademie 1965. 11 S., geh. (= Veröffentlichungen der Bücherei der Bergakademie Freiburg/Sa., Nr. 1) 4364

Schürfeld, Charlotte
Kurzgefaßte Regeln für die alphabetische Katalogisierung an Instituts-

bibliotheken. 2. durchges. Aufl. mit einem Anhang über die Mechanische Ordnung der Titel und den Körperschaftlichen Verfasser.
Bonn: Bouvier 1966. 95 S., gr. 8°, brosch. (= Bonner Beiträge zur Bibliotheks- und Bücherkunde, Band 12) 4365

Seeling, H.
Titelaufnahme von wissenschaftlicher und Fachliteratur in Informationsstellen.
Leipzig: VEB Bibliographisches Institut. 80 S., 8° brosch. Ln. MDN 3.70 (= Information und Dokumentation, Heft 10) 4366

Seger, Heidi
Katalogisierung und Kollationierung einer Privatsammlung alter Bücher, Diplomarb.
Genf: Ecole de bibliothècaires 1965. I, VIII, 57 Bl., 4° 4367

Sickmann, Ludwig
Die Ordnung der Sachtitel im Alphabetischen Katalog nach der gegebenen Wortfolge (mechanische Ordnung).
Köln: Greven 1955. 40 S., kart., DM 2.50 4368

Soffke, Günther
Anlage und Verwaltung von Schallplattensammlungen in wissenschaftlichen Bibliotheken.
Köln: Greven 1961. 110 S., kart. DM 9.80 (= Arbeiten aus dem Bibliothekar-Lehrinstitut des Landes Nordrhein-Westfalen. Heft 19) 4369

Sonderverzeichnisse. Themenwahl, Gestaltung, Bearbeitung.
Berlin: Deutscher Büchereiverband 1960. 16 S., 8° (= Druckschriften der Arbeitsstelle für das Büchereiwesen) 4370

Staatliche Archivverwaltung der Deutschen Demokratischen Republik. Thematischer Benutzerkatalog. (5.) 1964. T. 1.2.
Potsdam: Staatliche Archivverwaltung d. DDR 1965. 460 S., 8° 4371

Standard for Descriptive Cataloging of Government Scientific and Technical Reports.
Washington: United States Department of Commerce 1964. 21 S., $ 1.- 4372

Standards for descriptive cataloging of Government Scientific and Technical Reports. Committee on Scientific and Technical Information, Federal Council for Science and Technology, Washington/D. C. (Ed.)
Washington: Office of Technical Services, U. S. Department of Commerce 1963. 37 S., $ 1.- 4373

Staveley
Notes en subject bibliography library.
London: André Deutsch. sh 21/- 4374

Stebner, Gerhard
Abbruch, Neuaufbau und Umarbeitung alphabetischer Kataloge. Ergebnisse u. Folgerungen aus e. Umfrage bei dt. wissenschaftlichen Bibliotheken.
Köln: Greven 1964. VI, 99 S., 8°, kart. DM 9.60 (= Arbeiten aus dem Bibliothekar-Lehrinstitut des Landes Nordrhein-Westfalen H. 26) 4375

Das Stich- und Schlagwortregister zum Jahresverzeichnis d. Dt. Schrifttums u. zum Dt. Bücherverzeichnis. Neudruck.
Leipzig: Deutsche Bücherei 1962. 2 Bl. (= Neue Mitteilungen aus d. Dt. Bücherei, Nr. 12) 4376

Stokes, Roy
Bibliopraphical control and service. Covers paper on the subject in the Part I Examination of the Library Association.
London: Deutsch 1965. 128 S., sh 18/- 4377

Studies in bibliography; papers of the Bibliographical Society of the Univ. of Virginia.
Charlottesville/Va.: Univ. Press of Virginia 1966. 282 S., $ 10.- 4378

Subject Catalogue. Important Problems in the Theory and Method of Compilation of a Subject Catalogue (russ.) Committee for the Study of Production.
Moskau: Mesh. Kniga. 25 S. 4379

Subject.Headings. Cumulative supplements to subject readings used in the dictionary catalogues of the Library of Congress. 6. Aufl.
Washington: Library of Congress, Superintendent of Documents. $ 2.- 4380

Swihart, Stanley J. / Bodie Elizabeth
An input system for automated library indexing and information retrieval, including preparation of catalog cards. Sandia Corp. (Ed.)
Washington: Office of Technical Services, U. S. Department of Commerce 1963. (= Rep. SCR-317) 4381

Systematik für allgemeinbildende Bibliotheken. Band 1: Systematikübersichten. 2. veränd. Aufl.
Leipzig: VEB Verlag für Buch- und Bibliothekswesen 1964. 107 S., 8°, Hln. MDN 5,40 4382

Systematik für allgemeinbildende Bibliotheken. Band 2: Schlagwortregister. 2. Aufl. Hrsg.: Zentralinstitut für Bibliothekswesen, Berlin.
Leipzig: VEB Verlag für Buch- und Bibliothekswesen 1964. 77 S., 8°, Hln. MDN 5.60 4383

Systematik für Kinder- und Jugendbüchereien. Erarbeitet vom Arbeitskreis "Kinder- und Jugendbüchereiarbeit in städtischen und ländlichen Büchereisystemen" bei der Arbeitsstelle für das Büchereiwesen.
Reutlingen: Bücherei und Bildung 1964. 18 S., brosch. DM 3.- 4384

Systematik der Musikliteratur und der Musikalien für Öffentliche Musikbüchereien. Erarbeitet von der Kommission für Musiksystematik bei der Arbeitsgemeinschaft für Musikbüchereien in der deutschen Gruppe der Association Internationale des Bibliothèques Musicales, (AIBM).
Reutlingen: Bücherei und Bildung 1963. 39 S., brosch. DM 5.- 4385

Systematisches und alphabetisches Schlagwortregister der Kataloggruppe "Allgemeines, Buch- und Schriftwesen, Bildungswesen" des Neuen Sachkataloges der Deutschen Bücherei, Leipzig. (Sachkatalogstand vom 1.8.1966.)
Leipzig: Deutsche Bücherei 1966. 15 S., 8° 4386

Systematisches und alphabetisches Schlagwortregister der Kataloggruppe "Recht, Staat, Wirtschaft" des neuen Sachkataloges der Deutschen Bücherei.
Leipzig: Deutsche Bücherei 1964. 65 S., 8° (n. i. B.) 4387

Systematisches und alphabetisches Schlagwortregister der Kataloggruppe

"Sport, Spiele, Hauswirtschaft, Verschiedenes" des Neuen Sachkataloges der Deutschen Bücherei, Leipzig.
Leipzig: Deutsche Bücherei 1965. 16 S., gr. 8°, brosch. MDN -.50 4388

Systematisches und alphabetisches Schlagwortregister der Kataloggruppe "Sprachen und Literatur" des Neuen Sachkataloges der Deutschen Bücherei. Sachkatalogstand vom 31.5.1962.
Leipzig: Deutsche Bücherei 1962. 52 S., 8° 4389

Systematisches und alphabetisches Schlagwortregister der Kataloggruppe "Technik und Handwerk" des neuen Sachkataloges der Deutschen Bücherei. Bearb. Neudruck.
Leipzig: Deutsche Bücherei 1961. 21 S., 8° 4390

Tabellen der bibliothekarischen Klassifizierung für Massenbibliotheken (russ.) 2. Aufl.
Moskau: Mesh. Kniga 1960. 192 S., MDN 3.- 4391

Taube, Mortimer
Studies in coordinate indexing.
Washington, D.C.: Documentation, Inc. 1965. 166 S., 8°, $ 5.- 4392

Thomas, Renée
Cataloguement des périodiques de la bibliothèque de l'Institut Universitaire de Hautes études internationales.
Genf: Ecole de Bibliothécaires 1962. I, 16 Bl., 4° 4393

Thompson, Lawrence, S.
Who killed bibliography?
Berkeley, Calif.: Peacock 1965. 15 S., $ 1.75 4394

Titelangaben von Schrifttum (Dezember 1961). Mit Rücksicht auf ISO/R 77 vollständig überarb. und erweitert. Richtlinien für Patentschriften, Normen u.a. aufgenommen.
Berlin: Beuth-Vertrieb 1961. DM 4.20 4395

Die Titelaufnahme für die Kataloge der allgemeinbildenden Bibliotheken. Hrsg. vom Zentralinstitut für Bibliothekswesen. 2. Aufl.
Leipzig: VEB Bibliographisches Institut 1965. 86 S., 1 Abb., MDN 5.60 4396

Übersicht über einige Grundschemata der pädagogischen Systematik. Zur Erg. d. Textes: Die Frage d. Systematik d. pädagog. Kataloges d. Jahreskonferenz d. Arbeitsgemeinschaft pädagog. Bibliotheken 1964 zum Thema: Der systemat. Katalog.
Dortmund: Pädagog. Zentralbücherei d. Landes Nordrhein-Westfalen 1964. 34 Bl., 4° (n.i.B.) 4397

Der Verleger- und Institutionskatalog der Deutschen Bücherei.
Leipzig: Deutsche Bücherei 1965. (= Neue Mitteilungen aus d. Dt. Bücherei Nr. 20) 4398

Vickery, Brian Campbell
Faceted classification schemes.
New Brunswick: N.J. Graduate School of Library Serv., Rutgers University 1966. VII, 108 S., 8°, $ 3.50 (= Rutgers ser. on systems for the intellectual org. of information. Vol. 5.) 4399

Viswanathan, Caduveti Gurusubramanya
Cataloguing theory and practice (Rev. ed.)
New York: Asia Pub. 1966. XVI, 283 S., 8°, $ 8.75 4400

Vontobel, W.
Theorie des alphabetischen Katalogs.
Bern: Schweizerische Landesbibliothek
1965. 13 S. 4401

Wagner, Ewald
Regeln für die alphabetische Katalogisierung von Druckschriften in den islamischen Sprachen.
Wiesbaden: Otto Harrassowitz 1961.
73 S., brosch. DM 18.- 4402

Weber, Hans-Oskar
Die alphabetische Katalogisierung der Berichte internationaler Kongresse.
Hannover: Verein Dt. Bibliothekare
1962. III, 15 Bl., 4° (n.i.B.) 4403

Wege zur Literatur. Einf. in d. bibliogr. Handapparat.
Greifswald: Universitätsbibliothek 1966.
8 Bl., 8° 4404

Whatmore, Geoffrey
News information: the organisation of press cuttings in the libraries of newspapers and broadcasting services.
London: Lockwood 1964. IX, 165 S., ill., Abb., 8°, sh 21/- 4405

Willemin, Silvère
Technique of union catalogues: a practical guide.
Paris: UNESCO 1966. 26 S., 2.- F.
(aus: UNESCO bull. for libraries, Vol. XX, No. 1.) 4406

Wynar, Bohdan S.
Introduction to bibliography and reference work. A guide to materials and sources. 3d., rev., enl. ed.
Denver, Colo.: Bibliographic Institute
1966. 241 S., 4°, $ 4.75 (= Library science text ser.) 4407

Wynar, Rohdan S. / Tannenbaum, Earl / Christensen, Carol
Introduction to cataloging and classification. A teaching guide with illustrations of major principles for descriptive cataloging and classification. 2., rev., enl. ed.
Denver, Colo.: Bibliographic Institute
1966. VII, 226 S., 4°, $ 4.75 (= Library sciences text ser.) 4408

Zagayko, Florence F.
International law. A classification for libraries. Dobbs Ferry, N.Y.: Oceana 1966. VIII, 66 S., 4°, $ 6.- 4409

Zell, Hans Martin
New reference tools for librarians. 1962/63 ed.
Oxford: The Doc. & Supply Centre, R. Maxwell & Co. Ltd. 1964. V, 234 S., gratis. Nachtr.: No 1-4. 1964/65 4410

2.4.3. Benutzung

ABC der Benutzung. Neue Aufl.
Berlin: Deutsche Staatsbibliothek
1965. 6 Bl., 8° 4411

Der Alphabetische Katalog und der Sachkatalog der Deutschen Bücherei. Eine Anltg. zu ihrer Benutzg. 4., veränd. Aufl.
Leipzig: Deutsche Bücherei 1965.
18 S., 8°, MDN -.30 4412

Auskunfterteilung in Behördenbibliotheken. Bericht über das Treffen der Parlaments- und Behördenbibliothekare im Rahmen des 52. Dt. Bibliothekartages in Darmstadt am 14. Juni 1962.
Bonn: Bibliothek des Deutschen Bundestages 1963. 43 S., 4° (= Arbeits-

gemeinschaft der Parlaments- und Behördenbibliotheken. Arbeitshefte Nr. 12) 4413

Die Ausleihkontrolle in Freihandbibliotheken.
Berlin: Zentralinst. f. Bibliothekswesen 1960. 32 S., 8⁰ (= Studienmaterial für die hauptberuflichen bibliothekarischen Mitarbeiter der allgemeinbildenden Bibliotheken in der DDR. H. 14) 4414

Die Ausleihkontrolle in nebenberuflich verwalteten Bibliothekseinrichtungen.
Berlin: Zentralinstitut für Bibliothekswesen 1960. 16 S., 8⁰, geh. (= Schulungsheft 1/61) 4415

Benutzerhinweise der Bibliothek des Oberverwaltungsgerichts für das Land Nordrhein-Westfalen in Münster.
Münster: Bibliothek d. Oberverwaltungsgerichts f. d. Land Nordrhein-Westfalen 1965. 17 Bl., 4⁰ (n. i. B.) 4416

Die Benutzung der Deutschen Bücherei. Überarb. Neudr.
Leipzig: Deutsche Bücherei 1962. 2 Bl., 8⁰ (= Neue Mitteilungen aus d. Deutschen Bücherei. Nr. 9) 4417

Benutzungsführer. 3., veränd. Aufl.
Schwerin: Mecklenburgische Landesbibliothek 1965. 19 S., Abb., 8⁰ 4418

Benutzungsführer der Deutschen Staatsbibliothek. 6. Aufl.
Berlin: Deutsche Staatsbibliothek 1962. MDN 1.50 4419

Benutzungsordnung der Bibliothek.
Dresden: Zentralinstitut für Automatisierung, Hauptabt. Literatur, Abt Bibliothek 1962. 8 S., 8⁰ 4420

Benutzungsordnung der Universitätsbibliothek Leipzig. Vom 1. Jan. 1962.
Leipzig: Karl-Marx-Universität, Bibliothek 1963. 12 S., 8⁰ (= Kleine Schriften aus der Universitätsbibliothek, Leipzig 1) 4421

Berkow, P. N.
Die bibliographische Heuristik. Zur Theorie und Methodik der bibliographischen Erkundungen (russ.)
Moskau: Mesh. Kniga 1960. 184 S., MDN 2.80 4422

Bottle, R. T.
Use of the chemical literature.
London: Butterworths 1962. X, 231 S., Abb., 8⁰, sh 40/- 4423

Brach, Gisela
Die Stadtbibliothek Trier.
Trier: Statist. Amt 1965. 28 S., gr. 8⁰ (= Schriftenreihe z. Statistik d. Stadt Trier. H. 7) 4424

Bücherei der Bergakademie Freiberg (Sachs.) Benutzungsordnung.
Freiberg: Bücherei d. Bergakademie 1966. 2 Bl., 8⁰ 4425

Croxson, Mary
Using the library.
London: Longmans 1966. 7, 136 S., ill., 8⁰ 4426

Deutsche Bücherei (Leipzig): Systematisches und alphabetisches Schlagwortregister der Kataloggruppe Sport, Spiele, Hauswirtschaft. Verschiedenes des Neuen Sachkataloges.
Leipzig: Deutsche Bücherei 1965. 15 S., 8⁰ 4427

Einführung in die Benutzung der Universitätsbibliothek Rostock. 4., geänd. Aufl.
Rostock: Universitätsbibliothek 1966.
23 S., 8°, DM -.25 4428

Collison, Robert Lewis
Library assistance to readers; with a foreword by W.B. Stevenson.
London: Lockwood 1965, XVIII, 139 S., ill., sh 18/- (= New Librarianship Series.) 4429

Ellis, Alec
How to find out about children's literature.
Oxford, London: Pergamon 1966. VIII, 186 S., 8°, sh 15/- (= Commonwealth and international library. Libraries and technical information division, edited by G. Chandler) 4430

Gids
Gent: Centrale Bibliotheek der Rijksuniversiteit 1963. 27 Bl., 8° 4431

Groombridge, Brian
The Londoner and his library.
London: Research Institute for Consumer Affairs 1964. 8, 124 S., Abb., 8°, sh 15/- (=Research Institute for Consumer Affairs Publications) 4432

Hanne, Ewald
Benutzerhinweise der Bibliothek des Oberverwaltungsgerichts für das Land Nordrhein-Westfalen in Münster (Kataloge, Systematik und Schlagwortregister zur Bibliotheks-Systematik)
Münster: Bibliothek des Oberverwaltungsgerichts Nordrhein-Westfalen 1965. 17 S., (n.i.B.) 4433

Hinweise für die Benutzung der Bibliothek im neuen Gebäude des Oberverwaltungsgerichts in Münster in Westfalen.
Münster: Bibliothek d. Oberverwaltungsgerichts für d. Land Nordrhein-Westfalen 1963. 18 Bl., 4° (n.i.B.) 4434

Hopkins, Shirley Lois
Instructional materials for teaching the use of the library. A selected, annotated bibliography of films, filmstrips, books and pamphlets, tests, and other aids.
San Jose, Calif.: Claremotn House 1966. VI, 59 S., 8°, $ 1.- 4435

Hunt, Donald H.
Libraries and reading. Their importance in the lives of famous Americans.
Philadelphia, Pa.: Drexel Institute of Tech. 1964. 29 S., 8°, $ 1.- 4436

Jones, Norah E.
Books are being read. Summary of a questionnaire on the use of the library at the University of California.
Los Angeles: University of California, Library 1959. 46 S. (= UCLA lib. occasional paper no. 8.) 4437

Kasper, Alfons
Der Bibliotheksaal des Prämonstratenserstifts Schussenried. Eine Einführung. 2. verb. Aufl.
Schussenried: Alfons Kasper 1964. 14 S., Abb., 8°, geh. DM -.80 4438

Kluth, Hans
Bibliothek der Deutschen Akademie für Staats- und Rechtswissenschaft "Walter Ulbricht". Benutzungsführer. Ein Wegweiser durch d. Kataloge u. d. bibliogr. Handapparat d. Bibliothek.
Potsdam-Babelsberg: Bibliothek der Deutschen Akademie f. Staats- u. Rechtswissenschaft "Walte bricht" 1966. 36 S., 8° 4439

Koschorreck, Walter
Das gegenwärtige Bild des deutschen Leihverkehrs, von einer Universitätsbibliothek aus gesehen.
Wiesbaden: Otto Harrassowitz 1965.
42 S., gr. 8° 4440

Koschorreck, Walter
Der Rechtsstudent und seine Universitätsbibliothek.
Düsseldorf: Müller-Albrechts-Verlag 1964. 30 S., 8°, geh. DM 3.60
(= Studium und Praxis, Sonderh.) 4441

Leihverkehr der Bibliotheken. Bearb. Brigitte Ebert. Hrsg. Deutscher Büchereiverband/Arbeitsstelle f.d. Büchereiwesen.
Berlin: Deutscher Büchereiverband 1966.
17 S., 8°, geh. DM 1.- (= Lehrhefte, 1) 4442

Die Leserwerbung der allgemeinbildenden Bibliotheken.
Berlin: Zentralinstitut für Bibliothekswesen 1963. 40 S., 8° (= Studienmaterial für die hauptberuflichen bibliothekarischen Mitarbeiter der allgemeinbildenden Bibliotheken in der DDR) 4443

Linden, Ronald G.
Books and libraries. A guide for students.
London: Cassell 1965. IX, 308 S., $ 6.25 4444

Mach, Otto (Bearb.)
Bayerische Staatsbibliothek. Die Osteuropabestände. Benutzungsführer.
München: Bayerische Staatsbibliothek 1965. 68 S., Ln. DM 3.50 4445

Morton, Leslie Thomas
How to use a medical library. A guide for practitioners, research workers, and students. 4. Aufl.
London: Heinemann 1964. VII, 72 S., 8°, sh 12/6 4446

I. Musikbibliographie. II. Musikaliensammlung, Sonderkataloge und Auskunftstelle. Neudruck.
Leipzig: Deutsche Bücherei 1958. 2 Bl.
(= Neue Mitteilungen aus d. Dt. Bücherei, Nr. 3) 4447

Nilius, Traute
Werbung des Lesers. Einf. in d. Bibliotheksbenutzung. Anh.: Lehrgangsprogramm f.d. planmäßige u. systematische Arbeit mit d. Buch in d. Teildisziplin d. Faches Deutsche Sprache und Literatur.
Leipzig: Fachschule für Bibliothekare "Erich Weinert" 1964. IV, 22, 31 S., 4°(= Lehrbriefe f.d. Fachschulfernstudium, Reihe D, Nr. V) 4448

Ottervik, Gösta / Möhlenbrock, Sigurd
Bibliotek i Sverige. Vägledning for besökare, lantagare, biblioteksaspirianter. Die Bibliothek in Schweden. Anleitung für Besucher, Entleiher und Bibliotheksaspiranten.
Stockholm: Almqvist & Wiksell 1964.
209 S., 48 Abb. 4449

Philipp, Franz-Heinrich
Der Ausleihvorgang an den deutschen wissenschaftlichen Universalbibliotheken. Eine Untersuchung an Hand von Arbeitszeitstudien.
Köln: Greven 1959. 124 S., 7 Abb., kart. DM 13.20 (= Arbeiten aus dem Bibliothekar-Lehrinstitut des Landes Nordrhein-Westfalen, Heft 17) 4450

R.A.E. library: its services and how to use them.
Farnborough/Hants.: Royal Aircraft Establishment 1965. 2, 30 S., ill., gratis 4451

Readers' guide.
Cambridge: University Library 1965. 1, 59 S. 4452

Russell, H. G. / Shove, Raymond H. / Moen, Blanche E.
The use of books and libraries. 9. Ausg.
Minneapolis: University of Minnesota Press 1958. V, 93 S., $ 1.75 4453

Sacharov, Vasilij Fedorovič
Der Leihverkehr der Bibliotheken in der UdSSR.
Berlin: Institut für Bibliothekswissenschaft der Humboldt-Universität 1962. 27 S., 8°, geh. MDN 1.- (n.i.B.) (= Sowjetische Beiträge zum Bibliothekswesen d. UdSSR in deutscher Übersetzung 7) 4454

Das Sachgebiet Allgemeine Auskunft.
Leipzig: Deutsche Bücherei 1962. 2 Bl., 8° (= Neue Mitteilungen aus d. Dt. Bücherei, Nr. 39) 4455

Sächsische Landesbibliothek. Benutzungsbestimmungen.
Dresden: Sächsische Landesbibliothek 1965. 2 Bl., 8° 4456

Sassenberg, Ingeborg
Ausleihverbuchung. Darstellung und Vergleich traditioneller und moderner Verfahren.
Wiesbaden: Otto Harrassowitz 1967. ca. 120 S., brosch. ca. DM 24.- (= Beiträge zum Büchereiwesen, Reihe A, Band 7) 4457

Schawe, Josef
Die Universitätsbibliothek Gießen. Eine kleine Führung.
Gießen: Universitäts-Bibliothek 1963. 26 S., Abb., 8° (n.i.B. (= Berichte u. Arbeiten aus d. Universitätsbibliothek Gießen. 1) 4458

Schmeckebier, L. F. / Eastin, R. B.
Government publications and their use (Amtliche Veröffentlichungen und ihr Gebrauch, engl.) Annotierter Führer zu den Veröffentlichungen der USA-Regierung, u.a. in Mikroform.
Washington, D.C.: Brookings Inc. 1961. XI, 476 S. 4459

Schmidmaier, Dieter
Wo finde ich was? Ein Wegweiser durch die bibliograph. Apparat d. Bücherei d. Bergakademie für Studenten und Assistenten.
Freiberg: Bücherei d. Bergakademie, Abt. Kataloge und Informationen 1964. 12 S., 4° (n.i.B.) 4460

Shove, Raymond H. / Moen, Blanche E. Wezeman, Frederick
The use of books and libraries. 10. Ausg.
London: Oxford University Press 1963. VI, 138 S., 8°, sh 14/- 4461

Slater, Margaret
Technical libraries: users and their demands; a classification of user groups and user demands in technical libraries.
London: Aslib 1964. 5, 126 S., 4°, sh 26/- 4462

Stadt- und Bezirksbibliothek Neubrandenburg. Neueröffnung im Haus d. Kultur u. Bildung. Kleiner Führer.
Neubrandenburg: Stadt- u. Bezirksbibliothek 1965. 8 S., Abb., 8° 4463

Student use of libraries. An inquiry into the needs of students, libraries and the educational process. Papers of the conf. July 16-18, 1963, Chicago, Ill., a feature of the 1963 Amer. Lib. Assn. Conf. with commentaries and summary of the discussion group redommendations.

Chicago: American Library Association 1964. XII, 212 S., ill., 8°, $ 3.- 4464

Students handbook 1967/68.
London: Library Association 1966.
88 S., 8°, sh 3/- 4465

Die Technisch-wissenschaftliche Auskunfts- und Beratungsstelle. Überarb. Neudr.
Leipzig: Deutsche Bücherei 1962.
5 S., 8° (= Neue Mitteilungen aus der Dt. Bücherei, Nr. 22) 4466

Treffpunkt Bibliothek. Wissenswertes für Leser d. Stadt- und Bezirksbibliothek.
Rostock: Stadt- und Bezirksbibliothek 1965. 1, 24 S., 8° 4467

Unger, Willy
Deutsche Staatsbibliothek. Benutzungsführer. 7., veränd. Aufl.
Berlin: Deutsche Staatsbibliothek 1966.
59 S., 5 Bl., Abb., 8°, DM 1.- 4468

Whittaker
Using Libraries.
London: André Deutsch. sh 25/- 4469

2.4.4. Bibliotheksberichte

Allgemeine Bibliotheken der GGG, Basel. Jahresbericht. 1965.
Basel: Allgemeine Bibliotheken d. Gesellschaft zur Beförderung d. Guten u. Gemeinnützigen 1966.
7 S., 8° 4470

Annual Report of the Librarian of Congress for the fiscal year ending June 30, 1960.
Washington: United States Government Printing Office, Library of Congress 1961. XV, 156 S., 4° 4471

Arbeiten der Bibliothek der Akademie der Wissenschaften der UdSSR und der Hauptbibliothek für Gesellschaftswissenschaften der Akademie der Wissenschaften der UdSSR (russ.) Bd. VI.
Moskau: Mesh. Kniga 1962. 360 S., Hln. MDN 9.75 4472

Arbeiten der Staatlichen Öffentlichen Bibliothek M. J. Saltykow-Stschedrin (russ.) Bd. 10.
Moskau: Mesh. Kniga 1962. 164 S., Hln. DM 2.50 4473

Arbeitsgemeinschaft der Parlaments- und Behördenbibliotheken: Tätigkeitsbericht 1963/64.
Bonn: Arbeitsgemeinschaft der Parlaments- und Behördenbibliotheken 1964. 3 S., geh. (n.i.B.) 4474

Aufzeichnungen der Handschriftenabteilung. Staatliche W.-I.-Lenin-Bibliothek. (russ.) 27. Folge.
Moskau: Mesh. Kniga 1965. 320 S., ill., gr.-8°, Ln. MDN 5.85 4475

Aus der Arbeit der Sächsischen Landesbibliothek 1956-1965. Hrsg.: Burghard Burgemeister.
Dresden: Sächsische Landesbibliothek 1966. 152 S., 8°, MDN 10.- 4476

Die Auslandsbeziehungen der Deutschen Bücherei. Überarb. Neudruck.
Leipzig: Deutsche Bücherei 1963.
7 S., 8° (= Neue Mitteilungen aus d. Deutschen Bücherei. Nr. 18) 4477

Auswärtiger Leihverkehr der UB Heidelberg. jl.
Heidelberg: Universitätsbibliothek 1954. ff. 4478

Auswärtiger Leihverkehr der Universitätsbibliothek Marburg, 1964.
Marburg: Universitätsbibliothek 1964. 8, 3 Bl., 4° 4479

Auswärtiger Leihverkehr der UB Münster. 1965. (Mit Vergleichszahlen f. 1964.)
Münster: Universitäts-Bibliothek 1966. 24 gez. Bl., 4° 4480

Der auswärtige Leihverkehr der Universitätsbibliothek Saarbrücken. 1965.
Saarbrücken: Universitätsbibliothek 1966. 13 Bl., 4° 4481

Bericht über das Bibliotheksamt 1963.
Winterthur: Stadtbibliothek 1964. 20 S., 8° 4482

Bericht der Hochschulbücherei. Studienanstalt und Beratungsstelle für blinde Studenten.
Marburg: Blindenstudienanstalt 1964. 5 S., 4° (n.i.B.) 4483

Bericht über die Jahre 1958/1962.
Saarbrücken: Universitätsbibliothek 1963. 80 S., 4 Taf., 8° (n.i.B.) 4484

Bericht über die Verwaltung der Öffentlichen Bibliothek der Universität Basel. 1965.
Basel: Öffentliche Bibliothek 1966. 26 S., 8° 4485

Bericht über die 10. Tagung in Düsseldorf. 31. März bis 2. April 1965.
Kiel: Arbeitsgemeinschaft der Spezialbibliotheken (ASpB) 1966 4486

Bericht der Zentralbibliothek Solothurn. 36. 1965.
Solothurn: Zentralbibliothek 1966. 51 S., 8° 4487

Berlins öffentliche Büchereien. Arbeitsbericht. Hrsg.: Dr. Heinz Steinberg. 1965.
Berlin: Heymann 1966. 18 S., gr. 8° 4488

Bernhardt, Rüdiger
Computer-Einsatz bei der Herstellung der Deutschen Bibliographie.
Frankfurt/M.: Zentralstelle f. Maschinelle Dokumentation 1966. 4 Bl., Abb., 4° (= ZMD. A, 7.) 4489

Beschreibung der Handschriftenabteilung der Bibliothek der Akademie der Wissenschaften. 2. erw. Aufl.
Moskau: Mesh. Kniga 1960. Band 3, 1: 560 S., DM 11.25. Band 3, 2: 480 S., DM 7.- 4490

Die Bibliothek der Akademie der Wissenschaften der UdSSR im Jahre 1960 (russ.)
Moskau: Mesh. Kniga 1962. 156 S., brosch. DM 1.80 4491

Die Bibliothek des Börsenvereins der Deutschen Buchhändler.
Leipzig: Deutsche Bücherei (= Neue Mitteilungen aus der Deutschen Bücherei Heft 29) 4492

Bibliothek der Technischen Hochschule. Carolo-Wilhelmina zu Braunschweig. Jahresbericht. Erst. v. Fritz Meyen. 21. 1966.
Braunschweig: Bibliothek d. Technischen Hochschule Carolo-Wilhelmina 1967. 16 S., 8° 4493

Bibliothek der Technischen Hochschule u. Technische Informations-

bibliothek Hannover. Jahresbericht. 1965.
Hannover: Bibliothek d. Technischen Hochschule u. Technische Informationsbibliothek 1966. 81 S., 4° 4494

Die Bibliothek der Technischen Hochschule Stuttgart 1962.
Stuttgart: Technische Hochschule, Bibliothek 1963 4495

Bibliotheken der UdSSR. Arbeitserfahrungen. 19. Folge. (russ.)
Moskau: Mesh. Kniga 1962. 124 S., brosch. DM 2.- 4496

Das Büchereiwesen im Landesteil Schleswig. Jahresbericht d. Büchereizentrale Flensburg 1965.
Flensburg: Büchereizentrale 1966. XXVII, 35 S., Abb., 8° 4497

Bulletin annuel de la Bibliothèque et des Archives cantonales du Valais, des Musées de Valère et de la Majorie. Jahrbuch der Walliser Kantonsbibliothek, des Staatsarchivs und der Museen von Valeria und Majoria. 17 Jg.
Sion: Bibliothèque cant. 1962. Sfr. 15.- 4498

Bureau international du travail, Bibliotheque. Cooperation.
Genf: Bureau international du travail, Bibliotheque 1964. VI, 102 S., 4° 4499

Burr, Viktor / Wenig, Otto
Erfüllte Bauaufgaben - Ein Bericht.
Bonn: Universitätsbibliothek 1962. 56 S., Abb., 4°, DM 6.- 4500

Die Deutsche Bücherei. Einführung in ihre Aufgaben und ihre Benutzung. 2. veränderte Aufl.
Leipzig: Deutsche Bücherei 1961. 42 S., Abb., 8°, MDN -.80 4501

Deutsche Staatsbibliothek Berlin-Ost: Jahresbericht.
Berlin: Dt. Staatsbibliothek 1961. 100 S., 8° 4502

Deutsche Staatsbibliothek Berlin. Veröffentlichungen. 1945-1964. Red.: Gerhard Krause.
Berlin: 1964. 40 S. 4503

Ergebnisse des auswärtigen Leihverkehrs in der Zeit 1959/63.
1959/60 vom 1.4.1959 bis 31.3.1960, 10 Bl. 1960 vom 1.4.1960 bis 31.12.1960, 10 Bl. 1961 vom 1.1.1961 bis 31.12.1961, 9 Bl. 1962 vom 1.1.1962 bis 31.12.1962, 11 Bl. 1963 vom 1.1.1963 bis 31.12.1963, 12 Bl.
Darmstadt: Hessische Landes- und Hochschulbibliothek 4504

Eschler, Margret
Die Neuordnung der Bibliothek des Ausland-Schweizersekretariats der Neuen Helvetischen Gesellschaft. Diplomarbeit.
Bern: Vereinigung Schweizerischer Bibliothekare 1964. I, 34 Bl., 4° 4505

Farkas, Lazlo
A Nemzeti Könyvtar uj epülete a Budavari Palotaban (Neue Unterkunft für die Nationalbibliothek in der Budapester Burg, ungar.)
Budapest: Orszagos Szechenyi Könyvtar 1964. 71 S., 16 Abb. 4506

Fischer, Marianne C.
La réorganisation de la bibliothèque de l'Alliance de Sociétés Féminines Suisses.
Genf: Ecole de bibliothécaires 1964. IV, 29, 14 Bl., 4° 4507

Fragen des internationalen Buchaustausches (russ.)
Moskau: Mesh. Kniga 1962. 136 S., brosch. DM 1.65 4508

Fünfzehn Jahre Bibliotheksarbeit der Deutschen Forschungsgemeinschaft, 1949-1964. Ergebnisse u. Probleme. Hrsg. von Wieland Schmidt u. Dieter Oertel.
Frankfurt/M.: Klostermann 1966.
196 S., gr. 8°, brosch. DM 12.80 (= Zeitschrift für Bibliothekswesen und Bibliographie. Sonderh. 4) 4509

Die Gesellschaftswissenschaftliche Beratungsstelle. Überarb. Neudruck.
Leipzig: Deutsche Bücherei 1965.
2 Bl., 8° (= Neue Mitteilungen aus d. Dt. Bücherei, Nr. 37) 4510

Die Hauptkataloge der Deutschen Bücherei. Überarb. Neudr.
Leipzig: Deutsche Bücherei 1962.
5 S., 8° (= Neue Mitteilungen aus der Deutschen Bücherei. Nr. 11) 4511

Hazzard, G. Alice
Réorganisation de la salle des sciences de la bibliothèque de la Société de lecture.
Genf: Ecole de Bibliothécaires 1961.
48 S., 8° 4512

Jahresbericht 1963. Allgemeine Bibliotheken d. Gesellschaft zur Beförderung d. Guten u. Gemeinnützigen, Basel.
Basel: Allgem. Bibliotheken 1964.
8 S., 8° 4513

Jahresbericht der Deutschen Staatsbibliothek. 1963.
Berlin: Deutsche Staatsbibliothek 1965.
81 S., 8°, brosch. MDN 2.50 4514

Jahresberich der Museumsgesellschaft. Zürcher Lesesaal und Bibliothek.
Zürich: Museumsgesellschaft 1964.
16 S., 8° 4515

Jahresbericht der Universitätsbibliothek Kiel 1965.
Kiel: Universitätsbibliothek 1966.
18 S., 4° 4516

Jahresbericht der Universitätsbibliothek Mainz 1965.
Mainz: Universitätsbibliothek 1966.
27 S., mehr. Bl., 4° 4517

Jahresbericht des Verbandes schweizerischer Bücherexperten.
Zürich: Verband schweizerischer Bücherexperten 1963/64. 15 S., 8° 4518

Die Kartensammlung der Deutschen Bücherei. Überarb. Neudruck.
Leipzig: Deutsche Bücherei 1965.
2 Bl., 8°, geh. (= Neue Mitteilungen aus der Deutschen Bücherei, 31) 4519

Kem, Jaqueline
Réorganisation du service des échanges de la Bibliothèque publique et universitaire de Genève.
Genf: Ecole de Bibliothécaires 1961.
40 S., 4° 4520

Klemm, Friedrich
Die Bibliothek des Deutschen Museums. 2. Aufl.
München: Deutsches Museum 1960.
40 S., 20 Abb., 8° (n.i.B.) 4521

Kurzberichte aus den Papyrussammlungen der Universitätsbibliothek Giessen. Folge 1-21.
Gießen: Universitäts-Bibliothek 1956-65 4522

March, Ivan
Running a record library. Squires Gate Station Approach, Blackpool
Blackpool: Long Playing Record Library 1965. 189 S., ill., sh 21/- 4523

Medieval miniatures from the Department of Manuscripts (formerly the "Library of Burgundy") the Royal Lab. of Belgium. Commentaries by. L. M. J. Delaisse. Foreword by H. Liebaers. Introd. by F. Masai.
New York: Abrams 1965. 216 S., $ 25.- 4524

Meyen, Fritz
Die Empfehlungen des Wissenschaftsrates für die Bibliothek der Technischen Hochschule Carolo-Wilhelmina zu Braunschweig.
Braunschweig: Bibliothek der Technischen Hochschule 1965. 16 S., 8° (n. i. B.) 4525

National Library Week. National Joint Committee. National Library week, a festival of books.
London: F. H. Radford Ltd. 1967. XX, 61 S., ill., 8°, sh 6/- 4526

Het nederlandse bibliotheekbezit en de vraag naar literatuur.
Den Haag: Nederlands Instituut voor Efficiency 4527

Nef, Vreni
Arbeitsbericht zur Aufstellung und Katalogisierung der Stockalper-Bibliothek. Diplomarbeit.
Bern: Vereinigung Schweizerischer Bibliothekare 1963. III, 15 Bl., 4° 4528

Die Öffentliche Staatsbibliothek "M. J. Saltykow-Stschedrin" in den Jahren 1962-1963.
Moskau: Mesh. Kniga 1964. 156 S., DM 1.90 4529

Pfälzische Landesbibliothek. Jahresbericht. 1965.
Speyer: Pfälzische Landesbibliothek 1966. 64 S., 8° 4530

Prince, Monique
Réorganisation de la bibliothèque du Musée historique de la Chaux-de-Fonds.
Genf: Trav. de dipl. Ecole de bibliothécaires Genève 1964. 58 S., 4° 4531

Proceedings. 61. Ausg. 1963. Ed.: A. A. L. L. Institute for Law Librarians.
South Hackensack/N. J.: Rothman 1964. 58 S., ill., 4°, $ 4.50 (= AALL pubns. series.) 4532

Proceedings, Southwestern Branch. 1963, Newquay.
London: Library Association 1965. 38 S., 4°, gratis 4533

The public library service in Northern Ireland: report.
Belfast: H. M. S. O. 1966. 64 S., Abb., 8°, sh 4/- 4534

Public library statistics 1964/65.
London: Institute of Municipal Treasurers & Accountants; Taunton: Society of County Treasurers 1966. 75 S., Abb., 4° 4535

Redenbacher, Fritz
Die Universitäts-Bibliothek Erlangen in den Jahren 1948-1958.
Erlangen: Universitäts-Bibliothek 1959. 40 S., kart. DM 2.- (= Schriften der Universitäts-Bibliothek Erlangen 3) 4536

Redenbacher, F.
Universitäts-Bibliothek Erlangen.
Bericht.
Erlangen: Universitäts-Bibliothek 1964.
14 S., 8° 4537

Schenk, Rosmarie
Réorganisation de la bibliothèque de la Société militaire du canton de Genève.
Genf: Ecole de Bibliothécaires 1963.
I, 17 Bl., 4° 4538

Schüling, Hermann
Die Inkunabeln der Universitätsbibliothek Giessen.
Giessen: Universitätsbibliothek 1966.
VII, 273 S., 1 Abb., gr.-8° (n.i.B.)
(= Berichte und Arbeiten aus der Universitätsbibliothek Giessen. 8.) 4539

Schweizerische Volksbibliothek.
Bibliothèque pour tous. Biblioteca per tutti. Jahresbericht. 46. 1965.
Bern: Schweizerische Volksbibliothek
1966. 24 S., 8° 4540

Servettaz, Monique
Réorganisation des bibliothèques scolaires des écoles primaires du canton de Genève.
Genf: Ecole de Bibliothécaires
1963. I, 16 Bl., 4° 4541

Staatliche Bibliothek Bamberg.
Bericht. 1958/59-64.
Bamberg: Staatliche Bibliothek 1965.
21 S., 8° 4542

Staatsarchiv Zürich. Jahresbericht.
Zürich: Staatsarchiv 1964/65. 3 S.,
8° (n.i.B.) 4543

Stadt Schaffhausen. Stadtbibliothek.
Jahresbericht. Per 31. Dez. 1964.
Schaffhausen: Stadtbibliothek 1965.
6 S., 8° 4544

Die Stadtbibliothek Mönchengladbach. Ein Rundgang durch d. neue Gebäude.
Mönchengladbach: Stadtbibliothek
1964. 15 Bl. mit Abb., quer-kl. 8°,
geh. DM 1.- (n.i.B.) 4545

Stadt- und Landesbibliothek Dortmund. Bericht. Erst. v. Hans Moritz Meyer 1960/63.
Dortmund: Stadt- u. Landesbibliothek
1965. 77 S., 1 Bl., Abb., 8° 4546

Die Stadtbüchereien Hannover.
Entwicklg. v. 1956-1965. Red.:
Georg Barke, Helmut Prilop.
Hannover: Presseamt 1966. 68 S.,
Abb. 8° 4547

Statut der Deutschen Bücherei vom 1. Okt. 1964.
Leipzig: Deutsche Bücherei 1965.
2 Bl., gr. 8° (= Neue Mitteilungen aus der Deutschen Bücherei, Nr. 45)
4548

Der Tauschverkehr des Historischen Vereins für Stadt und Stift Essen. (Stand vom 1. Okt. 1963.)
Essen: Historischer Verein 1963.
S. 53-71, 8° 4549

Technische Informationsbibliothek (Hannover): Jahresbericht 1964.
Technische Informationsbibliothek und Bibliothek der Technischen Hochschule Hannover.
Hannover: Techn. Informationsbibliothek; Bibliothek d. Techn. Hochschule
1965. 17 S., 4° 4550

Technische Universität Dresden, Bibliothek. (Text in Deutsch, Englisch und Russisch.)
Dresden: Technische Universität,
Bibliothek 1962. 6 S., 8° 4551

Teutsch, Jürg
Das Archiv Eugène Michaud. Bericht über seine Aufnahme in die Handschriftenabteilung der Schweizerischen Landesbibliothek. Diplomarb. Vereinigung Schweizer. Bibliothekare. Maschinenschr.
Bern: Vereinigung der Schweizer. Bibliothekare 1964. II, 19 S., 4° 4552

Trösch, Rosmarie
Classement et cataloguement d'une bibliothèque d'étude d'avocat.
Genf: Ecole de bibliothécaires 1963. III, 34 Bl., 4° 4553

Universitätsbibliothek der Karl-Marx-Universität.
Leipzig: Karl-Marx-Universität, Bibliothek 1959. 31 S., Abb., 8° 4554

Universitätsbibliothek Mainz: Jahresbericht 1963/64.
Mainz: Universitätsbibliothek 1965. 33 S., 6 Bl., 4° 4555

Universitätsbibliothek Tübingen: Die Universitätsbibliothek Tübingen-Tübingen: Universitätsbibliothek 1966. 93 S., Abb., 8° 4556

Vereinigung von Freunden der Stadt- und Landesbibliothek. Jahresbericht.
Dortmund: Stadt- und Landesbibliothek 1965. 8 Bl. 4557

Veröffentlichung 1945-1964.
Berlin: Deutsche Staatsbibliothek 1964. 40 S., 8° 4558

Wiederaufbau im Deutschen Museum, München, Abteilung Schreib- und Drucktechnik.
München: Deutsches Museum 1964. 16 Bl., Abb., 8° (n.i.B.) 4559

Der Wiederaufbau der Staats- und Universitäts-Bibliothek Hamburg. Jahresbericht umfassend d. Jahre 1957/1961.
Hamburg: Staats- und Universitäts-Bibliothek 1963. 173 S., Abb., 8° (n.i.B.) 4560

Wissenswertes über die Deutsche Bücherei. 2 erw. Aufl.
Leipzig: Deutsche Bücherei 1964. 15 S., 8°, MDN -.30 4561

Die Zentralbibliothek der Kernforschungsanlage Jülich des Landes Nordrhein-Westfalen. Jahresbericht 1964/65.
Jülich: Zentralbibliothek d. Kernforschungsanlage Jülich 1966. 7 S., Abb., 4° 4562

Zentralkatalog Baden-Württemberg. Bericht 1963.
Stuttgart: Zentralkatalog Baden-Württemberg 1964. 49 Bl., 4° 4563

Der zweite Geschäftsgang. Neufassung.
Leipzig: Deutsche Bücherei 1965. 2 Bl., 8°, geh. (= Neue Mitteilungen aus der Deutschen Bücherei, 47) 4564

2.5.0. Dokumentation, Information

Abel, Georg / Bartusch, Karl
Literaturkategorien. Charakter, Bedeutung, Beschaffung.
Leipzig: VEB Verlag für Buch- und Bibliothekswesen 1964. 117 S., 8°, kart. MDN 7. - (= Einführung in d. Information und Dokumentation. 3 = Bücherei des Dokumentalisten. 20) 4565

Abschnittsnumerierung in Schriftwerken. Neue Deutsche Normen. Redaktionell überarb., Abschnitt 3 neu aufgenommen.
Berlin: Beuth-Vertrieb 1964. DM 1.90
4566

Adams, William Mansfield
A comparison of some machine-produced indexes (Ein Vergleich einiger maschinell hergestellter Indizes, engl.)
Hawaii: The University 1965. 49 S. (= HIG-65-1) 4567

Aitchison, Jean / Cleverdon, Cyril W.
A report on a test of the index of metallurgical literature of Western Reserve University.
Cranfield: College of Aeronautics 1963. XII, 270 S., 8o, sh 30/- 4568

Aktuelle Probleme der Dokumentation. Band 1: Probleme actuale in munca de documentare.
Bukarest: Institutul de documentare tehnica 1964. 58 S. 4569

Alexander, R.
Sources of information and unusual services. A guide to information available from the organisations, agencies and experts in the United States and to pamphlets, books and services. Arranged by subject. 7.ed.
New York: Informational Directory 1964. 100 S. 4570

Allen, Thomas, J.
The utilization of information sources during R and D proposal preparation.
Washington: Office of Technical Services, U. S. Department of Commerce 1964. 34 S., $ 2.- (= MIT-R-97-64)
4571

Altmann, Berthold / Brown, W. G.
A multiple testing of the ABC method and the development of a second-generation model. Part 1: Preliminary discussions of methodology. Supplement. Computer Programs of the HDL Information Systems. Harry Diamond Labs., Washington (Ed.) Projs. DA 1L013001 A91A, 01201
Washington: Office of Technical Services, U. S. Department of Commerce 1965. 96 S. (= Rep. TR-1295) 4572

American Standards Association.
American standard for trade catalog.
NewYork: Author 1966. 7 S., 4o 4573

Anleitung für den Aufbau von Patentschriftensammlungen und anderer technischer Literatur in den Büros und Leitbüros für Erfindungswesen.
Berlin: Amt für Erfindungs- und Patentwesen der DDR, Sektor Technische Information 1960. 22 S., 8o 4574

Anleitung zur dokumentalistischen Aufnahme und inhaltlichen Erschliessung von Zeitschriftenaufsätzen, Zeitungsartikeln und Büchern sowie anderen selbständigen Publikationen. Bearb. v. Regina Streiber
Berlin: Deutsches Pädagogisches Zentralinstitut, Abt. Dokumentation und Information 1964. 13 Bl., 5 S. Muster, 4o 4575

Anmerkungen zur Dokumentations- und Informationstätigkeit im Zentralinstitut.
Berlin: Zentralinstitut f. Gestaltung 1965. 7 gez. Bl., 4o (Maschinenschr. vervielf.) 4576

Annual review of information science and technology. Vol. I (Jahresübersicht über Informationswissenschaft und

-technik. Band I, engl.) Hrsg.: Carlos A. Cuadra, American Documentation Institute.
New York, London, Sydney: Interscience Publ., a div. of Wiley & Sons 1966.
389 S. 4577

Anthony, L. J.
Sources of information on atomic energy.
Long Island City, N.Y.: Pergamon 1966. X, 245 S., 8°, $ 8.- (= International ser. of monographs in library and information sciences. Vo. 2.) 4578

Antonov, V. V. / Markin, N. I. / Katkova, N. V.
Method of collecting information in a long term. Memory device.
Washington: Office of Technical Services, U. S. Department of Commerce 1965. 6 S., $ 1.- (= AD 625 240) 4579

Arbeitsbericht 1964 - 1965.
Frankfurt/M.: Zentralstelle für maschinelle Dokumentation (ZMD) 1966. 55 S., 10.-DM 4580

Area studies and library. Ed. by Tsuen-hsuin Tsien, Howard W. Winger. Proceedings of the 30th annual conference of the University of Chicago. Grad. Lib. School, May 20-22, 1965.
Chicago, Ill.: University Press 1966. VI, 184 S., gr.-8°, $ 4.50 (= University of Chicago studies in library sciences.) 4581

Arnold, Wolfgang
Die Schaffung von Informationsabteilungen an wissenschaftlichen Allgemeinbibliotheken, erläutert am Beispiel der Universitätsbibliothek Leipzig. Hausarbeit.
Berlin: Institut für Bibliothekswissenschaft der Humboldt-Universität 1966.
111 S. 4582

Artandi, Susan
Automatic book indexing by computer. Doctoral thesis, Rutgers Univ., New Brunswick, N.J.
Washington: Office of Technical Services, U. S. Department of Commerce 1964. 9 S. 4583

Article-by-article coverage of selected abstracting services.
Washington: Office of Technical Services, U. S. Department of Commerce 1964. 131 S., $ 4.- (= PB 168 421) 4584

Atherton, P.
The role of "letters" journals in primary distribution of information; a survey of authors of Physical Review Letters.
New York: American Institute of Physics 1964. Getr. Pag. (= Rep. AIP/DRP 64-1) 4585

Der Aufbau des Informationssystems in der chemischen Industrie als Beispiel für andere Zweige der Volkswirtschaft. Arbeitstagung 1965 in Berlin.
Berlin: Zentralinstitut für Information und Dokumentation 1965. 105 S., 8°, MDN 5.- (= ZIID-Schriftenreihe, 4) 4586

Der Aufbau und die Organisation eines Systems der wirtschaftswissenschaftlichen Information und Dokumentation. Protokoll d. Kolloquiums anlässl. d. 10jährigen Bestehens d. Inst. f. Wirtschaftswiss. am 5. Juni 1964.
Berlin: Zentralstelle f. wirtschaftswissenschaftliche Dokumentation und

Information beim Institut f. Wirtschaftswissenschaften d. Deutschen Akademie d. Wissenschaften 1964. IV, 121 Bl., 4⁰ 4587

Automatic Documentation in action. Applications de la documentation automatique. Automatische Dokumentation in der Praxis. Berichte der ADIA Konferenz, veranstaltet von der International Federation for Documentation, vom 9.-12. Juni 1959. Hrsg. von Erich Pietsch.
Frankfurt/M.: Dt. Gesellschaft für Dokumentation 1961. XVI, 289 S., Abb., 4⁰, kart. DM 20.- (= Nachrichten für Dokumentation, Beih. Nr. 8) 4588

Automation, Elektronische und Mechanische Datenverarbeitung, Operations Research. (Stand February 1964).
Bern: Schweizerische Bundesbahnen, Verwaltung, 1964. 22 S. (= Bibliographien in Einzeldarstellungen, 5.) 4589

Automation and Scientific Communication; Part 3. Proceedings of the 26th Annual Meeting, Chicago. October, 1963. Ed. by. P. C. Janaske.
Washington: American Documentation Institute 1964. 489 S., $ 2.50 4590

Bagg, Thomas / Stevens, Mary Elizabeth
Information selection systems, retrieving replica copies: a state-of-the-art report.
Washington: U.S. Government Printing Office 1962. IV, 172 S. 4591

Bagley, William Alfred
Facts and Row to find them. 7. Ausg.
London: Pitman 1964. XII, 148 S., sh 15/- 4592

Balz, Charles F. / Stanwood, Richard H.
Literature on information retrieval and machine translation.
New York: International Business Machines Corp. 1962 4593

Barber, D. L. A.
A Versatile Data Processing System.
Teddington: National Physical Laboratory 1964. 61 S. 4594

Bare, Carole E.
Information management. A state-of-the-art study. Part 1: Synopsis of organizations and research activities.
Washington, D.C.: Office of Technical Services 1962. 30 S. (= AD 630 151) 4595

Bar-Hillel, Yehoshua
Some theoretical aspects of the mechanization of literature searching. (Einige Theoretische Gesichtspunkte zur Mechanisierung der Literaturrecherche, engl.)
Contract No. N 62558-221.
Washington: Office of Technical Services, U. S. Department of Commerce 1960. IV, 74 S. (= TR-3) 4596

Barus, Carl
Pattern recognition by selection of representative subsets. Swarthmore, Coll, Pa., Dept. of Electrical Engineering. Progress rept.
Washington: Office of Technical Services, U. S. Department of Commerce 1963. 19 S., $ 1.- (= PB 168 597) 4597

Battley, P. / Mejia, R.
SC 4020 Microfilm Recorder Programming Manual. David Taylor Model Basin, Washington D. C.
Washington: Office of Technical Services, U.S. Department of Commerce 1961.

46 S., ill., $4.60 (= Report No. 1469) 4598

Batty, Charles David
An introduction to the Dewey Decimal Classification.
London: Bingley 1965. 8, 94 S., 8°, sh 18/- 4599

Beier, Elfriede
Wege und Grenzen der Sprachnormung in der Technik. Beobachtungen aus dem Bereich d. dt. techn. Sprachnormung. Diss. v. 5. Nov. 1960.
Bonn: Universität, Phil. Fakultät 1960. 160 S., 8° 4600

Benge, Ronald Charles
The study of reference material. 3., verb. Aufl.
London: Library Association 1963. 52 S., 8°, sh 3/6 4601

Bennet, E. / Degan, J. / Spiegel, J.
Military Information Systems. The design of computer- aided systems for command.
New York: Praeger 1964. 190 S., $ 5.- 4602

Bernard, J.
Comprendre et organiser le traitement automatique de l'information.
Paris: Dunod 1964. 424 S., 193 Abb., F 48.- 4603

Bernatene, H.
Comment-concevoir. Realiser et utiliser une documentation.
Paris: Les Editions d'Organisation. 120 S., 8°, brosch. F. 9.60 4604

Berry, Madeline M.
Non-conventional technical information systems in current use. National Science Foundation, Washington, D.C. Office of Scientific Information (Ed.)
Washington: Office of Technical Services, U. S. Department of Commerce 1958. 47 S.,(= PB 168 544) 4605

Berry, Ralph
How to write a research paper.
Oxford, London: Pergamon 1966. V, 92 S., 8°, sh 15/- 4606

Besondere Methodik zur Systematisierung der auf dem Gebiet des Maschinenbaus und der angrenzenden Gebiete erschienenen Veröffentlichungen nach der Dezimalklassifikation (russ.)
Moskau: Mesh. Kniga 1963. 16 S., geh. MDN -.50 4607

Bibliography of directories of sources of information.
Den Haag: International Federation for Documentation 1960. 22 S., hfl. 10.- 4608

Bibliography on filing, classification and indexing systems for engineering offices and libraries.
New York: Engineers Society Library 1960. 32 S. 4609

Bibliography of mechanized library processes. Proceedings of the 1963 Clinic on Library Applications of Data Processing with appendix.
Champaign, Ill.: Illini Union Book Store 1964. $ 3.- 4610

Billingham, Barbara Hilary; etal.
The sewage disposal classification scheme; compiled. 2nd ed.
Birmingham: College of Commerce School of Librarianship 1966. Getr. Pag., 4°, sh 21/- 4611

Binford, Richard Lee
Pittsburgh Univ. Pa. A comparison of Keyword-in-context KWIC indexing to manual indexing.
Washington: Office of Technical Services, U. S. Department of Commerce 1965. 77 S., $ 3.- (= AD 620 420) 4612

Birtwell, Andrew George Richard / Thornton, Jonathan G. T.
Research: Science and Technology. Published as an entry for a Trevelyan Scholarship.
Marlborough College/Wilts. 1964. 94 S., ill., 8°, sh 2/6 4613

Black, Donald V.
Document storage and retrieval techniques. Appendix: Indexing techniques, description and background. Ed.: Planning Research Corp., Los Angeles/Calif. Contract Nonr366500.
Washington: Office of Technical Services, U. S. Department of Commerce 1963. 29 S., $ 3.60 4614

Blaydon, Colin / Ho, Yu-Chi
On the abstraction problem in pattern classification.
Washington: Office of Technical Services, U. S. Department of Commerce 1965. 17 S., $ 1.- (= AD 623778) (= Rep. TR-476) 4615

Blickle, M. D. / Houp, K. W.
Reports for science and industry.
New York: Holt, Rinehart & Winston 1958. 320 S. 4616

Blumberg, Donald F.
Information systems and the planning process. Diebold Group, Inc., New York (Ed.)
Washington; D.C.: Office of Technical Services 1962. 14 S. (= PB 168 684) 4617

Bonn, G. S.
The use of national information centers. Vortr. auf der Design Engineering Conference, Chicago 30.4.-3.5.1962. (= ASME-paper 62-MD-7.) 4618

Borko, H. / Bernick, M.D.
Toward the establishment of a Computer based. Classification system for scientific documentation. Hrsg. v. System Development Corporation, Santa Monica, Calif.
Washington: Office of Technical Services, U. S. Department of Commerce 1964. 49 S., $ 4.60 (= TM-1763) 4619

Both, E. / Clason, E. W. / Kuypers, J.D.
Ontstaan en verwerken voor documenten A 5, f 3.
Den Haag: Nederlands Instituut voor Efficiency. 8°, hfl. 3.- 4620

Bottle, R. T.
Use of the chemical literature.
London: Butterworths 1962. X, 231 S., 8°, sh 35/- 4621

Bourne, Charles P.
Methods of information handling.
New York, London: Wiley 1964. 241 S., $ 12.95 (= Information sciences series.) 4622

British instruments directory and data handbook.
London: Scientific Manufacturers Association; British Scientific Instrument Research Association; United Science P. 1966. 644 S., ill., 8°, £ 8.8.- 4623

British Research and Development Reports.
Boston: National Lending Library for Science and Technolocy 1966 ff. 4624

British Technology Index annual volume 1964. Editor: E. J. Costes.
London: Library Association 1965. IX, 1058 S., £ 9.9.- 4625

Brown, A. F. / Melchert, N. P.
Curriculum for the information sciences. Report No. 5: Outline and bibliography for a course in syntax.
Bethlehem, Pa.: Center for the Information Sciences, Lehigh Univ. 1965. 62 S., $ 3.- (= PB 168 439) 4626

Brown, Jack E.
The National Science Library; Information Centre for Industry. National Research Council of Canada, Ottawa/Ont. (Ed.)
Washington: Office of Technical Services, U. S. Department of Commerce 1965. 7 S. (= AD 618 148) 4627

Bryant, Edward C. / Searls, Donald T. / Shumway, Robert H.
Some theoretical aspects of the improvement of document screening by associative transformations. Final Report. Westat Research Analysts Inc., Denver, Colo. (Ed.) Contract AF 49 (638) -1484
Washington, D. C.: Office of Technical Services 1965. 53 S. (= AD 628 191) (= AFOSR 66-0171) 4628

Brygov, Pierre Robert
Der Einsatz von Maschinen in der wissenschaftlichen Dokumentation. Eine Einführung in d. Grundfragen u. Leistungen elektronischer Datenverarbeitungsanlagen im Bereich d. wissenschaftl. Dokumentation. Mit einem Vorwort von H. Möhring.
Frankfurt/M.: Dt. Ges. für Dokumentation 1964. 37 Bl., 4°, kart. DM 7.- 4629

Buckland, Lawrence F.
Machine recording of textual information during the publication of scientific journals.
Washington: Office of Technical Services, U. S. Department of Commerce 1965. $ 4.- 4630

Burman, Charles Raymond
How to find out in chemistry.
Oxford: Pergamon Press 1965. 220 S., 32 Taf., 8°, sh 17/6 4631

Carlin, Alan
Project versus program aid: From the Donor's viewpoint. Rand Corporation, Santa Monica, Calif.
Washington, D. C.: Office of Technical Services 1965. 16 S. (= AD 627 313) (= Rep. P-3283) 4632

Carlson, C. F.
Application of electrostatic electrophotography to microfilm enlargement. Haloid Co., Rochester, N.Y. (Ed.) Contract W-36-039-sc-36851. Final Progress Rep. June 20, 1949-June 30, 1951.
Washington, D. C.: Office of Technical Services 1951 145 S. (= PB 168 859) 4633

Carlson, G.
Search strategy by reference librarians. Final rept. Pt. 3.
Sherman Oaks, Calif.: Advance Information Systems Div., Hughes Dynamics, Inc. 1964. 46 S., $ 2.- 4634

Centres de documentation scientifiques et techniques. Contribution de l'Unesco à leur développement. Egalement pub. en Angl. et en esp.
Paris: UNESCO 1965. 59 S., ill., F. 5.50 (aus: Bull. de l'UNESCO à l'intention des bibliothèques, Vol.

XIX, No. 1 + 2.) (engl. Titel: Scientific and technical documentation centres. 55 S.) 4635

Cezairliyan, A. O. / Lykoudis, P. S. / Touloukian, Y. S.
Analytical and experimental study of a method for literature search in abstracting journals. Thermophysical Properties Research Center, Purdue University, Lafayette/Ind. (Ed.)
Washington: Office of Technical Services, U. S. Department of Commerce 1960. 79 S., $ 2. - (= TPRC Rep. 11) 4636

Chadbourne, H. L.
Technical reports for quick reader comprehension. Interlaboratory Committee on Editing and Publishing, Corona, Calif. (Ed.)
Washington: Office of Technical Services, U. S. Department of Commerce 1961. 31 S., $ 2. - 4637

Chadbourne, H. L.
Titling technical reports for optimum use and retrieval. Interlaboratory Committee on Editing and Publishing Corona. Calif. (Ed.)
Washington: Office of Technical Services, U. S. Department of Commerce 1965. 16 S. (= AD 624 058) 4638

Chandler, George
How to find out: a guide to sources of information for all; arranged by the Dewey Decimal Classification. 2nd ed.
Oxford, London: Pergamon Press 1966. XIV 198 S., 8°, sh 17/6 4639

Chandler, George
How to find out: a guide to sources of information for all, arranged by the Dewey decimal classification. 2d ed.
Long Island City, N.Y.: Pergamon Press 1966. XIV, 198 S., 8°, $ 2.95 4640

Chonez, Nicole
Preparation des bibliographie auto-indexees "Physindex". Application à l'elaboration de vocabulaires specialisés. Commissariat a l'Energie Atomique, Sacley/France. Centre d'Etudes Nucleaires (ed.)
Washington: Office of Technical Services, U. S. Department of Commerce 1964. 65 S., $ 3. - (= PB 167 844) 4641

Clark, J. Andrew
A program library approach for implementing results of logistics research.
Washington: Office of Technical Services, U. S. Department of Commerce 1965. 49 S., $ 2. - 4642

Classificatietabellen (decimale classificatie) ten behoeve van de Documentatiedienst van het Economisch en Sociaal Instituut voor de middenstand.
Brüssel: Economisch en Sociaal Instituut voor de middenstand 1962. 94 Bl., 4° 4643

Classification atomique. Extension pour la radiobiologie.
Zürich: Eidgenössische Technische Hochschule, Bibliothek 1962. III, 45 Bl., 4° (Eidgenössische Technische Hochschule. Schriftenreihe der Bibliothek. 6.) 4644

Classification of chemicals in the Brussels nomenclature.
London: H. M. S. O. 1961. 407 S., 8°, sh 9/6 4645

Classification of glass for glazing and terminology for Work on Glass. 2. Aufl. London: British Standards Institution 1964. 40 S., sh 10/- 4646

Classification dans les sciences. Publié avec les concours du Centre national de recherches de logique et de la Société belge de logique et de philosophie des sciences. Gembloux: Duculot 1963. 236 S., gr. 8°, $ 4.- 4647

Cleverdon, Cyril W. Report on the testing and analysis of an investigation into the comparative efficiency of indexing systems. Cranfield: College of Aeronautics 1962. 305 S., Abb., 8°, sh 35/- 4648

Cleverdon, Cyril / Mills, Jack / Keen, Michael Factors determining the performance of indexing systems. Vol. I: Design. Part I, Text; part 2, appendixes (Faktoren, die die Leistung von Systemen zur Indexierung bestimmen. Bd. I: Entwurf. Teil I, Text; Teil II, Anhänge, engl.) London: Aslib 1966. 377 S., £ 2.5.- (= Aslib-Cranfield research project) 4649

Coblans, Herbert Usé of Mechanized Methods in Documentation Work. A report on problems, achievements and potentialities, with special reference to the situation in the United Kingdom. Aslib Research Department. London: Aslib 1966. 3, 89 S., 4°, sh 36/- 4650

Code du travail et de l'emploi en vigueur en Belgique au ler janvier 1966. Texte fourni par le Centre de documentation du Barreau de Bruxelles, avec la collaboration d'André Cordy - Wetboek van arbeid en tewerkstelling in Belgie. van kracht op 1 januari 1966. Tekst bezorgd door het Documentatiecentrum bij de Balie van Brussel, met de medewerking van André Cordy. Verviers: Editions Gérard & Co. 1966. 445 S.; Tab., 12°, 85 fr. (= Marabout-lex, 4.) 4651

Coden for periodical titles. An aid to the storage and retrieval of information and to communication involving journal references. Philadelphia/Pa.: American Society for Testing and Materials 1963. 426 S., 4°, $ 20.- (= ASTM Pec. Techn. Publ. 329) 4652

Codlin, Ellen Mable / Moore, Charles Kenneth List of recently-coined terms in electronics for librarians and information officers in electrical and electronic engineering. 2. Aufl. London: Aslib 1963. 21 S., 4°, sh 7/6 (= ASLIB-Electronics Group. Publications.) 4653

Cohan, Leonard Science information personnel: the new profession of information combining science, librarianship and foreign language. New York: Science Information 1961. VI, 74 S., $ 1.50 4654

Colloquium on technical preconditions for retrieval center operations (Kolloquium über technische Vorbedingen für die Tätigkeit eines mechanisierten Recherchezentrums, engl.) Hrsg.: Benjamin F. Cheydleur. Washington: Spartan Books / London: Macmillan 1965. 156 S., 2 Abb., $ 6.75 4655

Coman, Edwin Truman
Sources of business information.
Berkeley/Calif.: University of California Press 1964. XII, 330 S., 8°, $ 8.50 (= University of California Bibl. Guides.) 4656

Committee for International Cooperation in Information Retrieval Among Examining Patent Offices, Annual Meeting, 4th. Ed. by Harold Pfeffer.
Information retrieval among examining patent offices.
Washington, D.C.: Spartan Books; London: Macmillan 1966. X, 629 S., Abb., 8°, £ 8/15/- 4657

Les comptes rendus de congrès scientifiques: contenu, rôle, valeur, accessibilité. Fédération internationale de documentation. Egalem. pub. en Ang.
Paris: UNESCO 1962. 31 S., F 2.-
(aus: Bull. de l'Unesco à l'intention des bibliothèques", Vol. XVI, no. 3 + 4.) 4658

Connor, John O.
On the roles of specialist labor in retrieval. Part A. Institute for Cooperative Research, University of Pennsylvania, Philadelphia/Pa. (Ed.) Contract NONR 418300.
Washington: Office of Technical Services, U. S. Department of Commerce 1963. 29 S., $ 2.60 4659

Cosati Subject Category List. Defense Documentation Center Alexandria/ Va. (Ed.)
Washington: Office of Technical Services, U. S. Department of Commerce 1965. 73 S., $ 3.-
(= AD 624 000) 4660

Creager, William A. / Sparks, David E.
serials data program for science and technology. Results of a feasibility study. Information Dynamics Corp., Reading, Mass. (Ed.) Contract NSF-C-413
Washington: Office of Technical Services 1965. 188 S. (= PB 169 405) (= JDC-8521) 4661

Cremer, Martin
Zentralstelle für Maschinelle Dokumentation (ZMD)
Frankfurt/M.: Zentralstelle f. Maschinelle Dokumentation 1964. 1 Bl., 4° 4662

Cros, R. S. / Gardin, J. C. / Levy, F.
L'automatisation des recherches documentaires. Un modèle général: le SYNTOL.
Paris: Gauthier-Villars 1964. 272 S., Abb., F 26.- 4663

Croy, Otto.
Reproduktion und Dokumentation. Repor. Drucktechnik, Fototechnik, für Sammlungen, Archive, Karteien, Kataloge in Wirtschaft u. Verwaltung, Vervielfältigung, Dokumentation.
München: Heering 1964. 232 Abb., DM 22.- 4664

Cuadra, Carlos A.
Indentifying Key contributions to Informations science.
Santa Monica/Calif.: System Development Corp. 1963. 23 S., $ 2.60 4665

Cuadra, Carlos A. / Isaacs, Herbert H. / Neeland, Frances et al.
An information center for law enforcement. Ed.: System Development Corp., Santa Monioa/Calif.
Washington: Office of Technical Services, U. S. Department of Commerce 1964.

16 S., $ 1.60 (= TM - 1670) 4666

Čubarjan, Ogan Stepanovič
Bibliotheken im System der wissenschaftlichen und technischen Information.
Berlin: 1966. 24 S., 4° (= Materialien zum Seminar d. Bibliothekare d. UdSSR u.d.DDR.) 4667

Current trends in documentation research. Ed.: Air Force Office of Scientific Research, Washington.
Washington: Office of Technical Services, U. S. Department of Commerce 1963. 13 S., $ 1.60 (= AFOSR-TR-5125) 4668

Curriculum for the Information Sciences. Rep. 3: Lecture-Seminars in the Information Sciences. Lehigh Univ., Bethlehem, Pa. Center for the Information Sciences.
Washington: Office of Technical Services, U. S. Department of Commerce 1965. 6 S., $ 1.- (= PB 167 880) 4669

Curriculum for the Information Sciences. Report 5: Outline and bibliography for a course in syntax.
Washington: Office of Technical Services, U. S. Department of Commerce 1965. 62 S., $ 3.- (= PB 168 439) 4670

Dam, Andreis van
Storage and retrieval of technical information. Interim technical report. Contract Nonr551 40. Moore School of Electrical Engineering, University of Pennsylvania, Philadelphia/Pa.
Washington: Office of Technical Services, U. S. Department of Commerce 1963. $ 5.60 4671

Davison Keith
Classification practice in Britain: report on a survey of classification opinion and practice in Great Britain, with particular reference to the Dewey Decimal Classification.
London: Library Association 1966. 34 S., 4°, sh 12/- (= Library Association. Dewey Decimal Classification Revision Sub-Committee Publications.) 4672

Davison, Keith
Theory of classification. An Examination guidebook.
London: C. Bingley 1966. 59 S., 8°, sh 13/- 4673

Decision model for determining document printing Quantities.
Washington: Office of Technical Services U. S. Department of Commerce 1965. 31 S., $ 2.- (= PB 167 175) 467[4]

Dessauer, J. H.
Aerography and related processes.
New York: Focal 1965. 520 S., ill., $ 38.- 4675

Deutsche Gesellschaft für Dokumentation e.V., Frankfurt/M. Mitgliederverzeichnis. Stand 1. Oktober 1964.
Frankfurt/M.: Dt. Gesellschaft für Dokumentation 1964. 42 Bl., 4°, (n.i.B.) 4676

Deutsche Literaturdienste.
Aachen: Forschungsinstitut für Rationalisierung an der Rheinisch-Westfälischen Technischen Hochschule 1964. 530 S., 8°, brosch. DM 9.- 4677

The development of a minicard viewer processor MX. 1993 (XW-1)/G. Final engineering rept. Xerox Corp., Rochester, N.Y. Contract AF 30(602)

Washington: Office of Technical Services, U. S. Department of Commerce 1961. 70 S., ill., $ 6 60 (= RADC TR-61-128) 4678

Dijk, Marcel van
Enregistrement et recherche de l'information documentaire. Méthodes, moyens, couts. Guide pour le choix d'un équipement.
Brüssel: Presses universitaires de Bruxelles 1964. 164 S., ill., Tab., Diagr., 8o, bfr. 225.-, geb. 4679

Disc File Applications; reports presented at the Nations. First Disc File Symposium, Pacific Palisades, California, 1963.
Detroit: American Data Processing Inc. 1964. 136 S., $ 15.- 4680

Dobrowolski, Z.
Etude sur la construction des systèmes de classification.
Paris: Gauthier-Villars 1964. 302 S., brosch. DM 30.- 4681

Documentatie voor informatie. Verslag Documentatie congres 1963.
Den Haag: Nederlands Instituut voor Documentatie en Registratuur 1964. 4682

Documentation on Asia.
New York: Paragon Book Gallery 1964. 253 S., gr.-8o, $ 6.-. Vol. 1: New Delhi 4683

Documentation, indexing and retrieval of scientific information. Teil I: Staatliche Institutionen. Teil II: Private Großbetriebe. Hrsg.: U.S. Senate, Committee on Government Operations.
Washington: Government Printing Office 1960. 283 S. 4684

Documentation terminology - Terminologie der Dokumentation (dt.-eng., franz.)
Den Haag: Federation Internationale de Documentation 1958. 8 S. (= FID Publ. 307.) 4685

Documentation et terminologie scientifique. Bulletin mensuel relatif aux travaux du Comité consultatif internationale. mtl.
Paris: UNESCO 4686

Dokumentation - Information. 4. Kolloquium d. Inst. f. Dokumentation. Patentwesen u. Recht an d. TH Ilmenau 1965. Red.: Bernhard Pätz. H. 1.
Ilmenau: Institut f. Dokumentation, Patentwesen u. Recht d. Technischen Hochschule Ilmenau 1966. 8° 4687

Donker, Duyvis, F.
Policy of revision of the Universal Decimal Classification.
Den Haag: Fédération Internationale de Documentation 1961. hfl. 4.- (= FID Publ. 335.) 4688

Dokumentalistische Schlagwörter-Liste. Auswahlliste. Stand: 15. 1. 1960. Nebst Berichtigungen zur 1. Liste, Stand 15.1.1961.
Berlin: Deutsches Pädagogisches Zentralinstitut, Abt. Dokumentation und Information 1960/1961. 73 u. 21 Bl., 4° 4689

Dokumentation im Gmelin-Institut. Erich Pietsch zum 60. Geburtstag von seinen Mitarbeitern.
Frankfurt/M.: Gmelin-Institut 1963. 194 S., Abb., 8°, engl. brosch. DM 20.- 4690

Dokumentation - Information.
Die Arbeit mit d. Materialien d. Dokumentation u. d. Informationsdienstes.

Berlin: Verband deutscher Konsumgenossenschaften 1964. 16 Bl., 4° 4691

Dokumentation/Information. III. Kolloquium des Instituts für Dokumentation, Patentwesen und Recht an der TH Ilmenau, 19.-21.11.1964. 2 Hefte: Gesamtstaatliche Informationssysteme und Fragen der Informationspraxis. Informationstechnik; Patent-Dokumentation und -Information.
Ilmenau: Technische Hochschule 1965. 151, 208 S., 8°, brosch.
(= Wiss. Zeitschrift der TH. Ilmenau 1965, Sonderheft) 4692

Dokumentation/Information. IV. Kolloquium des Instituts für Dokumentation, Patentwesen und Recht an der TH Ilmenau. 10.-12.11.1965.
2 Hefte: Akademische Ausbildung in Information und Dokumentation. Ökonomische und technische Probleme der Information und Dokumentation, Patentwesen und Patentdokumentation.
Ilmenau: Technische Hochschule 1966. 108, 188 S., brosch. 4693

Dokumentation und Information. Lehrbrief 1-3. Fernstudium Lehrgang 5.
Berlin: Amt für Erfindungs- und Patentwesen der DDR 1964. 57, 58, 132 S., 16 Anl., brosch. MDN 12.50 4694

Donnell, T. R. / Lewis, J. L. / Glendinning, J. L.
Federal Government's System for distributing its unclassified R & D Reports. John I. Thompson & Co., Washington. (Ed.) Contract NSF C-224.
Washington: Office of Technical Services, U. S. Department of Commerce 1962. 243 S., ill., $ 16.- 4695

Dubuc, R.
La Classification Décimale Universelle.
Paris: Gauthier-Villar. 210 S., 8°, brosch. F 20.- 4696

Durch Information zum Weltniveau. 3., verb. Aufl.
Leipzig: Kammer d. Technik; Wirtschaftsrat d. Bezirkes 1965. 92 S., 8°, DM -.80 4697

Economic and social development plans. Centrally planned economics, developed market economies. United Nations, Dag Hammarskjold Library (Ed.)
New York: United Nations 1966. V, 59 S., 4°, $ 1.- (= Bibliogr. ser. 11.) 4698

Economische Code. Uittreksel uit de Universele Decimale Classificatie UDC. Ökonomischer Code. Auszug aus der Dezimalklassifikation besonders die Gruppen 33 Volkswirtschaft und 38 Handel und Verkehr sowie 65 Organisation und Betrieb. Alphabetisches Register. 2. Aufl.
Den Haag: Bibliothek, Economische Voorlichtingsdienst 1961. 102 S. 4699

Education, information and the Scientific Revolution.
London: McGraw-Hill 1964. 156 S., $ 8.50 4700

Electronic Data Processing Symposium; Proceedings.
New York, London: Pitman 1964. 606 S. $ 15.50 4701

Einsatzmöglichkeiten von Lochstreifengeräten in der Dokumentation und Information. Grundsätzliche Fragen und praktische Erfahrungen. Vorträge und

Referate auf d. Sitzung d. Arbeitsausschusses Automation in d. Dokumentation in der Dt. Gesellschaft für Dokumentation e. V. in Bad Dürkheim a.d. Weinstr. am 22. Okt. 1962.
Frankfurt/M.: Dt. Gesellschaft für Dokumentation 1963. III, 52 Bl., Abb., 4°, kart. DM 15.- (= Nachrichten für Dokumentation. Beih. Nr. 9) 4702

Elias, A. W.
Technical Information Center Administration. Papers delivered at the Conf. on Tech. Inf. Ctr. Admin., June 15-17, at Drexel Inst. of Technology.
Washington: Spartan Books 1964. 176 S., 38 Abb., $ 7.50 4703

Elsner, Hermann Adolf
Nutzung der Fachliteratur. Eine Einführung in Dokumentation und fachl. Informationswesen.
Berlin: Schiele & Schön 1964. 80 S., 6 Abb., 8°, kart. DM 8.50 (= Technische Handbücherei) 4704

Etudes de classification. 11 Hefte.
Den Haag: Fédération Internationale de Documentation, FID, 1948-1961 4705

Even, Arthur D.
Engineering data processing system design. 1. Information storage and retrieval systems. Engineering. 2. Microfilm aperturecard systems. Engineering drawings.
London, Princeton/N.J.: Van Nostrand 1960. 282 S., ill., sh 66/- 4706

Extensions and Corrections to the UDC. franz., engl., dt.
Den Haag: Fédération Internationale de Documentation 1950 ff. hfl. 35.- 4707

Fabinyi, Rudolf
Az irodalmi dokumentáció hatékonysága a növényvédelem példáján. Die Wirksamkeit der Dokumentation am Beispiel des Pflanzenschutzes gezeigt. Umfrage über den Nutzen der Dokumentation.
Budapest: Kultura 1961. 66 S. 4708

Fabre, Maurice
A history of communications. Adapted from the French by Peter Chaitin, designed and produced by Erik Nitsche.
London: Leisure Arts 1964. 112 S. 4709

Facsimile transmittal of technical information. Houston Research Inst., Inc., Tex.
Washington: Office of Technical Services, U. S. Department of Commerce 1965. 66 S., $ 3.- (= PB 167 742) 4710

Färber, Georg
Möglichkeiten der Verarbeitung von rein binären Dokumentationscodes, auch unterschiedlicher Wortlänge, mit Mehrzweckrechenanlagen. Diplomarbeit.
München: Technische Hochschule 1964. 120 S., Diagr., Tab. 4711

Fahrner, W. F.
Basic rules of alphabetic filing; programmed instruction.
Cincinnati: South-western 1965. VI, 114 S., 8°, DM 1.80 4712

Fairthorne, Robert A.
Use and mention in the information sciences. Ed.: Herner & Co., Washington, D.C., Contract AF 49 (638)-1427.
Washington, D.C.: Office of Technical Services 1965. 6 S. (= AD 629 367) (= AFOSR 65-2289) 4713

Fano, Robert Mario
Informationsübertragung (Transmission

of information, dt.). Eine statist. Theorie d. Nachrichtenübertragung. Dt. Übers.: Heinrich Resele u.a. Mit 53 Bildern u. e. Tafelanh.
München, Wien: Oldenbourg 1966. 424 S., gr. 8°, kart. DM 60.- 4714

Federal Council for Science and Technology, Washington. Federal Microfiche Standards.
Washington: Office of Technical Services, U. S. Department of Commerce 1965. 19 S., $ -.50 (= Ed. no. 1.) (= PB 167 630) 4715

FID Yearbook 1966 (FID-Jahrbuch 1966, engl.)
Den Haag: International Fédération for Documentation 1966. 61 S. (= FID-Publ. 391) 4716

Field, L. G. Hanscom
Automated routines in technical services.
Air Force Cambridge Research Laboraties, Office of Aerospace Research 1964. VI, 16 S. (= AFCRL 64-70) 4717

Finding and using technical information.
London: Edward Arnold 1966. VI, 153 S., sh 25/- 4718

First Congress on the Information System Sciences. Session 6 Self-Organizing and Adaptive Information Systems. Mitre Corp., Bedford/Mass. (Ed.) Contract AF 33(600) 39852.
Washington: Office of Technical Services, U. S. Department of Commerce 1963. 51 S., $ 5.60 (= ESD-TDR-63-4746) 4719

First Congress on the Information System Sciences. Session 15. Information System Performance Evaluation. Mitre Corp., Bedford/Mass. (Ed.) Contract AF 33(600)39852.
Washington: Office of Technical Services, U. S. Department of Commerce 1964. 59 S., $ 6.60 (= ESD TDR-63-474, 15) 4720

Fletcher, E. E.
Classification of DMIC Reports and Memoranda by Major Subject. Defense Metals Information Center, Columbus/Ohio (Ed.) Contract AF 33 615 1121, Prog.
Washington: Office of Technical Services, U. S. Department of Commerce 1964. 47 S., $ 1.25 (= DMIC Rep. M-185) 4721

Focus on Information and Communication. Edited by Barbara Kyle. 8 Bde.
London: Aslib 1965. sh 14/- je Bd. 4722

Föllmer, J. / Bartusch, K.
Kopier- und Vervielfältigungsverfahren in der Information und Dokumentation.
Leipzig: VEB Bibliographisches Institut. 90 S., 43 Abb., 8°, brosch. MDN 5.- 4723

Foskett, D. J.
Classification and indexing in the social sciences.
Washington/D. C.: Butterworths 1963. X, 109 S., 8°, $ 6.95 4724

Foskett, Douglas John
Reference service and classification.
London: North-Western Polytechnic School of Librarianship 1960. 12 S., 4°, sh -/9 (= School of Librarianship Occasional papers. No. 14) 4725

Frank, Otto
Grundlagen der Ordnungstechnik. 3. Aufl.
Stuttgart: Dorotheen-Verlag 1965.

124 S., 54 Abb., DM 8.- 4726

Frank, Otto
Handbuch der Klassifikation. H. 3. Grundlagen der Ordnungstechnik. Stuttgart: Dorotheen-Verlag 1965. kart. DM 8. - (= Veröffentlichungen d. Internationalen Verbandes für Dokumentation, Nr. 298) 4727

Frank, Otto
Ordnung in Einzelblattsammlungen. 2. Aufl.
Stuttgart: Dorotheen-Verlag 1962. 104 S., 8°, kart. DM 7. - (= Handbuch der Klassifikation H. '2, FID publ. 298) 4728

Fraundorfer, Sigmund von
Classification scheme of agricultural science. 4. verb. Aufl.
London: Lockwood 1960. XXIII, 159 S., 8°, sh 60/- 4729

Frei, Jona
Probleme der Ermittlung des wissenschaftlich-technischen und ökonomischen Höchststandes, insbesondere unter dem Gesichtspunkt der Auswertung sowjetischer Erfahrungen und Publikationen in der Informations- und Dokumentationstätigkeit der DDR. Dipl. Arbeit.
Berlin: Hochschule für Ökonomie 1965. 47 S. 4730

Frühauf, H.
Vom Wesen der Information, der Informations-Verarbeitung, -Übertragung und -Aufnahme. Sitzungsberichte der DAdW zu Berlin, Kl. f. Mathematik, Physik und Technik. Jg. 1963, Nr. 2., 2., unveränd. Aufl.
Berlin: Akademie-Verlag 1964. 23 S., 7 Abb., 8°, brosch. MDN 3.10 4731

Fry, Bernard M. / Mohrhardt, Foster E.
Interscience guides to information sources in science and technology. Vol. I: Space science and technology. (Interwissenschaftliche Führer zu Informationsquellen in Wissenschaft und Technik, engl.) (Bd. 1: Raumforschung und Technik)
New York: John Wiley 1963. 544 S. (= Interscience Book) 4732

Gajewski, Dionizy
Aktualne zagadnienia informacji naukowo-technicznej w Zwiazku Radzieckim. Aktuelle Probleme der wissenschaftlich-technischen Information in der UdSSR.
Warschau: Ruch 1963. 33 S. 4733

Gajewski, Dionizy
Czym jest informacja naukowo-techniczna i ekonomiczna (Wesen und Inhalt der wissenschaftlich-technischen und ökonomischen Information, poln.)
Warschau: Centralny Instytut Informacji Naukowo-Technicznej i Ekonomicznej 1963. 23 S. 4734

Gallai, Ervin
A mezögazdasagi bibliografiai tajékoztatas kerdesei (Fragen der landwirtschaftlichen bibliographischen Information, ungar.)
Budapest: Orszagos Könyvtarügyi Tanacs 1964. 66 S. 4735

Gardin, J. C. / Perriault, J.
Une modèle du chaine semi-automatique du traitement de l'information scientifique (Contract 63 FR 270 of the Délégation Général à la Recherche Scientifique et Technique)
Paris: Centre National de la Recherche Scientifique Section d'automatique Documentaire 1964. 87 S. 4736

Gardin, J. C. / Grolier, E. de. / Levery, F.
L'organisation de la documentation scientifique.
Paris: Gauthier-Villars 1964. XVIII, 270 S., F 26.- 4737

Galvin, Thomas J.
Problems in reference service; case tudies in method and policy. Foreword by Francis Neel Cheney.
New York: Bowker 1965. XIX, 177 S., $ 6.50 4738

Gesetzliche Grundlagen der Information und Dokumentation seit 1963. Literaturzusammenstellung.
Berlin: Zentralinst. f. Inform. u. Dok., Zentr. Informationsstelle 4739

Gillum, T. L. / Klingbiel, P. H. / Mooers, C. N. et al.
Philosophy and guidelines for revision of the thesaurus of Astia descriptors. Verb. Aufl. Defense Documentation Center, Alexandria/Va. (Ed.)
Washington: Office of Technical Services, U. S. Department of Commerce 1964. 24 S., $ 1.- 4740

Glasersfeld, Ernst von
Multistore. A procedure for correlational analysis. Istituto Documentazione della Associazione. Meccanica Italiana, Mailand (Ed.)
Washington: Office of Technical Services, U. S. Department of Commerce 1965. (= IDAMI Language Research Section, Informal rept.) (= AD 615 486) 4741

Glaserfeld, Ernst von
A project for automatic sentence analysis. Istituto Documentazione della Associazione Meccanica Italiana, Mailand (Ed.)
Washington: Office of Technical Services, U. S. Department of Commerce 1964. 10 S. (= AD 617 865) 4742

Gleisberg, Walter
Landbaukode für die Klassifikation von landwirtschaftlicher Literatur. Im Auftr. d. Forschungsrates f. Ernährung, Landwirtschaft u. Forsten u. im Einverständnis mit de. Ausschuss f. Klassifikation im Dt. Normenausschuss bearb.
München: BLV, Bayerischer Landwirtschaftsverl. 1966. 147 S., gr. 8°, Kst. DM 34.- 4743

Glücksmann, A. / Rieger, H. / Walther, R.
Das Urheberrecht und die wissenschaftlich-technische Information und Dokumentation.
Leipzig: VEB Bibliographisches Institut 1965. 110 S., brosch. MDN 5.- 4744

Goffman, William
Methodology for test and evaluation of information retrieval systems. Center for Documentation and Communication Research, Western Reserve Univ., Cleveland, Ohio (Ed.)
Washington: Office of Technical Services, U. S. Department of Commerce 1964. 22 S., $ 1.- (= AD 614 005) (= Rep. CSL-TR-2) 4745

Goffmann, William
On relevance as a measure. Center for Documentation and Communication Research, Western Reserve Univ., Cleveland, Ohio (Ed.)
Washington: Office of Technical Services, U. S. Department of Commerce 1964. 4 S. (= AD 615 046) 4746

Goffmann, William
Use of Meta-Language in information retrieval systems. Western Reserve Univ. Cleveland, Ohio Center for Documentation and Communication Research (Ed.)
Washington: Office of Technical Services, U. S. Department of Commerce 1960. 12 S. (= AD 625 577) 4747

Goldhor, H.
Proceedings of the 1963 Clinic on Library Applications of Data Processing.
Ann Arbor, Mich.: 1964. 176 S., $ 2.- 4748

Goldwyn, A. J.
The place of indexing in the design of information systems tests. Comparative Systems Lab., Western Reserve Univ., Cleveland, Ohio (Ed.)
Cleveland, Ohio: Comparative Systems Lab., Western Reserve Univ. 1964. 12 S., $ 1.- (= PB 167 943) 4749

Government information and the research worker. (Die Information staatlicher Dienststellen und der in der Forschung Tätige, engl.) 2., veränd. Aufl. Hrsg.: Ronald Staveley u. Mary Piggott.
London: The Library Association 1966. 267 S., sh 56/- 4750

Grant, J.
Information for Industry. A Study in Communication.
Pretoria: Council for Scientific and Industrial Research 1964. (= CSIR Special Report 229.) 4751

Gregory, R. H. / Horn, R. L. van
Automatic data processing systems; principles and procedures.
Belmont, Calif.: Wadsworth 1963. XI, 816 S., $ 9.50 4752

Gregory, R. H. / Horn, R. L. van
Business Data Provessing and Programming.
London: Chatto & Windus 1964. 414 S., £ 2.15.0 4753

Grolier, Eric de
Etude sur les catégories générales applicables aux classifications et codifications documentaires.
Egalement pub. en Ang.
Paris: UNESCO 1962. 262 S., F 10.50 4754

Grolier, Eric de
A study of general categories applicable to classification and coding in documentation.
New York: Columbia 1962. 248 S., 8°, $ 3.- 4755

Grolier, Eric de
On the theoretical basis of information retrieval systems. Institut National des Techniques de la Documentation, Paris (Ed.) Contract AF 61(052)-505
Washington, D. C.: Office of Technical Services 1965. 214 S. (= AD 628 183) (= AFOSR 65-2720) 4756

Gruppeneinteilung der Patentklassen. Bearb. vom Deutschen Patentamt
7. Aufl. Stand April 1963.
Köln: Heymann 1963. VIII, 755 S., Kst. DM 86.85 4757

Günther, Karl-Heinz
Über die pädagogische Dokumentation und Information in der Deutschen Demokratischen Republik.
(aus: "Nachrichten für Dokumentation", Frankfurt/M., 15, 1964, 3) 4758

Guide to European sources of technical information.

London: H. M. S. O. 1964. 3, 292 S., 8°, sh 21/- 4759

Guide international de la [illegible]umentation pédagogique, 1955-1960. Paris: UNESCO 1964. 75[illegible] [illegible]., $ 17.- (auch in Engl.: International guide to educational documentation.) 4760

Guide to microforms in print. Washington: Microcard Editions 1964. 94 S., 4°, brosch. 4761

Guide to reference material. Ed. by Albert John Walford. 2nd ed. London: Library Association. Vol. 1: Science and technology; assistant editors K.R. Rider and F.R. Taylor 1966. VII, 483 S., 4°, £ 5.75.0 4762

Guide to the Subject Indexes for Scientific and Technical Aerospace Reports. National Aeronautics and Space Administration, Washington, D. C. Scientific and Technical Information. Washington: Office of Technical Services, U. S. Department of Commerce 1965. 167 S., $ 1.75 (= N65-18186) 4763

Guide to the Universal Decimal Classification, U.D.C. (British standard 1000C: 1963.) London: British Standards Institution 1963. 128 S., 8°, sh 15/- 4764

Gutemacher, L. T. Informationslogische Maschinen. München: Oldenbourg 1965. ca. 200 S., 48 Abb., 3 Taf., brosch. DM 30.- 4765

Gutterman, M. M. / Hollitsch, R. S. Computer applications - 1962. Proceedings of a Symposium held at the Illinois Institute of Technology. Washington: Spartan Books 1964. 224 S., ill., $ 7.- 4766

Györe, Pál Müszaki tájékoztató szolgálat a vállalatban. (Technischer Informationsdienst im Betrieb, ungar.) Az Országos Müszaki Könyvtár es Dokumentácios Központ Mdserzertani kiadványsorozata, OMK, Budapest. Budapest: Kultura 1961. 89 S. (= Schriftenreihe über Methodologie, H. 2.) 4767

Haake, Rolf Einführung in die Informations- und Dokumentationstechnik unter besonderer Berücksichtigung der Lochkarten. Leipzig: VEB Bibliographisches Institut 1965. 104 S., 51 Abb., 8°, brosch. MDN 7.- (= Information und Dokumentation, Heft 8) 4768

Haake, Rolf Einführung in die Informationstechnik. Einführung in die Information und Dokumentation. Leipzig: VEB Verlag für Buch- und Bibliothekswesen 1965. 176 S., 8°, brosch. MDN 7.- (=Bücherei des Dokumentalisten. 20) 4769

Haeuslein, K. G. / Dickison, R. R. / Haas, A. S. The ORNL Book Circulation Control System. Washington: Office of Technical Services, U. S. Department of Commerce 1965. 27 S., $ 2.- 4770

Hammond, W. / Rosenborg, S. Indexing terms of announcement publications for Government Scientific and Technical Research Reports. A composite vocabulary. Vol. I: Alphabetic Listing.

Washington: Office of Technical Services, U. S. Department of Commerce 1964. 453 S., $ 8.- (= Rep. IR 15, Vol. 1) 4771

Hammond, W. / Rosenborg, S.
Indexing terms of announcement publications for Government Scientific and Technical Research Reports. A composite vocabulary. Vol. II: Structured listing.
Washington: Office of Technical Services, U. S. Department of Commerce 1964. 468 S., $ 8.- (= TR-IR-15, Vol. 2) 4772

Hanicke, Peter
Schlagwörterverzeichnisse - Deskriptorensysteme - Thesauri. Wie macht man das? Eine Arbeitsanleitung für die Praxis.
Berlin: Zentralinst. f. Inform. u. Dok. 1966. 26 S., 18 Lit. (= Arbeitsmaterial für Lehrgänge. 4.) 4773

Hansen, Klaus / Krieg, Hans / Soeken, Hans-Karl
Kostengrundlage der Dokumentation. Untersuchungen über vergleichbare Kostenfaktoren mittlerer Dokumentationsstellen in Forschung und Wirtschaft. Mit Kostenmodell.
Frankfurt/M.: Dt. Gesellschaft für Dokumentation 1959. 27 Bl., 4°, kart. DM 8.- (= Nachrichten für Dokumentation, Beih. Nr. 5) 4774

Hanson, C. W. / Slater, M.
Does your firm need its own information service? An enquiry into the economic advantages of an information service in small and medium-sized firms.
London: H. M. S. O. 1962. 48 S., 8°, sh 5/- 4775

Hargrave, C. W.
Subject headings used by the USAEC, Technical Information Service. Atomic Energy Commission, Technical Information Service Extension, Oak Ridge/Tenn. (Ed.)
Washington: Office of Technical Services, U. S. Department of Commerce 1960. 476 S., $ 6.- 4776

Harwell, G. C.
Technical communication.
London: MacMillan 1960. 332 S. 4777

Hauffe, Gerhard
Patentdokumentation mit Begriffsketten und Stellkartei.
Berlin: Walter de Gruyter 1962. 113 S., 14 Taf., 3 Abb., 8°, kart. DM 20.- 4778

Hauptaufgaben zur komplexen sozialistischen Rationalisierung und Weiterentwicklung des Informationssystems in der Deutschen Demokratischen Republik. Jahrestagung des Zentralinstituts für Information und Dokumentation am 10. 11. 1966 in Markkleeberg mit den Leitern der Zentralen Leitstellen, Vertretern von Leitstellen für Information und Dokumentation sowie verantwortlichen Mitarbeitern für die Informations- und Dokumentationsarbeit in den zentralen Staats- und Wirtschaftsorganen und wissenschaftlichen Einrichtungen.
Berlin: Zentralinst. f. Inform. u. Dok. 1966. VII, 125 S. (= ZIID-Schriftenreihe. 13.) 4779

Haworth, Carol S.
SABIR 2 (Semi-Automatic Bibliographic Information Retrieval, Second Version) Documentation. Volume I. Naval Postgraduate School, Monterey, Calif. (Ed.)

Washington: Office of Technical Services, U. S. Department of Commerce 1964. 174 S., $ 5. - (= NPS-RP-44, Vol. 1.) 4780

Haworth, Carol S.
SABIR 2 (Semi-Automatic Bibliographic Information Retrieval, Second Version). Documentation. Volume II. Naval Postgraduate School, Monterey/Calif. (Ed.)
Washington: Office of Technical Services, U. S. Department of Commerce 1964. 398 S., $ 7. - (= NPS-RP-44, Vol. 2.) (= AD 603 317) 4781

Healy, M. J.
Satire: a user's system of information retrieval. Ed.: System Development Corp., Santa Monica, Calif.
Washington: Office of Technical Services 1964. 24 S. (= AD 630 150) (= Rep. SP-1432) 4782

Henderson, George Poland
European companies. A guide to sources of information. Loseblattausgabe.
London: Research Ltd. 1962. 4°, sh 50/- 4783

Hershberger, Wayne
Self-Evaluational Responding and Typographical Cueing: Techniques for programming self-instructional reading materials. American Inst. for Research, Palo Alto, Calif.
Washington: Office of Technical Services, U. S. Department of Commerce 1964. 9 S. (= AD 614 316) 4784

Hess, Luzie u. a.
Fünf Jahre Bereich Information 1956-1961. Ein Weg zur Information.
Berlin: Dt. Akademie d. Wissenschaften, Institut f. Dokumentation, Bereich Information 1962. 81 S., 8° 4785

Hillman, Donald J.
Computational, phonological and morphological linguistics and retrieval studies. Lehigh Univ. Bethlehem Pa. Center for the Information Sciences (Ed.) Report No. 1: Grammars and Text Analysis. Rept. for 16. Sept. 64-15. Sept. 1965.
Washington: Office of Technical Services, U. S. Department of Commerce 1965. 25 S., $ 1. - (= AD 621 128) (= AFOSR 65-724) 4786

Hillman, Donald J.
Mathematical theories of relevance with respect to the problems of indexing: The formal basis of relevance judgments. Center for the Information Sciences, Lehigh Univ., Bethlehem, Pa.
Washington: Office of Technical Services, U. S. Department of Commerce 1964. 24 S., $ 1. - 4787

Hillman, Donald J.
Study of theories and models of information storage and retrieval: Graphs and algorithms for term relations. Center for the Information Sciences, Lehigh Univ., Bethlehem, Pa. (Ed.)
Washington: Office of Technical Services, U. S. Department of Commerce 1964. 24 S., $ 1. - (= PB 167 320) 4788

Hillman, Donald J.
Study of theories and models of information storage and retrieval: Topolog and document retrieval operations. Lehigh Univ., Bethlehem, Pa. Center

for the Information Sciences (Ed.)
Washington: Office of Technical Services, U. S. Department of Commerce 1965. 18 S., $ 1.- (= PB 167 973) (= Rep. 9) 4789

Hirsch, Sigrid
Stand der Anwendung des Sichtlochkartenverfahrens in der Information / Dokumentation. Literaturstudie in Stichworten u. Bibliographie. Abschlußdatum Aug. 1965.
Berlin: Zentralinstitut f. Information u. Dokumentation 1966. 61 S., 8° (= Arbeitsmaterialien f. Lehrgänge. 3.) 4790

Höhne, Erhard / Walther, Rudolf
Arbeitsbeispiele für die Informations- und Dokumentationspraxis.
Leipzig: Bibliogr. Inst. 1966. 123 S., 102 Abb., 8°, brosch. MDN 8.50 4791

Höhne, Erhard / Walther, Rudolf
Zusammenstellung von Beiträgen über Dokumentation und Information. Ausw. aus d. Zeitschrift "Dokumentation" 1953-1962.
Berlin: Institut für Dokumentation der Deutschen Akademie der Wissenschaften 1962. XXIV, 256 S., 3 Bl. Abb., 4°, MDN 12.50 (= Bücherei d. Dokumentalisten 24) 4792

Hogben, Lancelot / Cross, K. W.
Design of documents: a study of mechanical aids to field enquiries.
London: MacDonald & Evans 1960. VI, 79 S., Abb., sh 35/- 4793

Holm, B. E. / Rasmussen, L. E.
Development of a technical thesaurus.
New York: American Documentation 1961. 21 S., 4 Abb. 4794

Holt, A. W.
Some theorizing on memory structure and information retrieval.
Princeton, N.J.: Applied Data Research 1964. 27 S. 4795

Hos-hovsky, A. G. / Album, H. H.
Toward a national technical information system. Office of Aerospace Research Washington, D. C. (Ed.)
Washington: Office of Technical Services, U. S. Department of Commerce 1965. 10 S. (= AD 625 496) (= Rep. OAR-65-13) 4796

Houghton, Bernard
Technical information sources: a guide to patents, standards and technical reports literature.
London: Bingley 1967. 101 S., (B 67-763) 4797

Hove, Julien van
Le répertoire annuel des comptes rendus de congrès scientifiques, 1960. Avec la collaboration des membres de la Commission des périodiques.
Brüssel: Commission belge de bibliographie 1963. 127 S., 8°, bfr. 95.- (= Bibliographia Belgica. 71.) 4798

Hove, Julien van
Le répertoire annuel des comptes rendus de congrès scientifiques. 1961. Avec la collaboration des membres de la Commission des périodiques.
Brüssel: Commission belge de bibliographie 1965. 131 S., 8°, bfr. 100.- (= Bibliographia Belgica, 83) 4

Hübner, Bärbel
Untersuchung des derzeitigen Standes der Informationstätigkeit im Bereich

der Industrieprojektierung Berlin II
und die sich daraus ergebenden Schluß-
folgerungen für die Verbesserung der
Arbeit. Hausarbeit.
Berlin: Fachschule f. Bibliothekare
an wiss. Bibliotheken 1966. 30 S.,
3 Abb., 1 Tab., 24 Lit. 4800

Hungermann, Erich Hans Heinrich
Auswertungs- und Ordnungsverfahren
in der Patentdokumentation. Analyse
von Dokumentationssystemen insbe-
sondere d. Auswertungs- und Begriffs-
ordnungsverfahren, sowie zur maschi-
nellen Herstellung von Sachregistern
und Thesauri. Hauptwerk mit Anhang:
Halbleiter-Thesaurus, Entwurf.
Frankfurt/M.: Dt. Gesellschaft für
Dokumentation 1964. 76 Bl. + 120 S.,
kart. DM 15.- u. 10.-(= Nachrichten
f. Dokumentation. Beih. Nr. 10) 4801

Igumov, Juraj
Personálne a matriálne vybavenie
informačných stredisk. (Personelle
und materielle Ausstattung von In-
formationszentren, tschech.)
Bratislava: Slovenská Technická
Knižnica v Bratislave 1965 4802

Inagaki-Trouw, Mia
Etude de divers codes de cataloguement
et rédaction de regles pour les périodi-
ques de la bibliotheque du CERN.
Genf: Ecole de bibliothècaires 1960.
3, 17 S., 4° 4803

Index de périodiques et de films
documentaires Canadiens. Auteurs
et sujets. Janvier 1948 - décembre
1959.
Ottawa: Ass. canadienne des Biblio-
thèques 1962. 1180 S. 4804

Informacionno-poiskovaja sistema
SMART. Sbornik perevodov (Informa-
tionsrecherchesystem SMART.
Sammlung von Übersetzungen, russ.)
Moskau: VINITI 1966. 173 S. 4805

L'information et la documentation
de l'entreprise en matière de méthodes
et de techniques de gestion.
Paris: Dunod 1963. 208 S., 8°,
brosch. F 20.- 4806

Information handling and science in-
formation. A selected bibliography,
1957-1961. Ed. Janaske, P. C.
Washington: American Institute of
Biological Science 1962 4807

Information Processing Machines. Vol.
10: Collected Papers in English,
Russian and German; Summaries in
Czech, Russian and English.
Prag: Academy of Sciences 1964.
Kčs 30.- 4808

Information retrieval. Ed.: System
Development Corp., Santa Monica,
Calif.
Washington, D.C.: Office of
Technical Services 1966. 23 S. (= AD
630 152) 4809

Information retrieval in action (In-
formationsrecherche in Aktion, engl.)
Hrsg.: Center for Documentation and
Communication Research; School of
Library Science, Western Reserve
University, Cleveland, Ohio.
Cleveland/Ohio: The Press of Western
Reserve University 1963. 323 S. 4810

Information retrieval and machine
translation (engl., franz.).
London: Interscience 1961. XI, S.,
S. 687-1376, 8°, sh 200/- (= Advances
in documentation and library science,
vol. 3, part 2.) 4811

Information storage and retrieval. Washington: Office of Technical Services, U. S. Department of Commerce 1965. 367 S., $ 7.- (= PB 168 499) (= Rep. ISR-9) 4812

Information storage and retrieval. Price list, selective bibliography of government research repts. and translations for Feb. 63-Mar 65. Springfield, Va.: Clearinghouse for Federal Scientific and Technical Information 1965. 31 S. 4813

Information systems workshop: The designer's responsibility and his methodology.
London: Cleaver-Hume Press 1963. 160 S. 4814

Informationsplanung. Literaturhinweise. Berichtsz.: 1963-1966.
Berlin: Zentralinst. f. Inform. u. Dok., Zentrale Informationsstelle 1967 4815

Informationspropaganda. Literaturzusammenstellung. Berichtsz.: 1963-1966.
Berlin: Hrsg.: Zentralinstitut für Information und Dokumentation, Zentr. Informationsstelle 1967 4816

Informator. Sluzby informacji naukowo technicznej i ekonomicznej. (Informator. Technisch-wissenschaftliche und ökonomische Informationsdienste. Handbuch f.d. Informationskräfte, mit DK, Adressen d. Informationsstellen, poln.) Hrsg.: Centralny instytut informacji naukowo-technicznej i ekonomicznej, Warschau.
Warschau: Ruch 1960. 465 S. 4817

International Advisory Committee on Bibliography, Documentation and Terminology, 3rd session. Final report. Also pub. in Esp., Fr. and Rus. Moskau: 1965. (in: Bibliography documentation, terminology. Vol. 5, S. 97-106.) 4818

International initialese: guide to initials in current international use. Internationale Abkürzungen: Führer durch die international gebräuchlichen Abkürzungen. 1800 Abkürzungen (engl., franz.)
Brüssel: Union des Association Internationales 1962. 40 S. (= Publ. No. 174.) 4819

Internationales Handbuch des Informationswesens. Hrsg.: Arbeitsgemeinschaft für Betriebliches Informationswesen.
Stuttgart: Dorotheen-Verlag 1963. 460 S., 106 Arbeitsblätter, Leitkarten, 8°, Kst-Mappe DM 80.- 4820

Janning, Edward A.
Establishment of a coordinate indexing-retrieval system for the Air Force Materials Laboratory. Final summary rept., 1 Dec 60 - 30 Nov 63. Dayton University, Research Institut, Ohio (Ed.) Contract AF 33 (616) 7698.
Washington: Office of Technical Services, U. S. Department of Commerce 1963. 71 S., $ 7.60 (= RTD-TDR-63-4263) 4821

Jeffress, L. A.
Studies of auditory information processing emphasizing the application of signal detectability. Theory to the Auditory Sensory Responses. Quarterly progress rept. no 2, 1 Sep-30 Nov 64. Office of Naval Research, Washington, D.C. (Ed.)
Washington: Office of Technical Services, U. S. Department of Commerce 1965. 37 S., $ 2.- 4822

Jeffress, L. A.
Studies of auditory information processing emphasizing the application of signal detectibility theory to the auditory sensory responses. Texas University, Defense Research Laboratory, Austin, Tex. (Ed.) Fifth quarterly progress report no 5, 1 June - 31 Aug. 1965.
Washington, D.C.: Office of Technical Services 1965. 6 S. (= NASA CR-68881) 4823

Jensen, R. A.
Proceedings of the 6th Annual Conference of the National Federation of Science Abstracting and Indexing Services held in Washington, D.C. 1963.
Washington: National Federation of Science Abstracting and Indexing Services 1964. IX, 126 S., $ 4.- 4824

Jernigan, Richard
Ceni: A Document Processing Program. Linguistics Research Center, Univ. of Texas, Austin (Ed.)
Washington: Office of Technical Services, U. S. Department of Commerce 1965. 26 S. (= LRC-65-WT-1) 4825

Jonker, Frederick
Indexing theory, indexing methods and search devices. Ed.: Information Research Division of the Air Force Office of Scientific Research by Jonker Business Machines, Inc. of Gaithersburg/Md.
New York: Scarecrow 1964. 124 S., ill., 8°, $ 4.- 4826

Kaufmann, Franz Xaver
Das Informationsproblem in der Unternehmung.
Bern: Haupt 1963. 32 S., 8°, Sfr. 3.80 (= Betriebswirtschaftliche Mitteilungen. 23) 4827

KDI-Richtlinie. Das Schriftliche Informationswesen im Betrieb.
Berlin: Kammer der Technik 1964. 6 S., 8°, MDN -.30 4828

Keller, Benjamin
Toward an informal and creative conference method. Rand Corp. Santa Monica, Calif. (Ed.)
Washington: Office of Technical Services, U. S. Department of Commerce 1965. 15 S., $ 1.- (= Rep. 2701-1) 4829

Kellerhals, Werner / Kamp, Cornelius
Handbuch für genossenschaftliche Bibliotheken und Dokumentationsstellen. Verf. im Auftrag der Internat. Arbeitsgruppe der Genossenschaftsbibliotheken und Dokumentalisten im Internat. Genossenschaftsbund IGB.
London: Internat. Genossenschaftsbund 1964. VIII, 130 S., 4° 4830

Kelly, H. S.
Information Processing Language - V. Manual. 2. Aufl.
Englewood Cliffs, N. J.: Prentice Hall 1964. XXXVI, 267 S., $ 7.95 4831

Kent, Allen
Specialised information centres.
Washington: Spartan 1965. 296 S., $ 9.- 4832

Kessler, M. M.
Comparison of the results of bibliographic coupling and analytic subject indexing.
Wasington: Office of Technical Services, Department of Commerce 1965. 11 S. (= AD 623 627) 4833

Kent, Allen
Textbook on mechanized information retrieval. 2nd ed.
New York, London: Interscience 1966.
XX, 371 S., ill., 8°, sh 85/- 4834

Kessler, M. M.
An experimental study of bibliographic coupling between technical papers.
Lexington/Mass.: Lincoln Lab., Mass. Inst. of Technology 1962. 10 S., Abb., $ 1.60 4835

Kessler, M. M.
The mit Technical Information Project.
Massachusetts Inst. of Tech., Cambridge (Ed.)
Washington: Office of Technical Services, U. S. Department of Commerce 1965. 8 S., $ 1.- (= PB 167 777) 4836

Kibbee, Joel M.
EDP For reclassification and technical services in the Los Angeles State College Library. Ed. System Development Corp., Santa Monica/Calif.
Washington: Office of Technical Services, U. S. Department of Commerce 1964. 74 S., $ 7.60 (= TM-1731) 4837

Kibernetika i dokumentalistika.
Mechanizacija processa nakoplenija, chranenija i poiska naučnoj informacii. Sbornik statej (Kybernetik und wissenschaftliche Dokumentation. Mechanisierung des Prozesses des Sammelns, Speicherns und Wiederauffindens wissenschaftlicher Information. Sammlung von Aufsätzen, russ.) Hrsg.: V. V. Nalimov.
Moskau: Nauka 1966. 175 S. 4838

King, D. W.
Evaluation of Analog to Digital Converter Patent Information Retrieval Systems (Ed.)
Contract Cc6078. Westat Research Analysts, Inc., Denver, Colo.
Washington: Office of Technical Services, US Department of Commerce 1964.
42 S., $ 3,- (= PB 166 491)
(= WRA-PO-12) 4839

Kirk, B. A.
Occuptational information in counseling: use and classification.
Palo Alto, Calif.: Consultant Psychologists Press 1964. 80 S. 4840

Kistermann, Friedhelm Wilhelm
Untersuchungen zur Wirtschaftlichkeit verschiedener Selektionsverfahren in der Dokumentation.
(Forschungsberichte des Landes Nordrhein-Westfalen. Nr. 1211)
Opladen: Westdeutscher Verlag 1963.
115 S., 8°, kart. DM 44,50 4841

Klassifikation Binnenhandel
Tabelle f.d. system. Ordnen der IfD-Dokumenationsdienstes und anderer Literaturhinweise. Hrsg. Forschungsinst. d. Ministeriums für Handel und Versorgung, Leipzig.
Berlin: Institut für Dokumentation der Deutschen Akademie der Wissenschaften 1962. 15 Bl., 8° 4842

Klassifizierung der Literatur bei den Organen der staatlichen Bibliographie für Registratur und Kontrolle. Schema und Methodik, die in den Ausgaben der Unionsbuchkammer u. i. d. Buchkammern der Unions- u. d. autonomen Republik angewendet werden. (russ.) 3. erg. Aufl. 160 S.,
Moskau: Mesh. Kniga 1961. 16/ S., MDM 2,-. 4843

Koblitz, Josef
Methoden des Referierens von Dokumenten. Einführung in die Information und Dokumentation.
Leipzig: VEB-Verlag für Buch- und Bibliothekswesen 1964. 89 S., 8°, brosch. MDN 3.70 (= Bücherei des Dokumentalisten) 4844

Koblitz, Josef
Schlagwortgebung in der Dokumentation und Information.
Leipzig: VEB-Verlag für Buch und Bibliothekswesen 1964. 90 S., 8°, MDN 3.70 (= Einführung in die Dokumentation und Information = Bücherei des Dokumentalisten. 20) 4845

Koblitz, Josef
Vorträge zur Theorie und Praxis der Dokumentationsarbeit. (Bücherei des Dokumentalisten, 27)
Berlin: Institut für Dokumentation der Deutschen Akademie der Wissenschaften 1963. 181 S., 8°, MDN -.50 4846

Kochen, Manfred
Some problems in information science.
New York: Scarecrow 1965. 309 S., ill. $ 8.50 4847

Konferenz der Dokumentations- und Informationszentren der sozialistischen Länder, Prag. Teilnehmer CSSR, DDR, Polen, UdSSR, Ungarn. Teil I: Grundsätze der Zusammenarbeit, Termini, Entwicklungsstand und -perspektiven, Arbeitsteilung. Teil II: Berichte der anderen Teilnehmerländer.
Berlin: Institut für Dokumentation 1961. 92 S. 4848

Krieger, F.J.
Book review: Soviet research and development. Its organization, personnel, and funds. Ed.: Rand Corp., Santa Monica, Calif.
Washington, D.C.: Office of Technical Services 1966. (= AD 629 587) 4849

Krumholz, Walter
Untersuchung über den Stand der politischen Dokumentation in der Bundesrepublik Deutschland. Hrsg. in Verb. mit d. Otto-Suhr-Inst. an d. Freien Univ. Berlin.
Berlin: Leitstelle der Polit. Dokumentation 1965. Bd. 1. Bericht 1965. 57 S., 10 Bl., kart DM 10.-. Bd. 2. Porträts der untersuchten Dokumentationsstellen 1965. 69 S., kart. DM 5.-. Bd. 3. Übersichten von Beständen, Sammlungen und Tätigkeiten der untersuchten Dokumentationsstellen 1965. 58 S., kart. DM 5.- 4850

Kürschner, Gisela / Piesche Margarete
Fachliteratur für Dokumentation und Information. Ausgew. aus d. Bestandsverz. d. "Fachbibliothek Dokumentation/Information d. Instituts für Dokumentation.
Berlin: Institut für Dokumentation der Deutschen Akademie der Wissenschaften 1962. XI, 56 S., 72 Lochkarten, 8° (= Bücherei der Dokumentalisten 19) 4851

Kutter, Fritz
5x W. Wissen: wo - wie - wer- was. Einführung in die Aktenablage und Literaturauswertung.
Zürich: Verlag Schweizer Brauerei-Rundschau 1964. 84 S., 8°, SFr. 15.- 4852

Kyle, Barbara / Vickery, B.C.
La classification décimale universelle: Tendances actuelles. (Aus: Bull. de l' UNESCO à l'intention des bibliothèques. Vol. XV, No 2 +3). (Engl. Titel: The universal decimal classification: present position and future development.)
Paris: UNESCO 1961. 37 S., F 2.- Egalement pub. en Eng. 4853

Kyle, Barbara
The trial application of the Kyle Classifikation for arranging of entries and indexing of the contents of the four annual bibliographies of the International Committee for Social Science Documentation. Final Report. Association of fication Scientific Libraries and Information Bureaus, London (Ed.)
Washington: Office of Technical Services, U.S. Department of Commerce 1964.
10 S., $ 1.- (= PB 167 316) 4854

Lauenroth, Hans Georg
Untersuchungen über Organisation und Ökonomie der Informationsverarbeitung und Informationsspeicherung in der wissenschaftlichen Forschungsarbeit unter Anwendung kybernetischer Methoden. Diss. v. 18. Juni 1965.
Halle/S.: Universität 1965. 402 Bl., 4° 4855

L.C. Classification Additions and Changes.
Washington: Library of Congress, Superintendent of Documents. $ 1.50 jl. 4856

Lechmann, Heinz
Dokumentation und Information als Anliegen der Bundesrepublik Deutschland. Vortrag.
Frankfurt/M.: Dt. Gesellschaft für Dokumentation 1964. 31 S., 4° 4857

Lee, Tuie Gi
English dictionary classification. Linguistics Research Center, Univ. of Texas, Austin (Ed.)
Washington: Office of Technical Services, U.S. Department of Commerce 1965. 29 S., $ 2.- (= PB 168 758) (= LRC-65-WD-1) 4858

Legeard, C.
Guide de recherches documentaires en Démographie.
Paris: Gauthier-Villars 1966. 321 S., brosch. Fr. 40.- 4859

Leidy, Philip
A popular guide to government publications.
New York: Columbia University Press 4860

Lewinson, M.F.
Das Zusammenstellen von Archivkartotheken unter Anwendung von Buchungslochkartenausrüstungen. (russ.)
Moskau: Mesh. Kniga 1963. 20 S., geh. MDN 1.80 4861

Liberman, Eva / Stevens, Hoyt L.
Tables of four letter computer codes used in library retrieval program. Naval Ordinance Lab., White Oak/Md. (Ed.)
Washington: Office of Technical Services, U.S. Department of Commerce 1962.
676 S., $ 28.50 (= NOL - TR - 62 - 50) 4862

Linguistic and engineering studies in the automatic translation of scientific Russian into English. Ed.: Washington State University, Department of Far Eastern and Slavic Languages and Literature, and Department of Electrical Engineering.
Seattle, Wash.: University Press 1960.
492 S., 4°, sh 60/- 4863

List of national technical information centres. Hrsg.v. Federation Internationale de Documentation.
Ottawa: National Research Council of Canada 1964. 57 S., $ 1.- (= FID publication. 359.) 4864

Literatur über Dokumentation und Information in der DDR. Berichtszeitraum 1957-1961.
Berlin: Institut für Dokumentation, Bereich Methodik und Literaturdienst 1962. 8 S.,

geh. (= Literaturzusammenstellung MB Nr. 90) 4865

Literatur über Dokumentation und Information als wirksames Mittel zur Verbesserung der gesellschaftswissenschaftlichen Forschung und Lehre, unter bes. Berücks. der Pädagogik, Berufsbildung und Wirtschaftswissenschaften. Berichtszeit 1954 - 1962.
Berlin: Deutsches Pädagogisches Zentralinstitut, Abt. Dokumentation und Information 1963. 152 Titel, Lit.-Nr. 58/62 4866

Literatur über pädagogische Information und Dokumentation. Berichtszeit 1960 - März 1964.
Berlin: Deutsches Pädagogisches Zentralinstitut, Abt. Dokumentation und Information 1964. 32 Titel, Lit.-Nr. 10/64 4867

Literaturzusammenstellung Nr. 27: Information, Informationswesen, Informationstechnik. Berichtszeit: 1951-1965.
Leipzig: Inst. f. Verwaltungsorganis. u. Bürotechnik 1966. 4868

Literaturzusammenstellung Nr. 10: Klassifikation, allgemein; Klassifikation der Organisationsmittel. Berichtszeit: 1952-1965.
Leipzig: Inst. f. Verwaltungsorganis. u. Bürotechnik 1966 4869

Looking forward in Documentation. Papers and discussion. Aslib 38th Annual Conference of Exeter, 1964.
London: Aslib 1964. 120 S., 4°, sh 18/- 4870

Loosjes, Th. P.
Grundlagen der Dokumentationsarbeit.
München: Bayerischer Landwirtschaftsverlag 1962. 160 S., 25 graph. Darst., 8°, Ln. DM 19.- 4871

Mc Camy, C.S./Pope, C.I.
Summary of current research on archival microfilm. Ed.: National Bureau of Standards, Washington.
Washington: Superintendent of Documents, GPO 1965. 29 S. (= NBS TN-261) 4872

McGrath, Joseph
Systems of information in small group research studies. Human Sciences Research Ins., Arlington/Va. Contract AF 49 (638) 256.
Washington: Office of Technical Services, U. S. Department of Commerce 1962. 28 S., ill., $ 3.60 (= Rep. HSR-TN-62/2.) (= AFOSR TR-2416) 4873

Machine translation - Bibliography.
Hrsg.: OEC, European Productivity Agency, Question and Answer Service.
Paris: O.E.C.D. 1961. 65 S. (u. a. Forschungsorg.) 4874

Machol, R. E.
Information and decision processes.
Paris: Dunod 1960. 185 S., 8°, Ln., F 37.- 4875

Maden, Ethel C. / Koller, Herbert R.
A survey of computer programs for chemical information searching. Rechenmaschinen-Programmierungen für chemische Informationen, engl.)
Ed.: Research Information Center and Advisory Service on Information Proc.
Washington: Office of Technical Services, U. S. Department of Commerce 1961. (= NBSTN-85) 4876

Maher, J. J.
AFOSR/SDC Proceedings of the Workshop on Working with Semi-Automatic Documentation Systems,

Airlie Foundation-Warrenton, Virginia, May 2-5, 1965. System Development Corp. Santa Monica, Calif. (Ed.)
Washington: Office of Technical Services, U. S. Department of Commerce 1965. 109 S., $ 4. - (= AD 620 360) 4877

Majault, Joseph
Centres de documentation pédagogique en Europe occidentale. Etude comparée. Egalement pub. en Eng.
Paris: UNESCO 1962. 64 S., F 3.50 (= Etudes et documents d'éducation, 44.) (engl. Titel: Education documentation centres in Western Europe. 56 S.) 4878

Management Control Data System of the U. S. Air Force Office of Scientific Research. Final technical rept.
Ed.: Documentation Inc., Bethesda/Md. Contract AF 49 (638)-1212.
Washington: Office of Technical Services, U. S. Department of Commerce 1963. 48 S., $ 4.60 (= AFOSR-64-109) 4879

Marden, Ethel C.
A Mechanized system for searching chemical information. National Bureau of Standards.
Washington: Office of Technical Services, U. S. Department of Commerce 1965. 63 S., $ 0.75 (= NBSTN-264) 4880

Marschak, Jacob
Problems in information economics. Supported by the Office of Naval Research, Proj. NR-047-041 and the Western Management Science Inst., under its grant from the Ford Foundation. Ed.: California University, Los Angeles.
Washington: Office of Technical Services, U. S. Department of Commerce 1962. 35 S., ill., $ 3.60 (= Working paper no. 24.) 4881

Martyn, John
Report of an investigation on literature searching by research scientists.
London: Aslib 1964. 20 Bl., 4 Abb., 4°, sh 7/6 4882

Maschineneinsatz in der Dokumentation Arbeitsunterlagen f. e. Einführungslehrgang von 36 Unterrichtsstunden.
Frankfurt/M.: Zentralstelle f. Maschinelle Dokumentation 1966. 100 S., Abb., 4°, kart. DM 20. - (= ZMD. A, 6.) 4883

Mechanisierung und Automatisierung in Dokumentation und Information (insbesondere zur Karteiarbeit.) Berichtszeitraum: 1958-1964.
Berlin: Institut für Verkehrsforschung, Abt. für Technisch-Ökonomische Information des Verkehrswesens 1964. 55 S., brosch. 4884

Meeting of experts on development of information media in Africa, Paris 1962. Developing information media in Africa; press, radio, film, television.
New York: U. N. Educational, Scientific and Cultural Org. Mass. Communication Techn. Div. 1962. 57 S., 4°, $ 1. - (= Reports and papers on mass communication. No. 37) 4885

Melton, Jessica S.
Automatic Processing of Metallurgical Abstracts for the Purpose of Information Retrieval Volumes I and II. Western Reserve Univ., Cleveland, Ohio. Center for Documentation and Communication

Research.
Washington: Office of Technical Services, U. S. Department of Commerce 1965. $ 7.30 (= Interim Rep. NSF-3.) (= PB-168 551) 4886

Melton, Jessica S.
A use for the techniques of structural linguistics in documentation research. Comparative Systems Lab., Western Reserve Univ., Cleveland, Ohio (Ed.)
Washington: Office of Technical Services, U. S. Department of Commerce 1964. 23 S., $ 1.- (= PB 167 942) (= Rep. CSL-TR-4) 4887

The metallurgical searching service of the American Society for Metals, Western Reserve University. An evaluation.
Washington: National Academy of Sciences, National Research Council 1964. VIII, 96 S., gr. -8°, $ 2.- 4888

Mertens, Peter
Betriebliche Dokumentation und Information.
Meisenheim: Hain 1965. 210 S., 8°, kart. DM 21.60 (= Schriften z. wirtschaftswissenschaftlichen Forschung. Bd. 14) 4889

Methoden des Recherchierens und Recherchemittel. Die Recherche im Patentwesen.
Berlin: Amt für Erfindungs- und Patentwesen der DDR 1963. 94 S., 8° (= Fernstudium. 4. Lehrgang) 4890

Meyer, Erich
Grundfragen der Patentdokumentation. 3. überarb. Auf.
Düsseldorf: VDI-Verlag 1963. XI, 259 S., 49 Abb., 8°, kart. DM 23.60 4891

Miehe, H. W. / Shea, J. P. / Connelly, J. J. etal.
Study of programming documentation standards and specifications. Final technical rept. 16 May-15 Nov. 65. ITT Data and Information Systems Div. Paramus, N. J. Contract NONR-4958 (00).
Washington: Office of Technical Services, U. S. Department of Commerce 1965. 282 S., $ 6.- (= AD 624 521) 4892

Mikhaylov, A. I. / Chernyi, A. I. / Gilyarev, R. S.
Organization of scientific and technical information in the Communist world. Aerospace Technology Div., Library of Congress, Washington, D. C. (Ed.)
Washington, D. C.: Office of Technical Services 1966. 97 S. (= AD 627 802) (= Rep. ATD-66-11) 4893

Mikolajski, M.
Wstep do mechanizacji i automatyzacji czynności informacji naukowotechnicznej i ekonomicznej. Einführung in die Mechanisierung und Automatisierung der wissenschaftlich-technischen und ökonomischen Informationstätigkeit.
Warschau: Ruch 1962. 61 S. 4894

Mikrofilm 1966. Organisatorische und technische Fragen des Mikrofilms für Schriftgut- und Zeichnungsverfilmung.
Bad Homburg: International Public-Relations 1966. DM 15.- (Subskript) 4895

Mills, Jack
The Universal decimal classification.
New Brunswick/N. J.: Graduate School of Library Services, Rutgers 1964. 132 S., 8°, $ 3.50 (= Rutgers series on systems for the intellectual org. of info. V. 1.) 4896

Model information retrieval network for government, science and industry. A proposed basic configuration for a national system of interlinking information retrieval networks. Contract AF 49 (638) 1209.
Washington: Office of Technical Services 1964. 259 S., $ 16.50 (= AFOSR 64-0942) 4897

Modern Documentation and information practices. Grundlegendes Handbuch über d. Organisation, Nachschlagewerk über Bearbeitung von Bibliographien, Referaten, Katalogen und Verzeichnissen, Übersetzungen, Personalbedarf u. a.
Den Haag: Federation Internationale de Documentation 1961. 225 S., hfl. 17.50 4898

Mole, M.
Dokumentaciona i informaciona služba u preduzeću i ustanovi (Der Dokumentations- und Informationsdienst in Betrieben und Institutionen.)
Zagreb: Informator 1962. 149 S. 4899

Moravcová, Ven
Niektoré problémy psychológie v metodike a organizácii informačnej práce. (Einige Probleme der Psychologie in der Methodik und Organisation der Informationsarbeit, tschech.)
Bratislava: Slovenská Technická Knižnica v Bratislave 1966. 79 S., Abb., Tab., Lit. (= Studijná priručka č. 6.) 4900

Mulitze, Heinz
Neuerungen dokumentieren, anbieten, nachnutzen. Hrsg. v. Amt für Erfindungs- u. Patentwesen d. Deutschen Demokr. Republik.
Berlin: Staatsverl. 1966. 59 S. 4901

Murray, Hubert jr.
Methods for satisfying the needs of the scientist and the engineer for scientific and technical information. Redstone Scientific Information Center, Redstone Arsenal, Ala. (Ed.)
Washington, D. C.: Office of Technical Services 1966. 19 S. (= AD 627 845) (= Rep. RSIC-510) 4902

Nathans, J.
De administratieve informatie verzorging met betrekking tot de beslissingsvoorbereiding op korte termijn. Inaug. rede.
Amsterdam: Meulenhoff 1964. 16 S., hfl. 2.50 4903

National libraries. Extracts from the proceedings of the University and Research Section Conference held at Bangor, April 1963.
London: Library Association 1963. 56 S., 8o, sh 10/- 4904

National Technical Information Services, Worldwide Directory.
Den Haag: International Federation for Documentation 1964. 57 S., $ 1.- (= FID, No. 359.) 4905

Nationales Zentrum für wissenschaftliche Dokumentation. Zwecke Gliederung, Tätigkeit. 3. Ausg. mit Angaben bis 1. Mai 1962.
Rom: Consiglio Nazionale delle Ricerche 1962. 8 S., 8o 4906

Neef, Ingeborg
Der Einsatz von Handlochkarten als Hilfsmittel der Information im Bereich des WTZ "Anorganisch-chemische Industrie". Hausarbeit.
Berlin: Fachschule f. Bibliothekare an wiss. Bibliotheken 1966. XV, 25 S., 22 Abb., 20 Lit. 4907

Neidhardt, P.
Informationstheorie und automatische Informationsverarbeitung. 2. Aufl.
Stuttgart: Berliner Union 1964.
268 S., 93 Ill., DM 44.- 4908

Ness, R. G. van
Principles of punched card data processing.
Elmhurst, Ill.: Business Press 1964.
286 S., ill., $ 8.50 4909

Nicolaus, J. J.
The automated approach to technical information retrieval. Library Application.
Washington: Department of the Navy, Bureau of Ships 1964. 44 S., $ -.30
(= Navships 250-210-2) 4910

Niederberger, Alex R. V.
Documentation. Elektronische Rechenautomaten. Electronic computers. Calenlateurs electroniques. Lose-Blatt-Werk.
Hamburg: R. v. Decker 1965. 4911

Niederschrift über die Mitgliederversammlung der Deutschen Gesellschaft für Dokumentation e. V. 1964.
Frankfurt/M.: Dt. Gesellschaft für Dokumentation 1964. 11 Bl., 4°
(n. i. B.) 4912

Nikitin, P. I.
Organizacija naučno-techničeskoj informacii v kapitalističeskich stranach. (Die Organisation der wissenschaftlich-technischen Information in den kapitalistischen Ländern, russ.)
Moskau: VINITI 1965. 15 S. 4913

1965 Symposium on Photography in Information Storage and Retrieval, October 21-23, 1965. Society of Photographic Scientists and Engineers Washington, D. C.
Washington: Office of Technical Services, U. S. Department of Commerce 1965. 104 S., $ 0.75
(= AD 625 029) 4914

Nonconventional technical information. National Science Foundation, Washington, D. C. (Ed.)
Washington: Office of Technical Services, U. S. Department of Commerce 1962. 224 S., $ 6.- (= System in Current use. No. 3.) (= PB 168 549) 4915

Normand, Frederick A. / De Fiore, Casper R.
The storage, retrieval, and utilization of a service routine. Library for the RADC CDC 160/160A Computer System. Rome Air Development Center, Griffiss Air Force Base/N. Y. (Ed.)
Washington: Office of Technical Services, U. S. Department of Commerce 1963. 27 S., $ 2.60
(= RADC-TM-63-2) 4916

O'Connor, John
Automatic subject recognition in scientific papers: An empirical study. Institute for Scientific Information Inc., Philadelphia, Pa. (Ed.)
Contract NONR-4183 (00). Contract AF 49 (638)-1300.
Washington, D. C.: Office of Technical Services 1965. 29 S. (= AD 626 555) 4917

O'Conner, John
Information retrieval study. (Studie über das Wiederauffinden von Informationen, Reduzierung von Speicherraum und Selektionszeit, Strukturforschung, mechanisierte Registrier-

einrichtungen ohne Maschineneinsatz, engl.) Contract Nonr. 551(35).
Philadelphia/Pa.: Institute for Cooperative Research 1960. 10 S. 4918

Oever, H. E. van't
Documentatie - een voorpost van uw bedrijf. Dokumentation - ein Vorposten im Betrieb.
Alphen aan de Rijn: Samson 1961. 120 S. 4919

On the Classification of geographical books and maps. Final report. (Die Klassifikation geographischer Bücher und Karten. Schlußbericht.)
Bad Godesberg: Institut für Landeskunde 1964. 140 S., 35 Bl., 10 kart. 4920

Osrodki dokumentacji i źrodla informacji naukowej w Japonii. (Dokumentationszentren und Quellen der wissenschaftlichen Information in Japan, poln.)
Warschau: Ośrodek dokumentacji informacji naukowej Polskiej Akademii Nauk 1965. XIII, 39 S. (= Seria: Informatory. Nr. 9) 4921

Ostromeckij, A.
Nekotorye vosprosy sozdanija i ispol zovanija spravočno-informacionnych fondov v NII, KB i na predprijatijach. Materialy po naučno-techničeskoj informacii. (Einige Fragen der Schaffung und Nutzung von Auskunfts-Informations-Fonds in wissenschaftlichen Forschungsinstituten, Konstruktionsbüros und in Betrieben. Materialien zur wissenschaftlich-technischen Information, russ.)
Moskau: VINITI 1966. 67 S., 15 Lit. 4922

Pacific Scientific Information. No. 1: Republic of Indonesia.
Honolulu: Pacific Scientific Information Center 4923

Pädagogische Recherchemittel und Informationsmaterialien Auswahl.
Bearb. v. Margarete Lufer.
Berlin: Deutsches Pädagogisches Zentralinstitut, Abt. Dokumentation und Information 1964. 44 Bl., 4° 4924

Paisley, William J. / Parker, Edwin B.
Information retrieval as a receiver-controlled communication system.
Stanford University, Calif. (Ed.)
Washington, D. C.: Office of Technical Services 1965. 10 S. (= PB 169 168) 4925

Pal'gunov, N. G.
Zametki ob informacii. (Bemerkungen zur Information, russ.)
Moskau: Izd-vo Mosk. univ. Ersch. 2. Quart. 1967 4926

Palmer, B. I.
Itself an education: six lectures on classification.
London: The Library Association 1962. 72 S., sh 16/- 4927

Parameters in information science. Proceedings of the 15th Annual Meeting. October, 1964. Ed. by A. W. Elias. American Documentation Institute, Washington (Ed.)
Washington: Spartan Books 1964. 276 S. 4928

Parkhi, Raghunath
Decimal Classification and Colon Classification in Perspective.
London: Asia Publishing House 1964. XX, 545 S., Abb., 8°, £ 5/12/- (= Ranganathan series in library science. 11.) 4929

Paś, Ryszard
Informacja naukowa, techniczna i ekonomiczna w biurach projektów. Potrzeby informacyjne biur projektowych i konstrukcyjnych w ocenie ich pracownikow. (Sprawozdanie z badan.) (Wissenschaftliche, technische und ökonomische Information in Projektierungs-Büros. Informationsbedürfnisse von Projektierungs- und Konstruktionsbüros in der Einschätzung ihrer Mitarbeiter. Forschungsbericht. poln.)
Warschau: Centralnyj Instytut Informacji Naukowo-Technicznej i Ekonomicznej 1965. 70, 25 S., Tab. (= Prace, studia, przyczynki 5/65) 4930

Pastoors, Horst
Die Informationswirtschaft industrieller Unternehmungen. Dissertation.
Köln: Universität 1965. 185 S., Lit. 4931

Patek, Ferenc
A müszaki-tudomanyos tajekoztatas dinamikaja. Igenykutatas. (Die Dynamik der wissenschaftlich-technischen Information. Bedarfsforschung, ungar.)
Budapest: Országos Müszaki Könyvtár es Dokumentacios Központ 1966. 118 S. 4932

Patent Classification Microfilm.
Washington: Library of Congress Photoduplication Services, Publications Board Project 1960. $ 6.- 4933

Patterson, Austin McDowell
Words about words: a collection of nomenclature columns.
Washington: American Chemical Society 1957. X, 86 S., Abb., $ 2.25 4934

Payne, H. A.
Institute of Naval Studies Cambridge, Mass. On measuring the value information, with implications for communications systems.
Washington: Office of Technical Services, U. S. Department of Commerce 1965. 34 S., $ 2.- (= AD 624 785) 4935

Perry, James Whitney
Document selection methods: a general analysis.
Tucson/Ariz.: James Whitney Perry 1963. 561 S., 4° 4936

Pewnew, N. I.
Planung und Organisation der wissenschaftlich-technischen Information in der Industrie (russ.)
Moskau: Mesh. Kniga 1961. 128 S., MDN 1.20 4937

Pick, Heidemarie
Aufbau eines Wissensspeichers im Institut für Technik und Organisation der Deutschen Bauakademie. Hausarbeit.
Berlin: Fachschule f. Bibliothekare an wiss. Bibliotheken 1966. 34 S., 2 Abb., 2 Tab., 8 Lit. 4938

Pietzsch, Jürgen
Die Information in der industriellen Unternehmung. Diss. vom 4. März 1963, 110 S., Abb., 9°
Köln: Universität, Wirtschafts- und sozialwiss. Fakultät (Auch im Buchhandel als: "Veröffentlichungen d. Schmalenbach-Gesellschaft, Bd. 35") 4939

Pionkowski, T
Opracowania informacyjne. Metody pracy i programowanie dzialania osrodków služby informacji naukowo-technicznej i ekonomicznej. Informationsverarbeitung (Arbeitsmethoden

und Tätigkeitsprogramm der Einrichtungen des wissenschaftlich-technischen und ökonomischen Informationsdienstes, poln.)
Warschau: CIINTE 1962. 154 S. 4940

Planning Conference on Information Transfer Experiments, Woods Hole,, Mass. 1965 Intrex; report of a Planning Conference on Information Transfer Experiments, September 3, 1965.
Ed. by Carl F. J. Overhage, R. Joyce Harman.
Cambridge, Mass.: Massachusetts Institute of Technology 1965. XVIII, 276 S., gr.-8°, $ 5.- 4941

Poindron, P. / Chonez, A. / Gaudriault, R. / Jacquemin, E.
Manuel pratique de reproduction documentaire et de sélection - A 3.
Paris: Gauthier-Villars 344 S., 155 Abb., 8°, kart. F 46.- 4942

Pollick, D. K. / Koester, G. J. K. / Tippett, J. T.
Optical processing of information.
Washington: Spartan Books 1964.
300 S., ill., $ 7.50 4943

Polzovics, Iran
Adatok és Felismérések a Szakirodalmi Dokumentáció Történetének Kezdeteihez. (Summaries in French, German, English and Russian.)
Budapest: Országos Muszaki Könyvtár és Dokumentációs Központ 1964.
79 S. 4944

Polzovics, Iván
Bevezetés a szakirodalmi dokumentációba a müszaki és természettudományok területén. (Introduction to the documentation of scientific literature in the fields of technical and natural sciences, ungar.) Hungarian Central Technical Library and Centre for Documentation, Budapest.
Budapest: Kultura 1962. 450 S. 4945

Pomaßl, Gerhard / Rost, Gottfried
Bibliografija v sisteme informacii. (Die Bibliographie im System der Information, russ.)
Leipzig: Deutsche Bücherei 1965.
32 Bl., 4° (Maschinenschr. vervielf.) 4946

Pomaßl, Gerhard / Rost, Gottfried
The Bibliography in the information system. (Die Bibliographie im System der Information, engl.)
Leipzig: Deutsche Bücherei 1965.
38 gez. Bl., 4° (Maschinenschr. vervielf.) 4947

Pomaßl, Gerhard / Rost, Gottfried
Le Rôle de la bibliographie dans le système d'information. (Die Bibliographie im System der Information, franz.)
Leipzig: Deutsche Bücherei 1965.
40 gez. Bl., 4° (Maschinenschr. vervielf.) 4948

Poppe, Nicholas / Hurvitz, Leon / Okada, Hidehiro
Catalogue of the Manchu-Mongol section of the Toyo Bunko.
Seattle, Wash.: University of Washington Press 1964. 387 S., 4°, $ 10.- (= Far Eastern and Russian Institute, Univ. of Washington, Seattle, Studies on Asia.) 4949

Porello, Oreste
Progetto di un centro di documentazione per l'industria. (Der Plan eines Dokumentationszentrums für die Industrie, ital.)
Turin: Universitá, Facoltá di Economia e Commercio 1958. XIII, 241 S. 4950

Prichod'ko, A. A.
Effektivnost' ispol'zovanija naučno-techničeskoj informacii. (Die Effektivität der Nutzung wissenschaftlich-technischer Information, russ.)
Moskau: VINITI 1965. 15 S. (= Teorija i organizacija naučno-techničeskoj informacii. Lekcii) 4951

Prinzhorn, Fritz
Dokumentation und Buchwissenschaft. Vortrag.
Bonn: Bouvier 1964. 28 S., 8o, kart. DM 3.60 (= Forschungsstelle für Buchwissenschaft an der Universitätsbibliothek Bonn. Kleine Schriften, 1.) 4952

Problema dolgovecnosti dokumentov i bumagi. (Die Probleme der Lebensdauer von Dokumenten und Schriftstücken, russ.)
Moskau, Leningrad: Nauka 1964. 124 S., Abb. 4953

Proceedings. Vol. 1: Parameters of Information Science Annual Meeting, Oct. 5-8, 1964, Philadelphia.
London: Cleaver-Hume 1964. VI, 521 S., ill., Abb., 4°, sh 126/- 4954

Proceedings of Conference, Fall 1964, American Federation of Information Processing Societies, Washington.
Washington: Spartan Books 1964. 600 S., ill., $ 16.50 4955

Proceedings of the Conferences on Training Science Information Specialists. October 12-13, 1961, April 12-13, 1962.
Atlanta: Georgia Institute of Technology 1964. 139 S. 4956

Proceedings of the Congress of the International Federation for Information Processing, Munich. Aug./Sep.. 1962. Ed. by C. M. Popplewell.
Amsterdam: Nork-Holland Publ. Co. 1963. XVI, 780 S., Abb. 4957

Proceedings of the International Conference on Information Processing. Paris, June, 1959. Information processing.
Paris: UNESCO 1959/1960. 520 S., Abb. (Preface and table of contents. Eng. -Fr.) 4958

Proceedings. "Torran". Merton College, Oxford, 17-19 July, 1964.
Orpington/Kent.: Institute of Information Scientists 1965. 50 S., sh 20/- 4959

Propaganda materialov naučno-techničeskoj informacii v techničeskich bibliotekach. (Propaganda der Materialien der wissenschaftlich-technischen Information in technischen Bibliotheken, russ.)
Moskau: Mesh. Kniga 1962. 24 S. 4960

Providing U. S. scientists with Soviet scientific information.
Washington: Office of Science Information Service, National Science Foundation 4961

Querschnittsinformation Fondintensität. Hrsg. v. d. Zentralstelle f. wirtschaftswissenschaftl. Dokumentation u. Information im Inst. f. Wirtschaftswiss. d. Dt. Akad. d. Wiss. zu Berlin. 1965, Nr. 1.
Berlin: Deutsche Akademie d. Wissenschaften, Inst. f. Wirtschaftswiss. 1965. 29 Bl., 4o 4962

Raebiger, Ernst
Beschreibung der Flächenlochkarten "Pat. Dok. 12" (Handlochkarte) und "Pat. Dok. 12 HM" (Handlochkarte

mit automatischer gefertigter Maschinen-lochkarte) für die Patentdokumentation.
München: Deutsches Patentamt 1962.
50 S., 4 Beil., 8° 4963

Ranganathan Shiyali Ramamrita
The Colon classification.
New Brunswick, N.J.: Graduate Sch, of Lib. Serv. Rutgers 1965. 298 S., 8°, $ 5.- 4964

Ranganathan, Shiyali Ramamrita
Documentation and its facets: being a symposium of seventy papers by thirty-two-authors.
London: Asia Publishing House 1963.
3, 639 S., Abb., 4°, sh 75/- (= Rangananthan series in library science. No. 10.) 4965

Rapid-Action Printing Mechanism.
Foreign Technology Div. Wright Patterson AFB, Ohio.
Washington: Office of Technical Services, U. S. Department of Commerce 1965. 5 S., $ 1.-
(= AD 621 059) 4966

Razrabotka semy, naucno-techniceskoj informacii v ugol'noj promyslennosti. (Erarbeitung eines Schemas der wissenschaftlich-technischen Information in der Kohleindustrie, russ.)
Moskau: Centr. naucno-issled. inst. inform. i techniko-ekon. issledovanij ugol'noj prom. 1965. 75 S. 4967

Readings in information retrieval. (Vorlesungen über das Wiederauffinden von Informationen, engl.) Hrsg.: Harold S. Sharp.
New York, London: The Scarecrow Press 1964. XV, 759 S. 4968

La recherche scientifique. (Coordination: Josse Melange, avec la collaboration de Piet Schaumburg et Pieter de Prins.) Het wetenchappelijk onderzoek. Samengesteld door Josse Melange, met medewerking van Piet Schaumburg en Pieter de Prins).
Brüssel: Institut Belge d'Information et de Documentation 1965. 163 S., ill., 12° 4969

Recommendations for national document handling systems in science and technology. Appendix A: A background study. Vol. 1 + 2. Federal Council for Science and Technology, Washington, D. C. (Ed.)
Washington, D. C.: Office of Technical Services 1965. 608 S. (= AD 625 560) (= PB 168 267) 4970

Rees, A. M.
Automated Information Retrieval Systems (engl., franz.).
Paris: Association Internationale des Documentalistes et Techniciens de l'Information 1964. 16 S. (= Rapid Training Course. No. 10.) 4971

Rees, A. M.
The Information Network-Libraries. Systems, Centers and Services.
Paper presented at a Joint Meeting of the Cincinnati Engineering Society and the Southern Ohio Chapter of the American Documentation Institute.
Cleveland, Ohio: Center for Documentation and Communication Research, School of Library Science, Western Research University 1964. 12 S. 4972

Rees, A. M. / Saracevic, T.
The teaching of documentation at Western Reserve University.
Cleveland, Ohio: Center for Documentation and Communication Research, School of Library Science, Western Reserve University 1964. 9 S. 4973

Renwick, W.
Digital Storage Systems.
London: Spon 1964. 192 S., 146 Abb., £ 2/10/0 4974

Répertoire des bibliothèques d'étude et organismes de documentation. 1. Paris. Seine et Seine-et-Oise. 2. Departments. 3. Supplément et Index.
Paris: Bibliothèque nationale 1963. XV, 1233 S., 8°, brosch. 4975

Répertoire international des centres de recherche sociologique en dehors des Etats-Unis d'Amérique. International repertory of sociological research centres outside the U.S.A.
Paris: UNESCO 1965. 125 S., F 4.- (= Rapports et documents de sciences sociales, 20.) 4976

RGW-Symposium. Entwicklung von Deskriptorsystemen und ihre Nutzung beim Wiederauffinden von Informationen. Berlin 1966. Red.: Hans-Dieter Rosenbaum u. a. T. 1. 2.
Berlin: Zentralinstitut f. Information u. Dokumentation 1966. 265, 283 S., 8°, je DM 12.50 (= ZIID-Schriftenreihe. 12.) 4977

Richardson, E. C.
Theoretical and practical classification. With an appendix containing an essay towards a bibliographical history of systems of classification, 1860-1939. 3. Ausg.
Hamden: Shoe String 1964. XVI, 228 S., 8°, $ 9.- (= N.Y. State Lib. Sch. Assn. alumni lects., 1900-1901.) 4978

Rieger, H.
Methoden und Formen d. Literaturinformation.
Leipzig: VEB Verlag für Buch- und Bibliothekswesen 1964. 81 S., 8°, brosch., MDN 3.70 4979

Rigby, Malcolm
Samples of mechanically produced schedules, Number 5, for Universal Decimal, Classification UDC, Single language print-outs, 13 languages, UDC Committee. United States National Committee for F.I.D., Washington, D.C.
Washington: Office of Technical Service, U. S. Department of Commerce 1964. 90 S., $ 3.- (= PB 168 327) 4980

Rippeger, E. A. / Wooster, Harold / Juhasz, Stephen / Falconer, David
Applied mechanics reviews San Antonio, Tex. Wadex Word and Author Index. Part I. Description, Part II. Program Documentation.
Washington: Office of Technical Services, U. S. Department of Commerce 1965. 193 S., $ 5.- (= AD 623 162) (= Rep. AMR-38) 4981

Ritzer, Walter
Die Literaturverwertungsstelle der Bibliothek der Technischen Hochschule in Wien.
Wien: Vereinigung österreichischer Bibliothekare 1960. 12 Bl., 4° 4982

Roberts, Edward B.
The design of research and development policy. Massachusetts Inst. of Tech., Cambridge School of Industrial Management (Ed.)
Washington: Office of Technical Services, U. S. Department of Commerce 1963. 42 S., $ 2.- (= Rep. CSCL-05-A) 4983

Robinson, Jane J.
The transformation of sentences for information retrieval.

Washington: Office of Technical Services, U. S. Department of Commerce 1965. 14 S., $ 1.- (= AD 624 890) 4984

Rosemann, Siegfried
Vergleichende Untersuchungen über den rationellen Einsatz eines der zur Zeit in der DDR gebräuchlichsten Selektionsverfahrens für die Speicherung auf dem Fachgebiet der Explosivstoffe. Hausarbeit.
Berlin: Fachschule f. Bibliothekare an wisse. Bibliotheken 1966. VIII, 23 S., 2 Abb., 48 Lit. 4985

Rosie, Aeneas Murdoch
Information and communication theory.
London: Blackie 1966. III, XII, 175 S. (= Electronic user series.) 4986

Rules for I.U.P.A.C. notation for organic compounds. Hrsg.: International Union of Pure and Applied Chemistry, Commission on Codification, Ciphering and Punched Card Techniques.
London: Longmans 1961. IX, 107 S., Abb., 4°, sh 25/- 4987

Rusinov, F. M. / Popov, L. G.
Mašina daet spravki (Maschinelle Information, russ.) Isd. Znanie vsesojuznogo obščestva po rasprostraneniju politiceskich i naučnych znanij.
Moskau: Mesh. Kniga 1962. 32 S. 4988

Salton, Gerard
Progress in automatic information retrieval. Harvard University, Cambridge, Mass. (Ed.)
Washington, D. C.: Office of Technical Services 1965. 15 S. (= PB 168 886) 4989

Samurina, E. I. / Kljukvina, I. F.
Universal'naja desjatičnaja klassifikacija (UDK). Elektrotechnika i zmežnye voprosy nauki i techniki. Universal-Dezimalklassifikation DK. Elektrotechnik und Grenzgebiete der Wissenschaft und Technik.
Moskau: Mesh. Kniga 1961. 130 S. 4990

Sandford Smith, James
Punched cards. 2. Aufl.
London: Macdonald & Evans (i. Vorb.) 4991

Satzung der Deutschen Gesellschaft für Dokumentation e. V. vom 18. Oktober 1960 in der neuen F ssung vom 16. Oktober 1963.
Frankfurt/M.: Dt. Gesellschaft für Dokumentation 1963. 4 Bl., 8° (n. i. B.) 4992

Sayers
Manual of classification.
London: André Deutsch. sh 63/- 4993

Schaffert, R. M. / Jackson, L. R. / Middleton, A. E.
Continuous-Tone Electrostatic Electrography. Xerox Corp. Rochester N.Y. (Ed.)
Washington: Office of Technical Services, U. S. Department of Commerce. $ 5.- (= AD 623 412) 4994

Scheuchzer, R.
Unternehmungsdokumentation. Über den Aufbau von Bibliothek und Registratur in der Unternehmung.
Bern: Haupt 1964. 48 S., 14 S. Ill., Sfr. 5.80 (= Betriebswirtschaftliche Mitteilungen, Heft 28.) 4995

Schlaffner, Peter
Systemfreie Benummerung. Vieldimensionale Aussagefähigkeit durch nichtsprechende Schlüssel.
Berlin: Beuth-Vertrieb 1963. 9 S., Abb., 4°, geh. DM 1.80 4996

Schlagwortverzeichnis für die Referatekartei. Dokumentationsdienst "Pädagogik" alphabetisch u. auf der Grundlage der IDK. Bearb. Regina Streiber.
Berlin: Deutsches Pädagogisches Zentralinstitut, Abt. Dokumentation und Information 1965. 80 S., 4° (n.i.B.) 4997

Schmeckebier, L. F. / Eastin, Roy B.
Government publications and their use.
Washington: The Brokings Institution 4998

Schmoll, Georg
Methoden des Recherchierens und Recherchemittel. Einführung in die Dokumentation und Information.
Leipzig: VEB Verlag für Buch- und Bibliothekswesen 1964. 65 S., 8°, MDN 3.70 (= Bücherei des Dokumentalisten. 20) 4999

Schmoll, Georg
Wortschatz und Begriffsbildung der Information und Dokumentation. Diss. v. 13. Juli 1966.
Jena: Phil. Fak. 1966. 200 Bl., 4° 5000

Schneider, Klaus
Maschinelle Dokumentation in der Bundesrepublik Deutschland.
Frankfurt/M.: Zentralstelle f. Maschinelle Dokumentation 1965. 2 Bl., 4° (= ZMD. A, 2.) 5001

Schneider, Klaus / Meyer-Uhlenried, Karl-Heinrich
Dokumentation und Maschineneinsatz in den U.S.A. Reisebericht.
Frankfurt/M.: Zentralstelle f. Maschinelle Dokumentation 1965. 37 S., 4°, kart. DM 7.- (= ZMD. A. 5) 5002

Scholten, W.
De Tijdschriftliteratuur van de Octrooiraad.
Den Haag: Nederlands Instituut voor Documentatie en Registratuur 5003

Schneider, K aus / Meyer-Uhlenried, Karl-Heinrich
Dokumentation und Maschineneinsatz in den U.S.A. Reisebericht. 1. Nov. 65.
Frankfurt/M.: Zentralstelle für maschinelle Dokumentation (ZMD) 1966. 5004

Schneider, Udo
Anwendung einer Systematik zur Recherchenarbeit in der Information mit einem Beispiel aus der Hochspannungstechnik.
Ilmenau: Hochschule für Elektrotechnik 1960. 13 S., 15 Abb. 5005

Schröder, Eva Dora
Deutschsprachige Zeitschriftenaufsätze zur maschinellen Dokumentation.
Frankfurt/M.: Zentralstelle f. Maschinelle Dokumentation 1965. 8 Bl., 4°, geh. DM 2.- (= ZMD. A,4.) 5006

Schütze, Gertrude
Documentation source book.
New York: Scarecrow 1965. 554 S., 8°, $ 14.- 5007

Schulz, Edmund / Röhr, Karl-Heinz
Über Information und Nachricht.
Berlin: Verband der deutschen Journalisten 1965. 26 S., 8°, DM 1.20 (= Schriftenreihe d. Verbandes d.

deutschen Journalisten, H. 29) 5008

Science and society; a symposium.
New York: W. A. Benjamin 1965.
VII, 125 S., ill., $ 7.50 5009

Scientific Facilities and Information Services of the Federation of Malaya and State of Singapore.
Honolulu: Pacific Scientific Information Center for the U. S. National Science Foudation 1961. 43 S. 5010

Scientific information avtivities of the National Academy of Sciences-National Research Council. A report.
Washington: National Academy of Sciences, National Research Council 1965. 116 S., 8°, gratis 5011

Scientific and technical documentation centres. Unesco's contribution to their development. (Wissenschaftliche und technische Dokumentationszentren. Der Beitrag der Unesco zu ihrer Entwicklung, engl.)
Paris: Unesco 1965. 55 S., sh 8/- 5012

Scientific and technical information in the Soviet Union. Report of the D.S.I.R. - Aslib delegation to Moscow and Leningrad, 7th-24th June, 1963.
London: Aslib, Department of Scientific and Industrial Research 1964. IV, 44 S., Abb., 8°, gratis 5013

2nd Conference of Technical Information Center Administration, 1965, St. David's (Pa.) Tica 2, St. David's Pennsylvania, June 14-17, 1965; edited by Arthur W. Elias
Washington, D. C.: Spartan Books; London: Macmillan 1965. VI, 169 S., Abb., 8°, sh 52/6 5014

Sedelow Sally Yeates
Stylistic analysis; Report on the second year of research. Ed.: System Development Corp., Santa Monica, Calif. Contract Nonr-4427(00).
Washington, D. C.: Office of Technical Research 1966. 138 S. (= AD 629 789) 5015

A selectred bibliography of documentation and information retrieval.
Washington: Office of Technical Services, U. S. Department of Commerce 1964. 14 S., $ 1.- 5016

Seminar zur Einführung in das Dokumentationswesen. Für Angehörige d. wissenschaftl. Dienstes u. Mitarb. mit entsprechender Tätigkeit in Forschg., Industrie u. Verwaltung. März-Juni 1966.
Frankfurt: Deutsche Gesellschaft f. Dokumentation, Kuratorium f. Nachwuchsbildung 1966. 10 S., 8° 5017

Service d'information scientifique. La bibliothèque du CERN et les services annexes.
Genf: 1962. 45 S., 4° (= CERN. Bibl. 6) 5018

Sestova, I. G.
Spravocno-informacionnyj fond (Der Auskunfts-Informationsfonds, russ.)
Moskau: VINITI 1966. 23 S. 5019

S. E. T. Structure et évolution des techniques. Revue de documentation de l'association pour l'étude des techniques. unregelm.
Paris: 1948 ff. F 15.- jl. 5020

Sharp, Harold S.
Readings in information retrieval.
New York: Scarecrow Press 1964.
759 S., ill., 8°, $ 17.50 5021

Sharp, John Raymond
Some fundamentals of information retrieval.
London: Deutsch 1965. 224 S., ill., 8°, sh 35/- 5022

Shera, Jesse Hauk
Documentation and the organization of knowledge; edited and with an introduction by D. J. Foskett.
London: Lockwood 1966. XXI, 185 S., 8°, sh 30/- 5023

Shera, Jesse Hauk
Libraries and the organization of knowledge. Ed. introd. by D. J. Foskett.
Hamden, Conn.: Archon 1965. XIX, 224 S., 8°, $ 6.50 5024

Vortrag, gehalten auf dem Internationalen Kongreß über Dokumentation und wissenschaftlich-technische Information, Rom, 2.-11. Febr. 1964.
Rom: Comitato Nazionale per la Produttivita 1964. 19 S. 5025

Siegel, Heinz
Literaturerschliessung und Dokumentation.
Bonn: Bibliothek d. Dt. Bundestages 1963. 88 S., 4° (n. i. B.) (= Arbeitsgemeinschaft d. Parlaments- und Behördenbibliotheken. Arbeitshefte Nr. 13) 5026

Simpozium Razrabotka deskriptornych sistem i ich ispol'zovanie dlja poiska informacii. Doklady. Berlin, 28 ijunja - 1 iulja 1966 g. (Symposium "Erarbeitung von Deskriptorensystemen und ihre Verwendung für die Informationsrecherche". Vorträge) Berlin, vom 28. Juni bis 1. Juli 1966.
Berlin: Centrl'nyj Institut Informacii i Dokumentacii 1966. VIII, 376 S. 5027

Singer, T. E. R.
Information and communication practice in industry.
New York: Reinhold Publ. Co. 1958. 310 S. 5028

Sistema naučnoj i techničeskoj informacii Vengerskoj Narodnoj Republiki. (System der wissenschaftlichen und technischen Information der Ungarischen Volksrepublik, ungar.) o. O.: o. V., o. J. (1965), 108 S. (= Materialien zum Thema 12.1 - RGW; unveröff.) 5029

6th National Symposium on Information. Display (Technical session proceedings), Sept. 29-30, 1965.
Hollywood, Calif.: Western Periodicals 1966. VI, 185 S., ill., 4°, $ 1o.- 5030

Slamecka, Vladimir
The coming age of information technology (Das kommende Zeitalter der Informationstechnik, engl.)
Washington; D.C.: Documentation, Inc. 1965. IX, 166 S. (= Studies in coordinate indexing. 6.) 5031

Slamecka, Vladimir / Jacoby, J.
Effect of indexing aids on the Reliability of indexers. Ed.: Documentation Inc., Bethesda/Md. Contract AF 30 602 2616
Washington: Office of Technical Services, U. S. Department of Commerce 1963. $ 6.60 (= RADC-TDR-63-116) 5032

Slamecka, Vladimir
Indexing aids. Final rept. Ed.: Documentation Inc., Bethesda/Md.

Contract AF 30 (602) 2616.
Washington: Office of Technical Services, U. S. Department of Commerce 1963. 33 S., $ 3.60 (= RADC-TDR-62-579) 5033

Smith, Bruce L.
The concept of scientific choice: A brief review of the literature.
Washington: Office of Technical Service, U. S. Department of Commerce 1965. 55 S., $ 3.- (= AD 616 977) 5034

Smith, J. C. / Lisso, N. J.
Information maintenance system documentation. Linguistics Research Center, Univ. of Texas, Austin.
Washington: Office of Technical Services, U. S. Department of Commerce 1965. 117 S., $ 4.- (= PB 168 759) (= LRC-63-TS-4) 5035

Some problems of an general classification scheme. Report of a conference held in London, June 1963.
London: Library Association 1964. 47 S., 8°, sh 10/- 5036

Sparks, David E. / Chodrow, Mark M. / Gail, M. etal.
A methodology for the analysis of information systems. Appendices. Final rept., appendices.
Washington: Office of Technical Services, U. S. Department of Commerce 1965. 545 S., $ 8.45 (= PB 168 265) 5037

Sparkuhle, Hans
Dokumentation-Information-Bibliothekswesen-Klassifikation im Verkehr.
Berlin: Zentrale Informationsstelle für Verkehr 1965. 4°, geh. MDN 10.- (n. i. B.) (= Schriftumszusammenstellung Nr. 3) 5038

Sparkuhle, Hans / Krieg, Hans
Untersuchungen über den Stand der Dokumentation auf dem Gebiete des gesamten Verkehrswesens bis 1963/64 und über Möglichkeiten ihrer weiteren Entwicklung. Forschungsauftrag d. Dt. Ges. f. Dokumentation e. V., Frankfurt/Main. Hrsg. vom Arbeitsausschuss Verkehrsdokumentation in d. Dt. Ges. f. Dokumentation e. V., in Zusammenarb. mit d. Dokumentationsdienst d. Dt. Bundesbahn, Frankfurt, Main. Als Ms. vervielf.
Frankfurt/M.: Dt. Bundesbahn, Dokumentationsdienst 1965. Getr. Pag., 4°, kart DM 20.- (= Deutsche Bundesbahn. Schriftenreihe. H. 1.) 5039

Stanek, Josef
Die Information, ein neuer Zweig der Wissenschaften. Referat.
Berlin: Zentralinstitut f. Information u. Dokumentation 1966. 24 S., 8o (= Arbeitsmaterialien f. Lehrgänge. 2.) 5040

Staveley, Ronald / Piggott, Mary
Government information and the research worker.
London: Library Association 1965. 267 S., sh 56/- 5041

Stefanik, Vladimir
Plánovanie v informacnych strediskach vedeckych, technickych a ekonomickych informacii a propagandy (Planung in Informationszentren der wissenschaftlichen, technischen und ökonomischen Information und Propaganda, tschech.)
Bratislava: Slovenská Technická Knižnica v Bratislave 1965. 64 S. (= Učebná pomocka c. 3.) 5042

Steinemann, Eugen
Vom Weg zum eigenen Urteil. Anleitung zur zweckmässigen Behandlung

und fruchtbaren Auswertung von Dokumentationsmaterial.
Zürich: Schweizerisches Sozialarchiv 1964. 31 S., 8° (= Studienhilfen des Schweizerischen Sozialarchivs, Nr. 3.) 5043

Stevens, Norman D.
A comparative study of three systems of information retrieval: A Summary. Contract AF 49 (638) 848.
Washington: Office of Technical Services, U. S. Department of Commerce 1961. 4 S., $ 1.- (= AD 621 408) 5044

Stiehl, Wilfried
Dokumentation und Information als wirksames Mittel zur Verbesserung der gesellschaftswissenschaftlichen Forschung und Lehre. Unter bes. Berücks. d. Dokumentation und Information Pädagogik und Berufsausbildung.
Berlin: Zentralvorstand d. Gewerkschaft Wissenschaft 1963. 138 S., 8° (n. i. B.) (= Forschung, Lehre, Praxis, 1963, H. 1) 5045

Stiehl, Wilfried
Entwicklungsstand, Probleme und Perspektiven der pädagogischen Information und Dokumentation in der DDR.
(aus: "Pädagogische Forschung, Wiss. Nachr., DPZI", 5/1964, H. 3/4) 5046

Straton, F. E.
Report number series, used by the Technical Information Service in cataloguing reports. Oak Ridge National Laboratory Technical Information Service Extension, Oak Ridge/Tenn. (Ed.)
Washington: Office of Technical Services, U. S. Department of Commerce 1960. 116 S., $ 2.75 5047

Streiber, Regina
Anleitung zur dokumentarischen Aufnahme in inhaltlichen Erschliessung von Zeitschriftenaufsätzen, Zeitungsartikeln und Büchern sowie anderen selbständigen Publikationen.
Berlin: Deutsches Pädagogisches Zentralinstitut, Abt. Dokumentation und Information 1964. 13 S., 4° 5048

Studien über den Informationsaustausch zwischen Wissenschaftlern.
Columbia University 1960. 62 S. Text, 48 S. Tab. 5049

Study of automatic documentation.
P. 1: Analysis and comparison of documentary languages (Etudes de Documentation Automatique. Tome I. Analyse et Comparaison des Langages Documentaires.)
Washington: Office of Technical Services, U. S. Department of Commerce 1964. 106 S., $ 4.- (= PB 166 653) 5050

Study of automatic documentation.
P. 2: Elaboration of information retrieval system. (Etudes de Documentation Automatique. Tome II. Elaboration des Systems Documentaires.) Societe d'Economie et de Mathematique Appliquees, Paris.
Washington: Office of Technical Services, U. S. Department of Commerce 1964. 101 S., $ 4.- (= PB 166 654) 5051

A Study of general categories applicable to classification an coding in documentation.
Paris: UNESCO 1962. 248 S., brosch. DM 9.50 5052

Summary of Study Conference on Evaluation of Document Searching Systems and Procedures, 2-3 October, 1964, Marvel Hall, American Chemical Society Building, Washington, D. C. Washington: Office of Technical Services, U. S. Department of Commerce 1965. 38 S., $ 2.- (= PB 166 905) 5053

Sunners, William
How and where to find the facts: an encyclopedic guide to all types of information.
New York: Arco Press 1963. 442 S. 5054

Symposium d. Mitgliedsländer d. RGW. Komplexe Mechanisierung und Automatisierung von Prozessen der Verarbeitung des Wiederauffindens, der Herausgabe und Fernübertragung wissenschaftlich-technischer Informationen. Moskau 1965. Referate v. DDR-Wissenschaftlern.
Berlin: Zentralinstitut f. Information u. Dokumentation 1965. XII, 101 S., 8°, DM 5. (= ZIID-Schriftenreihe. 7.) 5055

Survey of chemical notation systems.
Washington: National Academy of Sciences, National Research Council 1964. XII, 467 S., ill., 4°, $ 7.- 5056

Survey of Information / Library units in industrial and commercial organizations. Results of a survey of the information / library units of a sample comprising 52 British industrial and commercial organizations.
London: Aslib 1960. 42, VI S., gr.-8°, sh 12/6 5057

Swanson, Rowena
Report on a Conference on the Education of Science Information Personnel Held July 27-28, 1964, in Cleveland, Ohio.
Washington: Office of Technical Services, U. S. Department of Commerce 1965. 1 S. (= AD 618 426) 5058

Symposium on Education for Information Science, Airlie House, 1965. Proceedings. Ed. by Laurence B. Heilprin Barbara E. Markuson, Frederick L. Goodman.
Washington: Spartan 1965. XIV, 175 S., ill., 4°, $ 6.- 5059

Symposium über Probleme der Dokumentation. Niederschriften über die Dokumentationsgespräche in der Evangelischen Akademie Loccum vom 11. bis 14. Februar 1966.
Frankfurt/M.: Deutsche Gesellsch. f. Dokumentation 1966. 124 S., DM 15.- (= Beiheft Nr. 15 der Nachrichten für Dokumentation) 5060

Tablicy desjatičnoj klassifikacii. (Tabellen der Dezimalklassifikation UDC, russ.) Grundlage der Karten, die von der Allunions-Buchkammer für Bibliotheken herausgegeben werden, nach dem letzten internationalen Stand.
Moskau: Mesh. Kniga 1962. 960 S. 5061

Taschner, Elisabeth
Alphabetische und systematische Zusammenstellung der im Dokumentationsdienst "Technologie der Brennstoffe" verwendeten DK-Zahlen.
Leipzig: Deutscher Verlag für Grundstoffindustrie 1962. 43 S., 1 Abb., 8°, MDN 5.70 (= Montanwissenschaftliche Literaturberichte, Reihe A, 6. Beiheft) 5062

Taylor, Robert S.
Curriculum for the information sciences. Report No. 4: Syllabus for Undergraduate Course:
Washington: Office of Technical Services, U. S. Department of Commerce 1965. 26 S., $ 2.-
(= PB 168 442) 5063

Technical Information Center Administration. Ed. by Arthur W. Elias, Washington.
Washington: Spartan 1964. VI, 171 S., ill., 8°, $ 6.75 (= Drexel Institute of Technical Sciences Series) 5064

Technical session proceedings. National Symposium on Information Display. 3. Aufl.
North Hollywood/Calif.: Western Periodicals 1964. 299 S., ill., 4°, $ 10.- 5065

Die Technische Dokumentation und Bibliographie. Ihre Träger, Verfahren und Mittel. Dokumentation in der Welt, DK und Normen des Buch- und Bibliothekswesens, Technische Institutionen, Zeitschriftenverzeichnis, Fachverlage des Buch- und Bibliothekswesens und Fachbuchhandlungen.
München-Pullach: Verlag Dokumentation 1964. 564 S., 8°, Kst. DM 88.-
(= Handbuch der technischen Dokumentation und Bibliographie Band 1)
5066

Teichner, Warren H. / Dahlquist, Edna / Eddy, Nancy et al.
Experiments on the effects of input variables on multitarget alphabetic displays. Massachusetts University, Amherst, Mass. (Ed.) Contract AF 19 (628)-290
Washington, D.C.: Office of Technical Services 1963. 43 S. (= AD 630 333)
(= ESD-TDR-63-547) 5067

Terminologie und Lexikographie; Sprachenzeichen, Länderzeichen, Autoritätszeichen. Entwurf November 1965.
Berlin: Beuth 1965. DM 6.20 5068

Thesaurus of Astia Descriptors. Contract AF 18 (600)1944. Ed. Engineer Joint Council, New Yorl.
Washington: Office of Technical Services, U. S. Department of Commerce 1962. 19 S., $ -.50 5069

Thommen, Andreas
Aufbau und Organisation eines Informationsdienstes.
Zürich: Orell Füssli 1965. 71 S., 8°, Sfr. 19.50 (= Schriften zur Publizistik) 5070

TICA Conference, Dexel Institute of Technology, 1965. Technical information center administration. Ed. by Arthur W. Elias.
Washington, D. C.: Spartan Books 1966. VI, 169 S., 8°, $ 6.75
(= Drexel Information Science Ser.)
5071

Tilton, Eva Maude
A union list of publications in opague microforms. 2. Aufl.
New York: Scarecrow Press 1964. IX, 744 S., 8°, $ 15.- 5072

Toelichtingen op de inleidingen te houden tijdens het symposium over het verantwoord toegankelijk maken van literatur.
Den Haag: Nederlands Instituut voor Efficiency. 8o, hfl. 2.50 5073

Tou, J. T. / Wilcox, R. H.
Computer and information sciences

Papers presented at the 1963 COINS symposium held at the North-Western Techn. Inst., Evanston, Ill.
Washington: Spartan Books 1964.
544 S., ill., $ 12.- 5074

Training of Documentalists: A Report of the Meeting of FID/TD, Warsaw, 21-23. May, 1964.
Den Haag: International Federation for Documentation 1964. 46 S. 5075

Transfer Experiments, Woods Hole, Mass., 1965. Intrex; report of a Planning Conference on Information Transfer Experiments, September 2, 1965. Ed. by Carl F. J. Overhage, R. Jouyce Harman.
Cambridge, Mass.: Massachusetts Institute of Technology 1965. XVIII, 276 S., gr.-8°, $ 5.- 5076

Tröger, Erika
Die Entwicklung von Dokumentation und Information in den Bibliotheken der Volksrepublik Ungarn nach dem 2. Weltkrieg. Hausarbeit.
Berlin: Institut für Bibliothekswissenschaft der Humboldt-Universität 1966. X, 116 S. 5077

Trolihan, L. / Wittmann, A.
Dictionary of data processing.
Amsterdam: Elsevier 1964. hfl. 47.50 5078

Tukey, John W.
A tagging system for journal articles and other citable items: a status report. Princeton University, N.J. (Ed.)
Washington, D.C.: Office of Technical Services 1963. 296 S. (= PB 169 211) 5079

Über manuelle und maschinelle Lochkartenverfahren im Industriebetrieb.
Berlin: Zentralinstitut für Dokumentation und Information 1960. 116 Titel (= Literaturzusammenstellung des Institutes für Dokumentation Nr. 72) 5080

Über die wissenschaftliche Dokumentations- und Informationstätigkeit des Instituts für Post- und Fernmeldewesen.
Berlin: Institut für Post- und Fernmeldewesen 1960. 134 S., 8° (= Informationsheft d. Instituts f. Post- und Fernmeldewesen. 30) 5081

Übersetzungen, die in der Zentralen Informationsstelle des Zentralinstituts für Information und Dokumentation vorliegen. (Fachgebiet: Information/Dokumentation.)
Berlin: Zentralst. f. Inform. u. Dok., Zentrale Informationsstelle 5082

Ühlein, Erhard
Terminologie der Dokumentation. Ergebnisse e. Bestandsaufnahme v. Begriffen u. Klärg ihrer Inhalte mit Vorschlägen f. e. Fachterminologie. (Aus d. Ms. vervielf.)
Frankfurt/M.: Deutsche Gesellschaft f. Dokumentation 1966. 64 gez. Bl., 4°, DM 10.- (= Nachrichten f. Dokumentation. Beih. Nr. 14.) 5083

Ulrich, Gabriele
Aufbau und Organisation eines Zeitungsausschnittarchivs im Rahmen der Dokumentationstätigkeit des Deutschen Wirtschaftsinstitutes unter Berücksichtigung der Entwicklung zur zentralen Leitstelle für Information und Dokumentation. Hausarbeit.
Berlin: Fachschule f. Bibliothekare an wissenschaftlichen Bibliotheken 1966. 26 S., 15 Lit. 5084

Universal Decimal Classification. Abridged English. 3. verb. Aufl. (British Standard 1000A: 1961.) London: British Standards Institution 1961. 254 S., 4°, sh 60/- 5085

Universal Decimal Classification. Complete English edition, Fourth international edition. 621. 3: Electrical engineering. 2. Aufl. (British standard 1000 (621. 3): 1964.) London: British Standards Institution 1964. 67 S., 4°, sh 40/- 5086

The Universal Decimal Classification. Present position and future developments. Paris: UNESCO 1961. 34 S., brosch. DM 1.80 5087

Universal'naja desjatičnaja klassifikacija. Alfavitno-predmetnyj ukazatel'. (Dezimalklassifikation. Alphabetisches Sachregister, russ.) Moskau: Gos. Kom. Sov. Min. SSSR po Nauke i Technike, Gos. publ. naučno-techn. SSSR 1966. 495 S. 5088

Universal'naja desjatičnaja klassifikacija. Sokraščennye tablice. (Universal-Dezimalklassifikation, Gekürzte Tafeln, russ.) Moskau: Mesh. Kniga 1962. 724 S. 5089

Upchurch, Robert E. Subject headings used by the Usaec Division of Technical Information. Division of Technical Information Extension AEC Oak Ridge, Tenn. Washington: Office of Technical Services, U.S. Department Commerce. 272 S., $ 6.-(=TID-5001) 5090

User manual for the Marad Fleet Operations Simulation. Volume III: Flowcharts and documentation. Contracts MA2451, MA3236. Washington: Office of Technical Services, U.S. Department of Commerce 1964. 263 S., $ 6.- 5091

Vand, V. / Pepinsky, R. A new code for representation of organic structural formulae on punched cards and magnetic tape, for computer storage and processing. Contract AF 49 (638) 416. Washington: Office of Technical Services, U.S. Department of Commerce 1964. $ 8.10 (=AFOSR-TR-181) 5092

Die Verwendung von "links" und "roles" für Indexierung und Recherche. Literaturzusammenstellung. Berichtsz.: 1961-1966. Berlin: Zentralinst. f. Inform. u. Dok., Zentrale Informationsstelle 1966. 5093

Verzeichnis von Berliner Dokumentationsstellen. 1964. Berlin: Berliner Arbeitskreis d. Dt. Gesellschaft f. Dokumentation 1964. 86 Bl. XIV S., 8° 5094

Verzeichnis der Informationsmittel auf gesellschaftswissenschaftlichem Gebiet. Stand: Okt. 1965. Berlin: Deutsche Akademie d. Wissenschaften, Zentrale Leitung f. gesellschaftswissenschaftliche Information u. Dokumentation 1965. 51 S., 8° 5095

Vickery, Brian Campbell Faceted classification. A guide to construction and use of special schemes. London: Aslib, Classification Research Group 1960. IV, 70 S., 8°, sh 12/6 5096

Vickery, Brian Campbell On retrieval system theory. 2. Aufl.

London: Butterworth 1965. 204 S., £ 1.15.- 5097

Vickery, Brian Campbell
Techniques Modernes de Documentation. Analyse des systèmes de Recherche de Documents.
Paris: Dunod 1962. 192 S., 8°, F 25.- 5098

Vlcek, K. / Siegmund, K.
Zu den Fragen der landwirtschaftlichen Information und Dokumentation.
Berlin: Dt. Akademie der Landwirtschaften 1964. 29 S., MDN 1.60 5099

Voorhoeve, N. A. J.
Abridged UDC schedule for classifying literature on standardization.
F. I. D., Den Haag: Fédération Internationale de Documentation 1963. 37 S., (= FID Publ. 344.) 5100

Wackermann, G. / Wilhelm; A.
Initiation - A la technique du rapport - R2. 2 Aufl.
Paris: Dunod 1964. 156 S., 8° brosch. F 7.20 5101

Walker, D. W. / Spiegal, J.
Information system sciences.
Spartan, Washington: Spartan 1965. 560 S., 54 Abb. $ 20.- 5102

Walker, J. R. A.
Information bulletins in special libraries: background, problems and practice (Informations-Bulletins in Fachbibliotheken: Werdegang, Probleme und Praxis, engl.)
o. O.: Library Association o. J. 1966. 125 S., sh 36/- 5103

Wall, E.
Action plan for improved dissemination for engineering. Information Progress report No. 3, 7.Jan-April 1963.
Washington: Office of Technical Services, U. S. Department of Commerce 1964. 17 S., $ 1.60 5104

Wall, Eugene
Study of engineering terminology and relationships among engineering terms. Final Rep. July 1962-Aug. 1963
Ed.: Engineers' Joint Council, New York.
Washington: Office of Technical Services, U. S. Department of Commerce 1963. 19 S., $ 1.60 5105

Walraet, Marcel
Documentation belge et tiers monde. Met een samenvatting in het Nederlands.
Brüssel: Bibliothèque royale de Belgique 1965. 72 S., 8° 5106

Ware, Robert/ Harvey, O. J.
A cognitive determinant of impression formation. Technical report.
Washington: Office of Technical Services, U. S. Department of Commerce 1965. 21 S., $ 1.- (= University of Colorado Rep. 17.)
(= AD 625 019) 5107

Wegweiser durch die Information und Dokumentation der DDR. Informationseinrichtungen und die von ihnen herausgegebenen Informationsdienste
Berlin: Zentralinstitut für Information und Dokumentation 1966. VIII, 232 S. (=ZIID-Schriftenreihe. 11.) 5108

Weinberg, Alvin M.
Wissenschaft, Regierung und Information. Die Verantwortung d. tech. Gemeinschaft und d. Regierung bei der Informationsübermittlung.
Frankfurt/M.: Deutsche Ges. f. Dokumentation 1964. 112 S., 4°, geh.
(=Nachrichten für Dokumentation, Beiheft 12) 5109

Der weitere Ausbau des in der DDR bestehenden Systems der Information und Dokumentation auf dem Gebiet der Wissenschaft, Technik und Ökonomie. Tagung am 29. April 1964 in Leipzig.
Berlin: Zentralinstitut für Information und Dokumentation 1964. VIII, 62 S., 8°, MDN 2.- 5110

Die Weiterentwicklung des Informationssystems in der Deutschen Demokratischen Republik. Jahrestagg d. Zentralinst. f. Information u. Dokumentation, Markkleeberg 1965.
Berlin: Zentralinstitut f. Information u. Dokumentation 1965. X, 110 S., 8°, MDN 6.-
(=ZIID-Schriftenreihe. 8.) 5111

Wesseling, J. C. G.
Overzicht der universele classificaties. Übersicht über universelle Klassifikationssysteme. DK, Library of Congress, Bliss, Colon-Klassifikation v. Ranganathan. Literaturnachweis.
Den Haag: Nider.
(=Publikatie Studiecentrum voor Documentatie 2. serie, nr. 32.) 5112

Whatley, Herbert Allan
A survey of the major indexing and abstracting services for library science and documentation.
London: Library Association 1966.
78 S., ill. 40, sh 28/-
(=Library Association. Publications.) 5113

White, Alex Sandri
Fact-finding made easy, a new guide to informational sources.
Central Valley/N.Y.: Aurea 1963.
134 S. 4°, $ 5.40 5114

Who's Who in the Computer Field, 1963/64. A biographical dictionary of leading people who build or use Computers
Newtonville, Mass.: Computers and Automation, Berkeley Enterprises 1964.
253 S., $ 24.95 5115

Williams, J. H.
A discriminant method for automatically classifying documents.
Bethesda, Md.: IBM, Federal Systems Div. 1964. 6 S. 5116

Williams, J. H.
Results of classifying documents with multiple discriminant functions abstract. Delivered at the symposium on statistical association methods for mechanized Documentation, National Bureau of Standards
Bethesda, Md.: IBM, Federal Systems Div. 1964. ungez. (Photocopy) 5117

Williams, William
Principles of automated information retrieval (Prinzipien der automatischen Informationsrecherche, engl.)
Elmhurst, Ill.: Business Press 1965.
439 S., 168 Abb., 111 Lit. 5118

Willmorth, N. E. / Shaw, C. J.
System documentation. System Development Corp., Santa Monica/Calif. (Ed.)
Washington: Office of Technical Services, U.S. Department of Commerce 1962. 7 S., $ 1,10.
(= Rep. SP-947) 5119

Wilson, Thomas D. / Stephenson, James
Dissemination of information.
New York: Philosophical Lib. 1966.
77 S., 8°, $ 4.75 5120

Wise, Carl S.
Mathematische Analyse von Schlüsselsystemen, (übers. aus d. Amerik.)
Berlin: Inst. f. Dokumentation d. Dt. Akademie der Wissenschaften 1961.
36 S., 8°
(=Bücherei d. Dokumentalisten 16)
5121

Wissen, Information, Welthöchststand. Eine Einf. in Praxis und Probleme d. Information und Dokumentation.
Berlin: Zentralinstitut für Information und Dokumentation 1964. VIII, 102 S., 2 Bl. Abb. 8°, MDN 5.-
(=ZIID-Schriftenreihe. 1) 5122

Wissenschaft, Regierung und Information (Science, government and information (dt.) Report of the President's Science Advisory Committee USA. (Weinberg Bericht.) Die Verantwortung d. techn. Gemeinschaft u. d. Regierung bei d. Informationsübermittlung. Genehmigte dt. Übers. d. Weinberg-Berichtes vom 10. Jan. 1963: Gabriele Mulert. Mit e. Vorw. v. Erich Pietsch. (Als Ms. gedr.)
Frankfurt/M.: Deutsche Gesellschaft f. Dokumentation e. V. 1964. 112 S. in getr. Pag., 8°, DM 2.- (=Nachrichten f. Dokumentation. Beih. Nr. 12.)
5123

Wissenschaftlich-technischer und ökonomischer Informationsdienst in Polen.
Warszawa: Centralny Instytut Informacji Naukowo-Technicznej i Ekonomicznej o. J. 18 S. 5124

Wooster, Harold
Some observations on Insdoc Services.
Washington: Office of Technical Services, U. S. Department of Commerce 1965. 10 S. (=AD 623537) 5125

Working Party on Building Research and Information Services; Building research and information services: report of a Working Party.
Hrsg. Great Britain, Ministry of Public Building and Works.
London: HMSO 1964. 60 S., sh 3/6
5126

World guide to science information and documentation services. Guide mondial des centres de documentation et d'information scientifiques.
United Nations Educational, Scientific and Cultural Organization.
Paris: UNESCO; New York: National Agency for International Publications 1965. 211 S., 8°, $ 4.- 5127

Wuest, F. J.
Studies in the methodology of measuring information requirements and use patterns: Questionnaire.
Washington: Office of Technical Services, U. S. Department of Commerce 1965. 41 S., $ 2.-
(=PB 167 971) 5128

Wüster, Eugen
Internationale Sprachnormung in der Technik. 2., erw. Aufl.
Bonn: H. Bouvier 1965. ca 520 S., Ln. ca. DM 84.- 5129

Wyllie, John Cook
Science technology subject-heading lists in English, recent or still useful in programming information retrieval systems. Edition no. 2.
Washington: Office of Technical Services, U. S. Department of Commerce

1965. 9 S., $ 1.-
(=AD 614 438) 5130

Yates, B.
How to find out about physics: a guide to sources of information arranged by the decimal classification.
London: Pergamon, Oxford 1965.
X, 175 S., sh 15/- 5131

Young, Gifford
Selective dissemination of information at NASA. Paper presented at Society of Photographic Scientists and Engineers annual conference, May 17-21, 1965 (Selektive Verbreitung von Informationen bei der NASA. Vorgelegt auf der Jahreskonferenz der Society of Photographic Scientists and Engineers, 17.-21. Mai 1965, engl.)
Cleveland: o.V. 1965. 12 S. 5132

Zaharias, J. L.
Library information search and retrieval data system (LISARDS).
Naval Ordnance Test Station, China Lake, Calif. (Es.)
Washington; D.C.: Office of Technical Services 1965. 41 S.
(=AD 626 145)
(=NOTS-TP-3934) 5133

Zekalle
Karteitechnik. Einführung in die Information und Dokumentation.
Leipzig: VEB Verlag für Buch-und Bibliothekswesen 1965. 88 S., 8°, brosch. MDN 5.-
(=Bücherei des Dokumentalisten, 20) 5134

Zell, Hans Martin/ Machesney, Robert J.
An international bibliography of nonperiodical literature on documentation and information.
Oxford: The Documentation and Supply Centre, Robert Maxwell & Co., Ltd.
1965. 220 S., sh 30/- 5135

Zentralstelle für Maschinelle Dokumentation.
Arbeitsbericht 1964/1965.
Frankfurt: Zentralstelle f. Maschinelle Dokumentation 1966. 55 S., 4°, kart.
DM 10.- 5136

Zetler, Robert Lewis/ Crouch, William George
Successful communication in science and industry: Writing, reading and speaking.
New York, London: McGrand Hill 1961.
VI, 290 S., 8°, sh 45/- 5137

Zilberminz, L. V.
Bibliografičeskie istočniki i rabota v nimi v službach informacii.
(Bibliographische Quellen und ihre Verwendung im Dienste der Information, russ.)
Leningrader Zweigstelle der Gesellschaft zur Verbreitung politischer und wissenschaftlicher Kenntnisse der RSFSR.
Moskau: Mesh.Kniga 1962 5138

Zu den Fragen der landwirtschaftlichen Information und Dokumentation.
Berlin: Dt. Akademie der Landwirtschaftswissenschaften zu Berlin 1963. 8°, brosch. MDN 2.-
(=Sitzungsberichte, Bd. XII, Heft 8) 5139

Zusammenstellung von Beiträgen über Dokumentation und Information.
Berlin: Deutsche Akademie der Wissenschaften, Institut für Dokumentation 1963. XXIV, 256 S.
(=Bücherei des Dokumentalisten 24) 5140

Zweigtabellen über die Universalzehnerklassifikation für den Maschinenbau. (russ.)
Wissenschaftlich-technische Informationen über Automatisierung und Maschinenbau. Heft 1-11.
Moskau: Mesh. Kniga 1963. 812 S., 8°, brosch. DM 18.70 5141

2.5.1. Periodika

ABD Weekly Information Service. 52x jl.
New York: R. R. Bowker 5142

Agence d'information de la documentation économique et sociale. wtl.
Paris: 1956 ff. 5143

American documentation. A review of ideas, techniques, problems and achievements in documentation.
Washington: Interscience Publishers Inc. 1950 ff., $ 6.50 jl. 5143

American documentation. Jg. 1-14, 1950-1963
New York: Kraus Reprint. brosch. $ 250.-; Ln. $ 280.-; Ebd. brosch. je $ 18.- 5145

Archeion (Periodical devoted to Archives Questions). (poln., engl., russ.) 2-3x jl.
Warschau: Ruch 1927 ff. 5146

Beiträge zur Sprachkunde und Informationsverarbeitung. 2-3x jl.
München: R. Oldenbourg 1963 ff. DM 7.50 Eh, DM 6.80 Abo. 5147

Betriebswirtschaftliche Dokumentation. mtl.
Wien: Österr. Produktivitätszentrum 1949. ÖS. 840.- jl. 5148

Bibliographie des sciences et de l'industrie. 8x jl.
Paris: Dunod 1902 ff. 5149

Bilten Dokumentacije - D 4 Industrija tekstila i papiera. mtl.
Belgrad: Jugoslovenska Knjiga. DM 170.80 jl. 5150

Biuletyn Informacyjny PWN. mtl.
Warschau: Ruch. DM 4.80 jl. 5151

Biuletyn Osrodka Bibliografii i Dokumentacji Naukowej.
Bulletin der Zentralstelle für wissenschaftliche Bibliographie und Dokumentation der Polnischen Akademie der Wissenschaften. mtl.
Warschau: Ruch. DM 9.20 jl. 5152

British Technology Index. mtl. u. jl. cum.
London: Library Association. £ 15.15.- jl. 5153

Bulletin analytique de documentation politique. Economique et sociale contemporaine. mtl.
Paris: Fondation Nationale des Sciences Politiques 1946 ff., F 20.- jl. Inland, F. 24.- jl. Ausland 5154

Bulletin on bibliography documentation and terminology. 6x jl.
Paris: UNESCO 1961 ff gratis 5155

Bulletin documentaire de la presse et des industries qui s'y rattachent. mtl.
Paris: 1953 ff. F. 30.- 5156

Bulletin de documentation et d'information. Spravočnij i informacionnij Bjulleten. 6x jl.
Prag: Artia. $ 12.50 jl. (franz., russ., engl.) 5157

Bulletin d'information et de documentation. mtl.
Brüssel: Banque Nationale de Belgique 1926 ff. bfr. 300. - jl. 5158

Bulletin publié par la Section d'information technique. mtl.
Paris: Agence européenne de Productivité Informations Techniques 5159

Bulletin signalétique du Centre National de la Recherche Scientifique. mtl.
Paris: 1940 ff 5160

Bulletin de l'Union Francaise des Organismes de Documentation. 6x jl.
Paris: Union francaise de Documentation 1932 ff. 5161

Cahiers CEDOC-Biblio. (franz., holl.) 6x jl.
Brüssel: Centre Belge de Documentation et d'Information de la Construction 1951 ff. 5162

Current Research and Development in Scientific Documentation. 2x jl.
Washington: National Science Foundation 1957 ff. 5163

Documentacion - Europe Post. 6x jl.
Hilversum: Bureau voor Bedrijfsdocumentatie 1952 ff. $ 3.50 für 2 Jahre 5164

Documentation. Périodique paraissant tous les deux mois. 6x jl.
Löwen: Institut de Recherches de l'Europe Centrale 1963 ff. bfr. 360.-jl. 5165

Dokumentációs Tájékoztató. (Dokumentationsanzeiger, ungar.) 10x jl.
Budapest: Kultura. DM 29.50 jl. 5166

Documentatie. mtl.
Utrecht: hfl. 3.75 jl. 5167

Documentatieblad. 10x jl.
Den Haag: Wetensch. Voorl. en Doc. Centrum Min. v. Justitie gratis 5168

Documentation. 7x jl.
Paris: Technique et Documentation 5169

Documentation économique. 6x jl.
Paris: Presses Universitaires de France 1934 ff. F. 28.- jl. 5170

Documentation sur l'Europe centrale. Périodique bimestriel. 6x jl.
Löwen: Institut de recherches de l'Europe centrale 1963 ff. bfr. 360.-jl. Ausland bfr. 400.- jl. 5171

La Documentation professionnelle. mtl. 1945 1. Jg., mtl., F 25.- jl.
Paris: 1945 ff F 25.- jl. 5172

Documentation et terminologie scientifique. Bulletin mensuel relatif aux travaux du Comité consultatif internationale. mtl.
Paris: UNESCO 5173

Eurotec.
Informations techniques intereuropéennes. mtl.
Genf: Bureau de documentation industrielle 1959 ff. 4°, Sfr 50.- jl. 5174

FID News Bulletin. mtl.
Den Haag: Fédération Internationale de Documentation 1951 ff., hfl. 7.-jl. 5175

Ibbd Boletin Informativo. 6x jl.
Rio de Janeiro: Instituto Brasileiro de Bibliografia e Documentacao 1955 ff 5176

Information Sciences 1963: Annual Report.
Washington: Air Force Office of Scientific Research 1964.
(=AFOSR 64-0101) 5177

Informations U.F.O.D.
Paris: Union Francaise des Organismes de Documentation 1954 ff. 5178

International Association of Agricultural Librarians and Documentalists, vjl.
Wageningen: D. H. Boalch, Th. P. Loosjes 1956 ff. $ 12.50 5179

Journal of chemical documentation. 2x jl.
Washington: American Chemical Society 1961 ff. 5180

Journal of Documentation. vjl.
London: Aslib 1945 ff. sh 70/- jl. 5181

Journal of Documentation.
Jg. 1-15. London 1945-1959.
New York: Kraus Reprint 1964.
Ln. $ 1.50
(=Publication of ASLIB, London) 5182

L. C. Classification, Additions and Changes. vjl.
Washington: Superintendent of Documents. $ 1.50 jl. 5183

Microdoc.
Journal of the Council on Microphotography and Documents Reproduction. vjl.
London: Library Association 1962 ff. 8^{0}, sh 30/- jl. 5184

Nachrichten für Dokumentation. Vierteljahresschrift für Forschung und Praxis der Dokumentation. vjl.
Frankfurt/M.: Deutsche Gesellschaft für Dokumentation 1951 ff., DM 24. - jl. 5185

Nachrichten der Österreichischen Gesellschaft für Dokumentation und Bibliographie. unregelm.
Wien: Österr. Gesellschaft für Dokumentation und Bibliographie 1959 ff. 5186

NATIONAL directory of newsletters and reporting services. 1st-ed.
Reference guide to national, international and selected foreign newsletters, information services, association bulletins, training and educational services.
Detroit, Mich.: Gale 1966. 4^{0} 5187

Neue Deutsche Normen. mtl.
Berlin: Beuth-Vertrieb 5188

Overheidsdocumentatie. mtl.
Den Haag: Ver. v. Ned. Gem. hfl. 12. - jl. 5189

Prace Komisji Historyczno-Literackiej PAN. (Transactions of the 1686. Historical and Literary Commission of the Polish Academy of Sciences.)(poln., engl., franz., russ.) unregelm.
Warschau: Ruch. 1960 ff. 5190

Publications de la documentation Francaise - Articles et documents. Bulletin d'informations et de presse étrangère. 150x jl.
Paris: Editions du Sécrétariat Général du Gouvernement. F 92. - jl. 5191

Publications de la documentation Francaise - Bibliographie sélective des publications officielles Francaises. 24x jl.
Paris: Editions du Sécrétariat General du Gouvernement. F 16.50 jl. 5192

Publications de la documentation Francaise - Notes et études documentaires. 100x jl.
Paris: Editions du Sécrétariat Général du Gouvernement. F 115. - jl. 5193

Publications de la Documentation Francaise - Table mensuelle des publications de la documentation Francaise. mtl.
Paris: Editions du Secretariat Général du Gouvernement. F 3. - jl. 5194

Quarterly Review of Scientific Publications. vjl.
Warschau: Ruch. 1955 ff. $ 4. - jl. 5195

Réalités scientifiques et techniques Francaises. 6x jl.
Paris: Sodexport 5196

Revue bimestrielle de documentation. 6x jl.
Arcueil. 1955 ff. F 14. - jl. 5197

Revue de la Documentation. Fédération Internationale de Documentation. vjl.
Den Haag: Fédération Internationale de Documentation 1934 ff. hfl. 22.50 5198

Revue internationale de la documentation. (dt., franz., engl.) vjl.
Den Haag: Fédération Internationale de Documentation 1934 ff. hfl. 26. -jl. 5199

La revue mensuelle des sommaires des principaux périodiques scientifiques et techniques. mtl.
Paris: Centre National de la Recherche Scientifique. F 75. - jl. 5200

Revue des techniques publicitaines. 10x jl.
Paris: Ed. Segip 1960 ff., F 120. - jl. 5201

Service de documentation économique. 26x jl.
Paris. 5202

Service information-documentation.
Paris: Centre National du Commerce Extérieur 5203

Technische Dokumentation. mtl.
Wien: Österr. Produktivitätszentrum 1963 ff., ÖS. 150. - jl. 5204

Tidskrift för Dokumentation. Organ for Tekniska Litteratursällskapet. 6x jl.
Stockholm 1945 ff. SwKr. 15. - jl. 5205

Tijdschrift Documentreproductie. 4x jl.
Den Haag: M. S. van der Leun, gratis 5206

Tijdschrift voor Efficientie en Documentatie. mtl.
Den Haag: Ned. Inst. v. Efficiency hfl. 15. - jl. 5207

United Nations Document Index. mtl.
Paris: Editions Pedone F 41.40 jl. 5208

2.6.0. Verzeichnisse

Die Abteilung der künstlerischen Drucke der Deutschen Bücherei.
Leipzig: Deutsche Bücherei
(=Neue Mitteilungen aus der Deutschen Bücherei Heft 5) 5209

Alston, R.
A catalogue of books relating to the English language in Swedish libraries.
Leeds: School of English, Leeds University 1965. VII, 29 S., sh 6/- 5210

Amtliche und halbamtliche Publikationen des Landes Nordrhein-Westfalen von 1945-1953 und die Bestände der Bibliotheken Dortmunds.
Dortmund: Inst. f. Zeitungsforschung d. Stadt Dortmund 1964. 3 S., 4° 5211

Anglo-Saxon & other manuscripts: catalogue of an exhibition in the library of Corpus Christi College, Cambridge.
Cambridge: Corpus Christi College, Library 1966. 16 S., 8°, sh 1/6 5212

Arbeiten der Bibliothek der Akademie der Wissenschaften der UdSSR und der Hauptbibliothek für Gesellschaftswissenschaften der Akademie der Wissenschaften der UdSSR. (russ.)
Band VII: Beiträge von Mitarbeitern der Bibliotheken zur Bibliographie, Bibliothekskunde und Geschichte des Bibliothekswesens.
Moskau: Mesh. Kniga 1963. 238 S., 4°, Hln. MDN 4.60 5213

Archives générales du Royaume. Liste des publications - Algemeen Rijksarchief. Lijst van de Royaume 1965. 12° F 23.- 5214

Arif. Aida S.
Descriptive catalogue of Arabic manuscripts in Nigeria in the Jos Museum and Lugard Hall Library, Kaduna, by Dr. Aida S. Arif and Dr. Ahmad M. Abu Hakima.
London: Luzac 1965. VIII, 216 S., sh 30/- 5215

Arrenberg, R.
Naamregister van de bekendste en meest in gebruik zijnde Nederduitsche boeken, welke sedert het jaar 1600 tot en met 1787 zijn uitgekomen. Rotterdam 1788. Facsimile-Nachdruck 1965.
Leiden: A. W. Sythoff 1965. X, 502 S. geb. hfl. 150.- 5216

Author-title catalog of the Library of the University of California. 115 Bde.
Boston: G. K. Hall 1964. 115000 S., 4°, $ 8.040.- 5217

Baer, J. A. jr. / Baer, M. C.
A checklist of Virginia Almanacs 1732-1850.
Charlottesville/Va.: Bibliographical Society of the University of Virginia 1962. XLIV, 208 S., 8° Ln. 5218

Bercic, Branko
Mittelalterliche Handschriften der National- und Universitätsbibliothek in Ljubljana.
München: Dr. Trofenik 1965. 27 S., 8°, DM 5.- 5219

Bibliografia sobre a economia portuguesa.
Lissabon: Portugal Instituto Nacional de Estatistica 1963. 546 S., 8° (=Publicacoea do Centro de Estudos Economicos.) 5220

Bibliographie der Ausgaben der Akademie der Wissenschaften der UdSSR. Jahrbuch. Bd. 5
Moskau: Mesh. Kniga 1961. 960 S., MDN 14.- 5221

Bibliographie der tschechischen und slowakischen Drucke v. d. ältesten Zeit bis zum Ende d. 18. Jahrhunderts. Knihopis českých a slovenských tisku od Hoby nejstarši až do konce XVIII. stoleti.
Band II: Drucke aus den Jahren 1501-1800. Redigiert von Dr. Erantišek Horák.
Prag: Verlag der Tschechoslowakischen Akademie der Wissenschaften 1959. 136 S., Abb. 4°, brosch. Kčs 66.50 5222

Bibliographie der Übersetzungen deutschsprachiger Werke.
Leipzig: Deutsche Bücherei (=Neue Mitteilungen der Deutschen Bücherei Nr. 21) 5223

Bibliography of publications designed to raise the standard of scientific literature.
Paris: UNESCO 1963. 83 S., brosch. DM 4,10
(=Documentation and terminology of science.) 5224

Bibliothekskatalog der Museumsgesellschaft Zürich.
Zürich: Siegfried 1930 ff. 5225

Bloxam, Rosalie (comp.)
Countryside booklist: a supplement to the 'Quarterly Review, April 1966 special issue, 'The Countryside.
London: Murray 1966. 27 S., 8°, sh 3/6 5226

Blumhardt, James Fuller/ Mackenzie, David Neil
Catalogue of Pashto manuscripts in the libraries of the British Isles. Commonwealth Rel. Office.
London: British Museum 1965. XII, 147 S., gr. 8°, sh 70/- 5227

Bookbindings from the library of Jean Grolier: catalogue of a loan exhibition, 23-Sept. bis 31. Okt. 1965.
London: British Museum 1965. 147 Abb., XX, 75 S., sh 42/- 5228

Books about books.
Catalogue of the library.
London: National Book League 5229

Brinkman's Catalogues von boeken en tijdschriften, 1833-1849, Amsterdam 1858. Facsimile-Nachdruck 1965.
Leiden: A. W. Sythoff 1965. 802 S., hfl 150.- 5229a

British Technology Index annual volume.
Ed.: E. J. Coates.
London: Library Association 1966.
Getr. Pag. 4°, £ 2.12.- 5230

Bromley, David William
Exporting.
London: Library Association 1963. 44 S., 8°, sh 5/- 5231

Bucher, O.
Bibliographie der deutschen Drucke des XVI. Jahrhunderts.
I: Dillingen.
Bad Bocklet: W. Krieg 5232

Bücherkunde Ostdeutschlands und des Deutschtums in Ostmitteleuropa.
Köln: Böhlau-Verlag 1963. XXXVI, 560 S., Ln. DM 68.- 5233

Büttner, Heinrich
Patentbehördliche Veröffentlichungen. Ein nach Ländern sachl.-formalgegliedertes Verzeichnis d. Bestände d. Bibliothek d. Dt. Patentamtes, mit Anm., Erl. u. Hinweisen. Stand 1.12.1961.
München: Deutsches Patentamt, Bibliothek 1961. 135 S., 8° (n. i. B.) 5234

Canadian Government Publications. Catalogue 1961.
Ottawa 1962, 558 S. 5235

Catalog of microcard publications 1963.
Washington: Microcard Editions Inc. 1963. 888 S., 4°, gratis 5236

Catalogue of additions to the manuscripts in the British Museum.
List of additions to the manuscripts
Lithographic reprint of the 1st ed. 1843 + 1850.
London: British Museum 1964. 4°
1. 1836 - 1840. 7, 118 S., sh 42/-
2. 1841 - 1845. VII, 337 S., sh 84/-
5237

Catalogue of additions to the manuscripts.
Plays submitted to the Lord Chamberlain, 1824-1851, additional manuscripts 42865-43038.
London: British Museum 1964. IX, 359 S., 4°, sh 90/- 5238

Catalogue of the Arundel Castle Manuscripts being the monument of his Grace The Duke of Norfolk, Earl Marshal, K.G. Relating to Yorkshire, Nottingham and Derbyshire estates of the Dukes of Norfolk and their predecessors, with an appendix consisting of a calendar of Talbot letters, part of the Bacon Frank Collection.
Sheffield: City Libraries 1965. sh 42/- 5239

Catalogue de la bibliothèque du Centre interuniversitaire de droit comparé, C.I.D.C. comprenant les collections de périodiques de l'Institut belge de droit comparé.
Catalogus van de bibliotheek van het Interuniversitair Centrum voor rechtsvergelijking, I.C.V.R., omvattende de tijdschriften-collecties van het Institut belge de droit comparé. 3. Aufl.
Brüssel: Centre interuniversitaire de droit comparé 1964. XXIV, 45 S., 8° 5240

Catalogue of books printed in the 15th century now in the British Museum. P. 1.
London: British Museum 1964. 4°, XXVIII, 312 S. 5241

Catalogue of the books, manuscripts, maps and drawings in the British Museum, Natural History. Vol. 1-6, 1903-22, reprint. Be. 1-8
Codicote/Herts.: Wheldon & Wesley 1964. Getr. Pag. 4°, DM 672.- 5242

Catalogue of books printed in the XVth century now in the British Museum Band IX, Holland and Belgium.
London: British Museum 1962 5243

Catalogue of books in the Public Relations Department Library at United Africa House, London, with brief notes of their contents.
London: United Africa Company 1966. 74 S., 2° 5244

Catalogue of the Colonial Office Library. 15 Bde.
Boston: C.K. Hall 1965. 4°, $ 875.- 5245

Catalogue of the famous library and globe collection of the Netherland's Historical Maritime Museum, Amsterdam. 2 Bde.
Amsterdam: N. Israel 1960. 1170 S. 5246

Catalogue of incunables and S.T.C. books in the Mitchell Library, Glasgow.
Glasgow: Public Libraries 1964. 131 S., 8°, sh 15/- 5247

Catalogue of Lewis's medical, scientific and technical lending library.
New ed., revised to Dec 31, 1963.
London: H.K. Lewis 1966. 8°, 2 Bde 5248

Catalogue of the library.
Bath/Som.: Bath & West and Southern Counties Society 1964. 7'', 86 S, 8°, sh 3/- 5249

Catalogue of the Library of Philips van Marnix van Sint-Aldegonde, sold by auction (July 6th) Leiden, Christorphorus Guyot, 1599.
Facsimile after the only copy extant with an introduction by G.J. Brouwer.
de Graaf, Nieuwkoop: de Graaf 1964.

15 S. hfl 20.- 5250

Catalogue de livres pour la jeunesse.
Catalogus der jeugdboeken.
Brüssel: Banque nationale de Belgique, Bibliothèque littéraire 1963. 4° 5251

Catalogue of manuscripts in the libraries of the University of Pennsylvania to 1800. Comp. by Norman P. Zacour and Rudolf Hirsch.
Philadelphia, Pa.: Pennsylvania University Press 1965. VIII, 279 S., 8°, sh 96/- 5252

Catalogue of non-fiction additions to adult Libraries. Reference Library, Library of Commerce, Central Lending Library, branch libraries.
Bristol: Public Libraries 1961/62. 511 S., 8°, sh 15/- 5253

A catalogue of the Petyt Library.
Skipton/Yorks.: Public Libraries, Petyt Library 1964. 9,417 S., 4°, sh 42/- 5254

Catalogue systematique des ouvrages.
Systematischer Katalog der Bücher.
Vol. 1: Sciences, technique. 1963. II, 142 S. 4°
Vol. 2: Général. 167 S. 4°
Brüssel: Euratom-Zentralbibliothek (n.i.B.) 5255

Ceadel, Eric B.
Classified catalogue of modern Japanese books in Cambridge University Library.
Cambridge: Heffer & Sons 1961. 560 S. 5256

Chadwick, U.R.M.
Bibliography on cavitation in fluids.
London: H.M.S.O. 1966
(=T.R.G. information series-no. 518)
21 S. 4°, geh. 5257

Classed subject catalog. 13 Bde
Boston: G.K. Hall 1963. 2° 5258

Classified catalogue of a collection of books on publishing and bookselling in the British Library of Political and Economic Science.
London: British Library of Political and Economic Science 1961. VI, 186 S. 8° 5259

Classified catalogue of non-fiction books added to stock 1963.
London: Westminster Public Libraries 1964. VIII, 358 S. gr. 8° sh 21/- 5260

Commonwealth reference books and bibliographical guide.
London: National Book League 1965. 54 S., sh 2/- 5261

Crick, B.R./Alman, M./Beales, H.L.
A guide to manuscripts relating to America in Great Britain and Ireland.
London: Oxford University Press 1961 5262

Dargent, J.L.
Echanges internationaux de publications, bibliographie 1817-1960.
Vol. 1.2.
Brüssel: Comm. Belge de Bibliographie 1962.
(=Bibliographie Belgica, 68.) 5263

Das Deutsche Buch-und Schriftmuseum der Deutschen Bücherei.
Leipzig: Deutsche Bücherei
(=Neue Mitteilungen aus der Deutschen Bücherei, Heft 14) 5264

Deutsche Zentralbücherei für Blinde:
Literaturverzeichnis der Bibliothek.

Leipzig: Dt. Zentralbücherei f. Blinde. 1964. 147 S. 8° MDN 3. - 5265

Dewey, J. / Halsey, Thomas Milton
A centennial bibliography
Chicago: University of Chicago Press 1962. XIII, 370 S. 5266

Diaz, A. J.
Subject guide to microforms in print 1962-63.
Washington: Microcard editions 1962. 69 S. 5267

Dictionary catalog of the library of the University of California, Los Angeles 1919-1962. 129 Bde
Boston: G. K. Hall 1964. 129.000 S. 2° $ 9000. - 5268

Dommer, A. von-
Lutherdrucke aus der Hamburger Stadtbibliothek, 1516-1523. Leipzig 1888.
Nieuwkoop: de Graaf 1962. V, 277 S. hfl. 50. - 5269

Dryander, J.
Catalogus Bibliothecae Historico-Naturalis Josephi Banks 1796-1800. 5 Bde.
Amsterdam: Asher. 8° Ln. hfl. 400. - 5270

Duck, L. W.
The Henry Watson Music Library: a survey of its resources. 2nd ed.
Manchester: Central Library 1964. 14 S. 8° 5271

Echols, John M.
Preliminary checklist of Indonesian imprints, 1945-1949, with Cornell University holdings.
Ithaca, N. Y.: Cornell University 1965. VI, 186 S. 4° 5272

Eppelsheimer, Hanns W.
Handbuch der Weltliteratur. Von den Anfängen bis zur Gegenwart. 3. neu bearb. u. erg. Aufl.
Frankfurt/M.: Klostermann 1960. XIV, 808 S., Ln. DM 65. -, kart. DM 59.50 5273

Ernst, Konrad
Die Wiegendrucke des Kestner-Museums.
Hannover: Kestner-Museum 1963. XXII, 130 S., 39 S. Abb., 8°, DM 3. - 5274

Finke, Ulrich
Katalog der mittelalterlichen Handschriften und Einzelblätter in der Kunstbibliothek.
Berlin-Charlottenburg: Staatliche Museen, Kunstbibliothek 1966. 68 S., Abb. 8° DM 3.50
(=Sammlungskataloge d. Kunstbibliothek. 3.) 5275

Forestry Commission Library catalogue of books.
London: Forestry Commission 1966. 122 S. gratis 5276

Freude am alten Buch.
Wertvolle Drucke d. 15.-17. Jh. aus Oberpfälzer staatl. Bibliotheken.
Ausstellung 5.-19. Juni 1964 anlässl. d. 65. Jahresversammlung d. Ges. d. Bibliophilen. Übersicht.
Regensburg: Staatliche Bibliothek 1964. 10 S. 8° 5277

Frühdrucke aus dem Dreissigjährigen Krieg. Aus den Beständen des Instituts für Zeitungsforschung der Stadt Dortmund.
Stand vom 1. März 1965.
Dortmund: Institut für Zeitungsforschung 1965. 35 S. 4° geh. 5278

Frühdrucke der Reformationszeit 1517-1555 aus den Beständen des Instituts für Zeitungsforschung der Stadt Dortmund. Stand v. 1. 3. 1965.
Dortmund: Institut für Zeitungsforschung 1965. 32 S. 4° 5279

Fund og forskning i det Kongelige Biblioteks Samlinger. Bd IX.
Kopenhagen: Kongelige Bibliotek 1962 5280

General catalogue of UNESCO publications and UNESCO sponsored publications, Supplement 1960-1963. engl., franz..
Paris: UNESCO 1964. 131 S., DM 3.20 5281

Gesamtinhaltsverzeichnis der wissenschaftlichen Zeitschriften der Universitäten und Hochschulen der Deutschen Demokratischen Republik. 2. Fünfjahresverz. 1956/57-1961
Berlin: Univ.-Bibl. der Humboldt-Universität 1963. 187 S. 4° 5282

Gesamtverzeichnis der Senckenberg-Schriften. Achtjahresverzeichnis für 1953-1960.
Hrsg. Joachim Steinbacher.
Frankfurt/M.: Kramer 1961. 178 S. 5283

Gottesmann, Dorothea
Slawische Bücher in den Bibliotheken der reformierten Kollegien in Debrecen und Sárospatak bis 1850. 2. Aufl.
Debrecen: Institutum philologiae Slavicae Universitatis Debreceniensis 1965. 67 S. gr. 8°
(=Publicationes Instituti philologiae Slavicae Universitatis Debreceniensis. 16.) 5284

Grohmann, Adolf
Die Arabischen Papyri aus der Gießener Universitatsbibliothek.
Gießen: Universitätsbibliothek 1960. 94 S., 12 Taf., DM 14.50 5285

Guide to the contents of the Public Record Office.
Vol. 1: Legal records,
Vol. 2: State papers and departmental records.
London: H.M.S.O. 1963. Getr. Pag. gr. 8° $ 20.- 5286

Halasz de Beky, I. L., comp.
Bibliography of Hungarian dictionaries, 1410-1963.
Toronto: Univ. of Toronto Pr. 1966. XIV, 148 p. gr. 8°
1. Hungarian language-Dictionaries-Bibl. 5287

Die Handschriften der Stadtbibliothek Nürnberg.
Band I: Die deutschen mittelalterlichen Handschriften. Bearbeitet von Karin Schneider. Beschreibung des Buchschmuckes: Heinz Zirnbauer.
Wiesbaden: Harrassowitz 1965. XXXVI, 594 S., 23 Taf., brosch. DM 120.- 5286

Die Handschriften der Württembergischen Landesbibliothek Stuttgart. Zweite Reihe, sechster Band, Teil 1: Codices musici. Beschrieben von Clytus Gottwald
Wiesbaden: Harrassowitz 1965. XI, 66 S., brosch. DM 18.- 5287

Die Handschriften der Württembergischen Landesbibliothek Stuttgart.
Reihe 2: Die Handschriften der ehemaligen Königlichen Hofbibliothek.
Band 3: Codices iuridici et politici

(HB VI 1-139) Patres (HB VII 1-71) Beschrieben von Johanne Autenrieth.
Wiesbaden:Harrassowitz 1963. XIX, 270 S., brosch. DM 48.- 5288

Die Handschriften der Württembergischen Landesbibliothek Stuttgart.
Reihe I: Die Handschriften der ehemaligen Königlichen Hofbibliothek.
Band 1: Codices musici. Beschrieben von Glytus Gottwald
Wiesbaden: Harrassowitz 1964. XVI, 184 S., brosch. DM 40.- 5289

Hanne, Ewald
Fünfjahreskatalog der Bibliothek des Oberverwaltungsgerichts für das Land Nordrhein-Westfalen in der Zeit vom 1.7.1960-30.6.1965
Münster: Bibliothek d. OVG f. d. Land Nordrhein-Westfalen 1965. VI, 184 S. (n.i.B.) 5290

Hanne, Ewald
Nachschlagewerke der Bibliothek des Oberverwaltungsgerichts für das Land Nordrhein-Westfalen.
Münster/W.: Bibliothek d. Oberverwaltungsgerichts 1963. 28 S., 4°
(n.i.B.) 5291

Harvard College Library Department of Printing and Graphic Arts, catalogue of books and manuscripts.
V. 1, pt. 1: French 16th cent. books on spine, I. Abbrege to Holbein,
V. 2, pt. 1: French 16th cent. books on spine, II. Homer to Xenephon. Index.
Cambridge/Mass.: Belknap Press of Harvard 1964. 557 S., ill. 4° $ 50.- 5292

Hatrics directory of resources.
Southampton: Central Library, Civic Centre, Southhampton, Hampshire Technical Research Industrial Service 1965. IV, 21 S. sh 10/6 5293

Hecker, Karl
Die Keilschrifttexte der Universitätsbibliothek Gießen, unter Benutzung nachgelassener Vorarbeiten v. Julius Lewy herausgeg. und bearb. 1966. 150 S., 8°
Gießen: Universitätsbibliothek
(=Berichte und Arbeiten a. d. Universitätsbibliothek Gießen, Bd. 9) 5294

Heinemann, Otto von -
Die Helmstedter Handschriften.
Frankfurt/M.: Klostermann 1965. 280 S., Ln. DM 84.- 5295

Heininger, Hans
Neuerwerbungen der Bibliothek der Technischen Universität Dresden.
Jahresregister zu den bibliographischen Informationen aus Technik und Wissenschaft.
Dresden: Technische Universität, Bibliothek 1964 ff. (n.i.B.) 5296

Historische Zeitungsbestände auf Mikrofilm im Institut für Zeitungsforschung der Stadt Dortmund. Stand vom 1.1.1965.
Dortmund: Institut für Zeitungsforschung der Stadt Dortmund 1965. 6 S. 4°, 5297

Hohe Behörde, Bibliothek.
Systematischer Katalog der Bücher
Luxemburg: Europa Gemeinschaft f. Kohle und Stahl.
1. 1964, XLII, 534 S.
2. 1964, S. 535-1285 5298

Hubay, I
Die Handschriften der Landesbibliothek Coburg.
Coburg: Coburger Landesstiftung 1962.
(=Kataloge der Landesbibliothek, V) 5299

Index translationum 1932-1940. Reprint.
Vaduz: Kraus Reprint 1964. 4 vols. 5300

Index translationum. International bibliography of translations. Ausg. 1964.
Paris: UNESCO 1966. 873 S., brosch. Fr. 101.- ; geb. Fr. 111.- 5301

Internationale Bibliographie der Fachadressbücher Wirtschaft, Wissenschaft, Technik. 2. Aufl.
München-Pullach: Verlag Dokumentationen der Technik 1964. 390 S., 8°, Kst. DM 88.-
(=Handbuch der technischen Dokumentation und Bibliographie Band 5) 5302

Internationale Bibliographie der Fachbibliographien. Technik, Wissenschaft, Wirtschaft.
3 A: einmalig erscheinende Bibliographien 2 Bände 1964, 5. und 6. Ausgabe, zusammen 955 S., DM 88.-
3B: periodisch erscheinende Bibliographien Neuausgabe 1965, ca. 500 S., DM 88.-, Subskriptisonspreis DM 78.- bis 15.7.1965, Erscheinungstermin Juli 1965
München-Pullach: Verlag Dokumentationen der Technik 1964/65.
(=Handbuch der technischen Dokumentation und Bibliographie Band 3) 5303

Inventari dei manoscritti delle biblioteche d'Italia. Florenz:
Florenz: Vol. 84: Lugo-Bibl. Comunale "Trisi", 1902, 145 S.
Vol. 85: Venezia, Bibl. Marciana. 1963. 165 S. 5304

Jong, J. de-
Alphabetische naamlijst van boeken, welke sedert het jaar 1790 tot en met het jaar 1831 in Noord-Nederland zijn uitgekomen.
s-Gravenhage 1832. Facsimile-Nachdruck 1965.
Leiden: A. W. Sythoff 1965. 930 S. geb. hfl. 150.- 5305

Kaplony-Heckel, Ursula
Die demotischen Gebelén-Urkunden der Heidelberger Papyrus-Sammlung.
Heidelberg: C. Winter 1964. 110 S., 43 Abb., 8 Taf. 4°, brosch. DM 48.- 5306

Katalog der Kanada-Bibliothek.
Marburg: Universitäts-Bibliothek 1963. 75 S., 4° (n. i. B.) 5307

Katalog der Übersetzungen.
Red. Hans Gerisch, Sektor 7.
Berlin: Deutsche Bauinformation bei d. Deutschen Bauakademie 1965. 4° 5308

Kataloog van de bibliotheek van de Koninklijke Vlaamse Ingenieursvereniging. Deel I-XVIII + Toelichting.
Antwerpen: Koninklijke Vlaamse Ingenieursvereniging 1964. 4° bfl. 19.- 5309

Kern, Anton
Die Handschriften der Universitätsbibliothek Graz. Band 2.
Wiesbaden: Harrassowitz 1956. VIII, 412 S., brosch. DM 35.- 5310

Die Klemm-Sammlung des Deutschen Buch- und Schriftmuseums.
Leipzig: Deutsche Bücherei 1963. 5 S., 8°
(=Neue Mitteilungen aus d. Dt. Bücherei, Nr. 30) 5311

Knaake - Bibliothek
Auktionskatalog. Abteilung I-III.
Leipzig, O. Weigel, 1906-07. Reprint.
3 Bdé
Reprint Nieuwkoop: de Graaf 1960. 122, 136, 153 S., Fr. 57.50
Bd I. : Luther (1001 entries)
Bd II.: Hervorragende Humanisten und Reformatoren (1046 entries.)
Bd. III: Förderer und Gegner der Reformation (1167 entries) 5312

Koninklijke Bibliotheek van Belgie.
Fondscatalogus.
Brüssel: Koninklijke Bibliotheek van Belgie 1966. 34 S. 12° 5313

Kritschewski, G. G.
Allgemeine Bibliographien des Auslandes. (russ.)
Moskau: Mesh. Kniga 1961. 320 S.
DM 5. - 5314

Kuczynski, A.
Thesaurus libellorum historiam Reformationis illustrantium.
Verzeichnis einer Sammlung von nahezu 3000 Flugschriften Luthers und seiner Zeitgenossen . Nach Orginalen aufgenommen und bearbeitet. 2 Teile.
Nieuwkoop: de Graaf 1960. 262, 79 S.
hfl. 45 - 5315

Küttler, Otto/ Preuß, Irmgard
Drucke Gothaer Verleger, 1750-1850.
Bestandsverzeichnis.
Gotha: Landesbibliothek 1965. 150 S., 8°, kart. MDN 2.50
(=Veröffentlichungen d. Landesbibliothek Gotha, H. 10) 5316

Kuhn, Warren B. (Comp.)
The Julian Street Library. A preliminary list of titles. Priceton University, Library (Ed.)
New York: Bowker 1966. 789 S., 4°
$ 14.95 5317

Lacombe, P.
Livres d'heures imprimés au XVe et au XVIe siècle conservés dans les bibliothèques publiques de Paris. Catalogue, Paris 1907.
Nieuwkoop: de Graaf 1963. LXXXIV, 439 S. 5318

Leuze, O.
Isnyer Reformations-Drucke. Verzeichnis der in der Bibliothek der Ev. Nikolauskirche in Isny vorhandenen Drucke aus den Jahren 1518 bis 1529.
Isny i. Allgäu, 1924.
Nieuwkoop: de Graaf 1965. VIII, 138 S.
F 21. - 5319

Library catalog of the Warburg Institute, University of London. 2 Bde
Boston: G.K. Hall 1965. 2001 S., 4°,
$ 280. - 5320

Library catalogue.
London: International Fellowship of Reconciliation 1963. 1,56 S., 8°,
sh 5/- 5321

Library catalogue.
Stoke-on-Trent: North Staffordshire Technical College 1960. 227 S., 8°,
sh 20/- 5322

The library of Sir Simonds D'Ewes, by Andrew G. Watson.
London: British Museum 1966. XIV, 379 S., Abb., 4°, £ 5/5/- 5323

Lijst van vakliteratuur op het gebied van biblioteek- en documentatiewezen.
Bibliographie der Fachliteratur auf dem Gebiet des Bibliotheks-und Dokumentationswesens.
Den Haag: Nederlands Instituut voor Documentatie en Registratuur, NIDER 1962. 30 S. 5324

List of the National Library Publications
(arab. u. engl.)
Cairo: National Library Press 1962. 32 S.
5325

Literaturverzeichnis der Bibliothek.
1963.
Leipzig: Deutsche Zentralbücherei f.
Blinde 1964. 147 S., 8°, MDN 3.-
5326

Des Livres pour les pays en voie de
dévelopement. Asie. Afrique.
Paris: UNESCO 1965. 34 S., F 2.-
(=Etudes et documents d'information,
47.)
(engl. Titel: Books for the developing
countries.) 5327

Löschburg, Winfried/ Wegehaupt, Heinz/
Penzold, Leonhard
Die Deutsche Staatsbibliothek und ihre
Kostbarkeiten. (Mit 5 mehrfarb. u.
67 einfarb. Taf.)
Weimar: Böhlau 1966. 48 S., Abb.,
34 Bl. Abb., 8° Lan. MDN 19.50 5328

Loewinger, David Samuel/ Weinryb,
Bernard Dov.
Catalogue of the Hebrew manuscripts
in the library of the Juedisch-Theologisches Seminar in Breslau.
Wiesbaden: Harrassowitz 1965. XIII,
303 S., gr. 8, brosch. DM 64.-
(=Publication of the Leo Baeck Institute, New York.) 5329

Mazal, Otto
Katalog der abendländischen Handschriften der Österreichischen Nationalbibliothek.
Wien: Prachner 1965. 4° Ln. ÖS. 290.-
5330

Mazal, Otto/ Unterkircher, Franz
Katalog der abendländischen Handschriften der Österreichischen Nationalbibliothek. Neuerwerbungen.
Wien: Prachner 1963. XV, 510 S., 4°,
Ln. ÖS. 620.-(Museion, NF.4.2) 5331

Menhardt, Hermann
Verzeichnis der altdeutschen literarischen Handschriften der Österreichischen
Nationalbibliothek in drei Bänden. I. Bd.
Berlin: Akademie-Verlag 1960. IV,
676 S., 4°, DM 88.- 5332

Mönnig, Richard
Übersetzungen aus der deutschen Sprache. Eine bibliographische Reihe.
Dänisch 1948-1964, 2. Ausg.
Göttingen: Vandenhoeck & Ruprecht
1965. 38 S., gr. 8°, geh. DM 6.40
5333

Mönnig, Richard
Übersetzungen aus der deutschen Sprache. Eine bibliographische Reihe.
Heft 10: Spanisch 1948-1963. 2. erw.
Aufl.
Göttingen: Vandenhoeck & Ruprecht
1964. 137 S., kart. DM 12.- 5334

Monthly Catalogue (1723-1730).
An exact register of all books, sermons,
plays, poetry and miscellaneous pamphlets, printed and published in London, or the universities (1723-1730)
with a compleat index to the whole.
2 Bde.
London: Archive P. 1964. £ 18/18/-
5335

Monthly Index of Russian Accessions
Record of publications of the Russian
Language, issued in and outside the
Soviet Union, currently received by
the Library of Congress and cooperating libraries. mtl.

Washington: Superintendent of Documents $ 12. - jl. 5336

Nixon, H. M.
Bookbindings from the library of Jean Grolier. Catalogue of a loan exhibition, 23 Sept-31. Okt. 65.
London: British Museum 1965. XX, 75 S., sh 42/- 5337

Ohly, Kurt/ Sack, Vera
Inkunabelkatalog der Stadt- und Universitätsbibliothek und anderer öffentlicher Sammlungen in Frankfurt/Main.
Frankfurt/M.: Klostermann 1966.
Lfg. 1-3. 480 S., 4°, brosch.
DM 253.- 5338

Pagliaini, Attilio
Catalogo generale della Libreria Italiana. For the years 1847-1899; suppl. for 1900-1930. 12 Bde.
New York: Kraus Reprint 1965. 4°, $ 350.- 5339

Pálfy, Miklós
Katalog der Handschriftensammlung der Hallenser Ungarischen Bibliothek.
Halle/S.: Niemeyer 1965. 271 S., Ln. 5340

Peeters-Fontainas, J.
Bibliographie des impressions espagnoles des Pays-Bas Méridionaux. Mise au point avec la collaboration de A. M. Frederic. 2 Bde.
Nieuwkoop: de Graaf 1965. XLIII, 873 S., hfl 180.- 5341

Periodika der Arbeiter- und Gewerkschaftsbewegung im Westfälisch-Niederrheinischen Institut für Zeitungsforschung Dortmund. Stand vom 1. Jan. 1962.
Dortmund: Westfälisch-Niederrheinisches Institut für Zeitungsforschung 1962. 13 S., 4°, geh. 5342

Poore, Ben Perley
A descriptive catalogue of the government publications of the United States, Sept. 5, 1774 - March 4, 1881. Neudruck d. Ausg. von 1885 P. 1. 2.
New York: Johnson Reprint Corp. 1962. IV, 1392 S. 5343

Poulle, Emmanuel
La bibliothèque scientifique d'un imprimeur humaniste au 15e siècle. Catalogue des manuscrits d'Arnaud de Bruxelles à la Bibliothèque nationale de Paris.
Genf: Droz 1963. 103 p., 1 pl. 4°, rel. sfr. 30.-
(=Travaux d'Humanisme et Renaissance, 57) 5344

Presser, Helmut
Gutenberg-Museum Mainz. Schöne Bücher aus fünf Jahrhunderten. Aus ei. Privatbibliothek. Ausstellung 11. April-18. Mai 1959. Katalog.
Mainz: Gutenberg-Gesellschaft 1959. 29 S., Abb., 8°, kart. DM 2.- 5345

Private Press Books.
An annual bibliography of the work of private presses throughout the world, Issued in paper wrappers.
Hrsg.: Cave, Roderick Cave, David Chambers.
London: Private Libraries Association 1960-1965.

1959,	1960,	sh 7/6
1960,	1961,	sh 10/6
1961,	1962,	sh 10/6
1962,	1963,	sh 10/6
1963,	1964,	sh 15/-
1964,	1965,	sh 15/-

5346

Przewodnik bibliograficzny. Urzedowy wykaz druów wydanych y Polskiej Rzeczpospolitej Ludowej.
Bibliographischer Führer. Amtliches

Verzeichnis der Druckschriften, die in Polen erschienen sind.
Hrsg.: Biblioteka Narodowa - Instytut Bibliograficzny, Warschau, wtl.
Warschau: Ruch 1946 ff. 5347

Publications de la Fédération Internationale des Associations de Bibliothècaires. Vol. XXVII.
Den Haag: Nijhoff 1962. hfl. 28.20
5348

Record repositories in Great Britain.
A list prepared by a joint committee of the Historical Manuscripte Commission and the British Records Association.
London: H. M. S. O. 1964. XI, 44 S., 8°, sh 5/- 5349

Reference library subject catalogue.
Hrsg.: S. Horrocks.
Manchester: Public Libraries 1959/60. 8°
Section 094: Private Press books A-G. 98 S., sh 21/-
Section 094: Private Press books H-W. 106 S. sh 21/- 5350

Referentiewerken.
Lijst van naslagwerken voor leeszalen van openbare bibliotheken.
Brüssel: Ministerie van Nationale Opvoeding en Cultuur 1963. V, 57 S. 16°
5351

Reusch, F. H.
Die Indices Librorum Prohibitorum des sechzehnten Jahrhunderts.
Tübingen, 1886.
Nieuwkoop: de Graaf 1961. 595 S.
hfl 85.- 5352

Rieu, Charles
Catalogue of the Persian Manuscripts in the British Museum. 1st ed. repr. 3 Bde
London: British Museum 1966. 4°
Vol. 1: 432 S.
Vol. 2: VII S., S 433-880.
Vol. 3: XXXII S., S. 881-1229. 5353

Ritter, F.
Catalogue des incunables ne figurant pas à la Bibliothèque Nationale et Universitaire de Strasbourg
Strasbourg: Heitz 5354

Ritter, F.
Catalogue des livres du XVIe siecle ne figurant pas à la Bibliothèque Nationale et Universitaire de Strasbourg.
Strasbourg: Heitz 5355

Salzer, Margarete/ Wiese, Erika
Protokolle und Berichte der Zentralbibliothek der Gewerkschaften.
Ein chronologisch gegliederter Bestandskatalog d. Protokolle und Berichte d. Arbeiter- und Gewerkschaftsorganisationen aus d. Zeit vor 1945. 2 Bände.
Bestandskatalog d. Zentralbibliothek d. Gewerkschaften. Hrsg.: Zentralbibliothek d. Gewerkschaften, Berlin.
Markränstädt: Literatur- u. Vordruckvertrieb d. FDGB 1964. 280, 154 S., 4°, Ln. je MDN 5.- 5356

Die Sammlung der Emigrantenliteratur 1933-1945.
Leipzig: Deutsche Bücherei 1964. 5 S., 8° 5357

Samulski, Robert
Die ostdeutschen Bestände in der Universitätsbibliothek zu Münster.
Münster: Universitätsbibliothek 1964. 11 S., Abb. 8° (n. i. B.) 5358

Sandoz, Micheline
La bibliothèque de Charles Schneider. Cataloguement, avec notice biographique, et recataloguement de la musica practica de la Bibliothèque de La Chaux-de-Fonds.
La Chaux-de-Fonds: Ass. des Bibliothécaires Suisses 1964. I, 44 S., 4° 5359

The Scholar Printers.
Two exhibitions at the Newberry library.
Chicago: University of Chicago Press 1964. 59 S., ill. 8° kart. 5360

Schröder, Konrad
Vorläufiges Verzeichnis der in Bibliotheken und Archiven vorhandenen Vorlesungsverzeichnisse deutschsprachiger Universitäten aus der Zeit vor 1945. Als Ms. gedr. -
Saarbrücken: Anglistisches Institut d. Universität d. Saarlandes 1964. 76 Bl. 5361

Schüling, Hermann
Die Inkunabeln der Universitätsbibliothek Gießen.
Gießen: Universitätsbibliothek 1966. VII, 273 S., 1 Taf. 8°
(=Berichte u. Arbeiten aus d. Universitätsbibliothek Gießen. 8.) 5362

Scotland National Library, Edinburgh.
Catalogue of manuscripts acquired since 1925.
Vol. 2: Manuscripts 1801-4000.
Charters and other formal documents 901-2634.
Edinburgh: H. M. S. O. 1966. VII, 904 S. gr.-8° £ 12.12 5363

Scottish Central Library.
Out of print books and MSS. on microfilm held in the Scottish Central Library.
Lawnmarket: Scottish Central Library 1965. IV, 69 S., 4° gratis 5364

Short-title catalogue of books printed in the Germanspeaking countries and German books printed in other countries from 1455-1600 now in the British Museum.
London: British Museum 1962. 1224 S. 5365

Sondersammelgebiete der kommunalen Bibliotheken und Büchereien. Katalog. 1963/64.
Köln: Verband d. Bibliotheken d. Landes Nordrhein-Westfalen 1965. 449 S., 8°, Kldr. DM 36.- 5366

Sound-Services, Ltd.
Film library catalogue.
London: Sound-Services 1966. 2, IV, 234 S., 8°, sh 5/- 5367

Spear, Dorothea N.
Bibliography of American directories through 1860.
Worcester, Mass.: American Antiquarian Society 1961. 389 S. 5368

Subject collections in European libraries: a directory and bibliographical guide; compiled by Richard C. Lewanski. 2nd printing.
New York, London: Bowker 1966. XI, 789 S., Abb. 8°, £ 9/13/- 5369

Swedenbourg Society.
Library catalogue.
Part 2: The archives.
London: Swedenborg Society 1965. 201 S. 4° gratis 5370

Takayama, Chu/ Kan, Masako
Catalog of foreign books and microfilms in the possession of the library of the faculty of economics.

Taylor, F.R.
What's available in the technical library. A guide to some of the resources in addition to books. 2 Ausg.
Manchester: Public Libraries 1964.
30 S., ill. 8° sh 2/6 5372

Technik und Wirtschaft in fremden Sprachen.
Internationale Bibliographie der Fachwörterbücher. Nachweis der ein- und mehrsprachigen Fachwörterbücher, der Fachenzyklopädien, Fachsprachlehrmittel, d. Abhandlungen z. Übersetzungstechnik u. zu den Übersetzungsmaschinen, z. Wörterbuchherstellung, Nachweis der Bibliographien von Wörterbüchern und Übersetzungsdiensten.
Aufl. 1963/64, in zwei Bänden,
DM 88. - zusammen, 628 S. zus.
Hansbuch der technischen Dokumentation und bibliographie Band 4
Verlag Dokumentationen der Technik, München-Pullach 5373

Treasures of Belgian libraries.
Exhibition. National Library of Scotland 1. July-14 September 1963
Catalogues of exhibitions held at the National Library of Scotland, Edinburgh, no. 2.
Edinburgh: National Library of Scotland 1963. 136 S., ill. 8° 5374

Typographie. Ausstellung. 50 Jahre Handsetzvereinigung Basel, 5. Nov. - 23 Dez. 1960. Katalog.
Basel: Gewerbemuseum 1960. 104 S., Abb. 8° 5375

Union list of expensive, out-of-print and specialized reference books in libraries in Orange County. 2. Aufl.
Costa Mesa/Calif.: Herbert Hoffman 1963. V,185 S., 4°, $ 6.50 5376

Verzeichnis der Publikationsvorhaben der allgemeinbildenden und des wissenschaftlichen Bibliothekswesens der Deutschen Demokratischen Republik für die Jahre 1965-1970.
Berlin: Deutscher Bibliotheksverband, Kommission für bibliothekswissenschaftliche Forschung, Publikationen u. Bibliothekspropaganda 1965. 12 S., 8° 5377

Voordeckers, E.
Het Bulgaarse Oudslavische Hs. 408 in de Universiteitsbibliotheek te Gent.
Gent: Centrale Bibliotheek van de Rijksuniversiteit 1965. 11 S., 8°
(=Centrale Bibliotheek van de Rijksuniversiteit te Gent. Mededeling nr 6) 5378

Winter, Ursula/ Bruckner, Ursula
Signaturenliste der Handschriften und kurzes Verzeichnis der Nachlässe.
Berlin: Deutsche Staatsbibliothek, Handschriften- und Inkunabelabteilung 1963. 12 S., 8° 5379

Zahlbrecht, Robert
Die historischen Sammlungen der Graphischen Lehr- und Versuchsanstalt. Festschrift, im Schulbetrieb als Schülerarbeit hergestellt.
Wien: Graph. Lehr-und Versuchsanstalt 1963. 33,42 S., Abb. 4° 5380

Zusammenstellung der seit 1945 erschienenen deutschen Übersetzungen ungarischer Autoren. Bearb. v. Joram.
Leipzig: Deutsche Bücherei, Abt. Auskunft 1964. 46 S., geh. 5381

2.6.1. Bibliographien der Bibliographien

Bibliographic Index
A Cumulative bibliography of bibliographies. jl.
New York: Wilson 1938 ff. 5382

Bibliographie der deutschen Bibliographien. Jahrgang 8. Berichtszeitraum 1961. Jahresverzeichnis der versteckten und selbständigen Bibliographien Deutschlands und der deutschsprachigen Literaturverzeichnisse des Auslandes.
Leipzig: VEB Verlag für Buch- und Bibliothekswesen 1964. 367 S., 40, Hln. MDN 80,- 5383

Bibliographie der sowjetischen Bibliographien 1960 (russ.)
Moskau: Mesh. Kniga 1962. 512 S.
Hln. MDN 15.65 5384

Bibliographie der sowjetischen Bibliographien 1961 (russ.)
Moskau: Mesh. Kniga 1962. 532 S
Hln. DM 16.25 5385

A bibliography of African bibliographies.
Cape Town: South African Public Library 5386

Bulletin wichtiger Literatur-Zusammenstellungen. mtl.
Hrsg. von d. Dt. Bücherei, Leipzig, unter Mitw. d. wissenschaftl. Bibliotheken, d. Instituts für Dokumentation der Dt. Akademie der Wissenschaften zu Berlin sowie d. Dokumentationsstellen und anderer Einrichtungen d. DDR.
Leipzig: Deutsche Bücherei 1961 ff. 5387

Collison, Robert Lewis Wright.
Bibliographies, subject and national. A guide to their contents, arrangement and use. 2., erw. u. verb. Aufl.
New York: Hafner Inc. 1962. XVIII, 185 S., 8° $ 4.- 5388

Eager, Alan Robert.
A guide to Irish bibliographical material. Bibliography of Irish Bibliographies and some sources of information.
London: Library Association 1964.
XIII, 392 S., 8° Ssh 96/- 5389

Fachbibliographien und empfehlende Bibliographien der Deutschen Bücherei.
Leipzig: Dt. Bücherei 1962. 7 S. 8°
(=Neue Mitteilungen aus d. Dt. Bücherei. Nr. 34) 5390

Gibbs, Katye M. /Hall, Elizabethe H.
Bibliography of Bibliographies. An ASTIA report bibliography.
Armed Services Technical Information Agency, Arlington/Va. (Ed.)
Washington: Office of Technical Services, U.S. Department of Commerce 1962. $ 5.- 5391

Hury, Carlo.
Luxemburgensia. Eine Bibliographie der Bibliographien.
Luxemburg: Publications Nationale du Ministère des Arts et des Sciences 1964.
XXVI, 186 S. 5392

Larsen, Knud.
Fortegnelse over bibliografier. Verzeichnis von Bibliographien.
Teil 1: allgemeine Bibliographien
Teil 2: Fachbibliographien nach dem Dezimalsystem geordnet.
Kopenhagen: Statens Trykningskontor 1961. 117 S. 5393

Maichel, Karol
Guide to Russian reference books.
Vol. 1: General bibliographies and reference books.
Stanford, Calif.: Hoover Institution, Stanford University 1962. 92 S.
(=Bibliographical Series. 10) 5394

Siddiqi, Akhtar H.
Bibliography of bibliographies published in Pakistan.
Karachi: Pakistan Bibliogr. Working Group 1961. 6 S.
(=Publ. No. 4.) 5395

Tanghe, Raymond.
Bibliography of Canadian Bibliographies.
Toronto:University Press; London:
Oxford U.P. 1960. 206 S., 8° sh 80,-
5396

Totok, Wilhelm/Weitzel, Rolf/
Weimann, Karl-Heinz.
Handbuch der Bibliographischen Nachschlagwerke. 3. erw. u. neubearb. Aufl.
Frankfurt/M.: Vittorio Klostermann
1966. XXIV, 362 S., gr 8°, brosch.
DM 39,50; Ln. DM 45.- 5397

Übersicht über die laufend erscheinenden Bibliographien und Dokumentationsdienste.
Bad Godesberg: Deutsche Forschungsgemeinschaft 1961 5398

Verzeichnis laufend erscheinender Bibliographien.
Hrsg.: Dt. Forschungsgemeinschaft, Bad Godesberg.
Wiesbaden: Steiner 1963. 90 S.,
brosch. DM 14,-- 5399

Westafrikanische Bibliographien.
The biblio-graphies of West Africa.
Ibadan: Ibadan University Press 5400

Winchell, Constance M.
Guide to reference Books. 7th ed.
1960 7th ed., Supplement 1956-1958
Chicago: American Library Association
1960. $ 4.- 5401

2.6.2. Zeitschriftenverzeichnisse

Abstracting and indexing journals in transport. A select list.
London: Transport Information Group
1965. 13 S., 8° 5402

African newspapers in selected American libraries. 2. Ausg.
Washington: Library of Congress 1962.
68 S. 5403

Alphabetisches Verzeichnis der im Bereich der Medizinischen Akademie und in den größeren Bibliotheken der Stadt Erfurt laufend gehaltenen Zeitschriften der Medizin und ihrer Grenzgebiete.
Mit Standortnachweis u. Bestandsangabe.
Stand: 1.4.1965.
Erfurt: Medizinische Akademie. Zentralbibliothek 1965. 49 S., 4° 5404

Arabic periodical literature.
Ed. by J.F.P. Hopkins.
Cambridge: Heffer of Middle East Centre, University of Cambridge 1966.
XI, 104 S., gr.-8° sh 35/- 5405

Ausländische Zeitschriften.
Systematisches Verzeichnis der Ausgaben von 1954-1959, die der W.-I.-Lenin-Bibliothek zugestellt worden sind. (russ.) Erg. Folge
Moskau: Mesh. Kniga 1960. 160 S.
MDN 2.50 5406

Bestandsliste der Periodica. Okt. 1964.
Stuttgart: Dokumentationsstelle f. Bautechnik in d. Fraunhofer-Gesellschaft
1964. IV, 140 S., 8° 5407

Bibliografia czasopism i wydawnictw zbiorowych Opracowany 1959.
Bibliographie der Zeitschriften und Sammelwerke Polens.
Warschau: Ruch 1962. 222 S. 5408

Bibliografia periodicelor din Republica Populare Romina Articole.
Bibliographie der Zeitschriften der Rumänischen Volksrepublik. 24x jl.
Hrsg.: Biblioteca Centrale de Stat a R.P.R., Bukarest
Bukarest: Cartimex 1957 ff. DM 32,- jl.
5409

Bibliographie deutschsprachiger Hochschulschriften der Elektrotechnik und ihrer Grundlagenwissenschaften. Bearb.: Karl-Heinz Körtner. Folge 4: 2. Halbj. 1964, 1. Halbj. 1965.
Ilmenau: Bibliothek d. Technischen Hochschule 1966. 42 S., 8° 5410

Bibliothek d. Bundesanst. f. Gewässerkunde. Verzeichnis laufend gehaltener hydrologischer Jahrbücher. Berichte und Serien. Stand: 1. Nov. 1965
Koblenz: Bundesanst. f. Gewässerkunde 1965. 10 Bl. 4o 5411

Bibliothek d. Hochschule f. Bodenkultur, Wien.
Verzeichnis der an der Hochschulbibliothek laufend bezogenen Zeitschriften. Stand v. 1. Juli 1965.
Wien: Hochschule f. Bodenkultur 1965. 25 Bl. 4°
(Maschinenschr.) 5412

Bibliothek d. Rhein-Westf. Techn. Hochschule Aachen. Verzeichnis der laufenden Zeitschriften der Gebiete Geistes-, Wirtschafts- und Sozialwissenschaften. Stand: 1. Jan. 1966.
Aachen: Rheinisch-Westfälische Technische Hochschule, Bibliothek 1966. III, 100 S., 8° 5413

Bibliothek der Technischen Hochschule Karl-Marx-Stadt.
Zeitschriften.
Karl-Marx-Stadt: Techn. Hochschule 1965. 246 S., 8° brosch. 5414

Bibliothek der Technischen Hochschule und Technische Informationsbibliothek (Hannover)
Verzeichnis laufend gehaltener Zeitschriften. Stand: 1.1.1966.
Hannover: Bibliothek d. Techn. Hochschule u. Techn. Informationsbibliothek 1966. 106 S., 4° 5415

Björkbom, Carl
Current Swedish periodicals and serials in the field of engineering and related subjects 1963.
Stockholm: Svenska Institute 1963. 33 S. 5416

British House Journals.
London: Industry's Press 1965. 15 S., ill. sh 42/- 5417

British Union-Catalogue of Periodicals. Incorporating "World List of Scientific Periodicals" new periodical titles. Hrsg.: National Central Library. vjl.
London: Butterworth 1964 ff. 4°
sh 155/- jl. 5418

Bruhn, Peter
Gesamtverzeichnis russischer und sowjetischer Periodika und Serienwerke in Bibliotheken der Bundesrepublik Deutschland und West.-Berlins. Hersg.: Osteuropa-Institut an der Freien Universität, Berlin.
Wiesbaden: Harrassowitz 1960-65 (Lfg. 1-15). 1417 S., gr. 8° 5419

Bundesanstalt für Gewässerkunde/ Bibliothek.
Verzeichnis laufend gehaltener Zeitschriften. Stand: 1. Nov. 1965.
Koblenz: Bundesanstalt f. Gewässerkunde, Bibliothek 1965 15 Bl. 4° 5420

Bundesgesundheitsamt, Berlin-Dahlem. Bibliothek des Max von Pettenkofer-Institutes. Zeitschriftenbestand. Stand: 1. Juli 1963.
Berlin: Max von Pettenkofer-Institut 1965. 140 Bl., 4° (n.i.B.) 5421

California Newspaper Directory. jl. Los Angeles; California Newspaper Publishers, Ass. $ 10.- 5422

Canadian periodical index. Index de périodiques Canadiens. Canadian Library Association - Association canadienne des Bibliothèques. mtl. Ottawa: Canadian Library Association 5423

Catalog of Newspapers and Periodicals in Chinese. Peking: Guozi Shudian 1963 5424

Catálogo coletivo de publicacoes periódicas da América Latina. Contribuicao recebida pela FID/CIA das bibliotecas de América Latina, no periodo de 1960-1962. 2 bde. Rio de Janeiro: Instituto Brasileiro de Bibliografia e Documentacao 1962. 5425

Catalogo dei periodici posseduti dall' Università, dalla Biblioteca Laurenziana, dalla Accademie e da altre istituzioni di Firenze Florenz: Università degli Studi di Firenze 1963. 630 S. 5426

Catalogue colletif belge et luxembourgeois des périodiques étrangers en cours de publication. Rédigé sous la direction de A. Cockx. 2 Vol. Brüssel: Culture et civilation 1965. LXX, 1982 S. 4° 5427

Catalogue collectif des journaux quotidiens d'information générale publ. en France métropolitaine de 1957 à 1961. 1962, 134 S. Paris: Bibliotheque Nationale 1962. 134 S. 5428

Catalogue général des periodiques/Gesamtkatalog der Zeitschriften. Luxemburg: Veröffentlichungsstellen d. Europäischen Gemeinschaften 1963. 242 S. 4° (n. i. B.) 5429

Catalogue of Newspapers. Newspapers printed in Ceylon and registered under the Newspaper ordinance 1961. Nuwara Eliya: Office of the Registrar of Books and Newspapers 1963. 11 S. 5430

Catalogue of newspapers and magazines in Yugoslavia. 1965, ca. 100 S. Belgrad: Jugoslovenska Knjiga 1965. ca. 100 S. 5431

Centrale catalogus van de tijdschriften aanwezig op de Rijksuniversiteit en de Rijkslandbouwhogeschool te Gent. Gent: Centrale Bibliotheek 1963. III. 127 Bl. 4° 5432

Check-List of periodicals currently received. Bangkok 1962. 92 S. (=United Nations ECAFE-Economic Commission for Asia and the Far East, Library, Bibliographical Bulletin No. 2) 5433

Chinese periodicals in British libraries. London: British Museum 1965. 7, 102 S. 4° sh 20/- 5434

Chinese scientific and technical serial publications in the collections of the Library of congress. 2. Ausg. Washington: Library of Congress 1961. V, 171 S. 5435

Classified Index to Chinese Periodicals. Chung-Wen Chi'i-K'an Lun-Wen Fen-Lei so-Yin. 1958-60 ff. Taipei, Taiwan: Nat. Taiwann University

Library 1958-1960 ff. 5436

Communauté économique Européenne-Europäische Wirtschaftsgemeinschaft/ Kommission/Bibliothek: Gesamtkatalog der Zeitschriften.
Situation 1.7.1964. Suppl.
Luxemburg: Veröffentlichungsstellen d. Europäischen Gemeinschaften 1964.
39 S. (n.i.B.) 5437

Current periodicals available in the University Library and in other libraries connected with the University.
Cambridge: University Library 1964.
IX, 585 S., 8⁰ sh 42/- 5438

Current serials received by the N. L. L.
London: H. M. S. O. 1965, XII, 322 S.
5439

Danilewicz, Maria/Sadowska, Genowefa
Catalogue of periodicals in Polish or relating to Poland and other Slavonic countries publishes outside Poland since September 1st, 1939. (engl. poln.)
London: The Polish Library 1964.
75 Bl. 4⁰ sh 20/- 5440

Dansk Tidsskrift Fortegnelse - Danish Periodicals 1954-1959.
1962.
Kopenhagen: Dansk Bibliografisk Kontor 1962. 5441

Dansk Tidsskrift-index.
Bd. 48, 1962.
Kopenhagen 1963. XVI S., 274 Sp., 48 ungez. S. 5442

Darmstädter Zeitschriftenverzeichnis.
3. Ausg.
Darmstadt: Hessische Landes- und Hochschulbibliothek 1963. 394 S. 5443

Detsenyi, Béla
Sajtó és könyvészet
(Bibliographie der Zeitungen und Zeitschriften, ungar.)
Az Országos Széchényi Könyvtár Kiadványai 16 -Kiadja a magyar Nemzeti Múseum Orsz. Széchényi Könyvtára, Budapest.
Budapest: Kultura 1962. 34 S. 5444

Deutsche wissenschaftliche Zeitschriften 1965 - Auswahlverzeichnis.
Hrsg. im Auftrag der Deutschen Forschungsgemeinschaft von der Deutschen Bibliothek, Frankfurt/M.
Wiesbaden: Franz Steiner 1965. ca. 170 S. brosch. DM 12.-- 5445

Dt. Patentamt, Bibliothek, Verzeichnis der laufend bezogenen Zeitschriften.
Stand: 3. Jan. 1966.
München: Deutsches Patentamt 1966.
152 S. 4⁰ (Maschinenschr. vervielf.)
5446

Directory of Canadian scientific and technical periodicals.
A classified guide to currently published titles. 2. Aufl.
1962, 2. Aufl. 38 S.
Ottawa: National Research Council Library 1962. 38 S. 5447

Directory of newspaper and magazine personal and data.
London: World's Press News 1965. 119 S. gr. - 8⁰ sh 30/- 5448

Doede, Werner
Bibliographie deutscher Schreibmeisterbücher von Neudörffer bis 1800.
Hamburg: Hauswedell 1958. 124 S., 34 S. faks., 4⁰, Ln. DM 150,- 5449

Erlanger Zeitschriftenverzeichnis.
Erlangen: Universitätsbibliothek 1966.
8°, ca. DM 30,--
(=Schriften der Universitätsbibliothek
Erlangen 5) 5450

Fava, James A./H[illegible]ovsky, A.G.
Availability of scientifiv journals in
defense oriented libraries.
Washington: Office of Technical Services, U.S. Department of Commerce
1965. 56 S. $ 3.--
(=AD 625 509) 5451

A finding list of technical periodicals
indexed in the British Technology Index
and available through the libraries of
the Yorkshire Regional Library System.
Hrsg.: William R. Flint, Margaret M.
Flint.
Sheffield: Central Library 1963. 15 Bl.
gr-8° sh 5/- 5452

Foreign Language Press Lists.
New York: American Council for Nationalities Service $ 5.- 5453

Gazety i zurnaly SSSR - Periodicals of
the USSR. (russ.)
Suppl. u.d.T.: Referatnyj zurnal i
ekspress-informacija
Journal of abstracts and engineering
digest.
Moskau: Mesh. Kniga 1963. 8° 5454

Gesamtinhaltsverzeichnis der wissenschaftlichen Zeitschriften der Universitäten
und Hochschulen der Deutschen Demokratischen Republik. Im Auftr. d. Staatssekretariats f. d. Hoch- u. Fachschulwesen
zsgest. 1964.
Berlin: Universitäts-Bibliothek d. Humboldt-Universität 1966. 87 S. 4° 5455

Gesamtverzeichnis ausländischer Zeitschriften GAZ 1939-1959.
(ca. 25.000 Titelaufnahmen und Bestandsnachweise des Bestandes an Wissenschaftlichen Zeitschriften und Serien
in den wiss. Bibliotheken der DDR)
Berlin: Deutsche Staatsbibliothek,
Dienststelle Publikationen 1962 ff.
ca. 1700 S. in mtl. Lfg. je MDN 4,--
5456

Gesamtverzeic[illegible] ausländischer Zeitschriften und Serien GAZS
Wiesbaden: Harrassowitz 1963 ff.
1. Teil: A-Elh, Lieferungen 1-10,
1963, XXIV, 1200 S., 4° DM 358,--
Ln.
2. Teil: Eli-Mz, Lieferungen 11-20
1964, V, 1200 S., 4°, DM 420,- Ln.
5457

Gesamtverzeichnis der in den Dokumentationsstellen der DDR ausgewerteten Zeitschriften. 2. verb. Aufl.
Ergänzungsband einschließlich Zeitschriften auf dem Gebiet der Ökonomie. 1. Aufl.
Bearb.: Institut für Dokumentation
der Deutschen Akademie der Wissenschaften, Berlin.
Leipzig: VEB Verlag für Buch- und
Bibliothekswesen 1963/1965.
580; 400 S., 8°, Hln. MDN 20,--
und 16,--
(=Bücherei des Dokumentalisten 12)
5458

Gesamtverzeichnis österreichischer
land- und forstwirtschaftlicher Zeitschriften und Schriftenreihen. 2., u.
erg. Aufl. Stand: Jänner 1965.
Wien: Agrarwirtschaftliches Institut
d. Bundesministeriums f. Land- u. Forstwirtschaft 1965. XXII, 29 S. 4° 5459

Guia de publicaciones periódicas científicas y técnicas de América Latina.
Una lista anotada.
Mexico: Unión Panamericana 1962.
193 S. 5460

Guide to Indian periodical literature.
Gurgaou: Prabhu Book Service 1964.
5461

Guide to Latin American scientific and technical periodicals.
An annotated list.
Washington: Pan American Union, Division of Science Development 1962.
XII, 187 S. 8° $ 4.- 5462

Guide to the press of the world. jl.
London: Wm. Dawson & Sons Ltd. 1887ff.
gratis 5463

Guide to special issues and indexes of periodicals.
Hrsg.: Katz, D.B., Madison, Ch., Regan, H.H.
New York: Special Library Association 1962. 125 S. 5464

Guthrie, F.J.
Union list of professional periodicals on librarianship helb by Scottish libraries.
London: Library Association, West of Scotland Division of the Association of Assistant Librarians 1962. VI, 19 S.
8° sh 2/6
(=Association of Assistant librarians. West Scotland Division, Publications.)
5465

Hazzlewood, John William
House Journals, 1963, 115 S.
London: Vista 1963. 115 S.
(=Facts of print series.) 5466

Heidelberger Zeitschriftenverzeichnis.
Seit 1939 im Universitätsbereich gehaltene Zeitschriften.
Heidelberg: Universitätsbibliothek 1965.
5467

Heininger, Hans/ Heininger, Christa
Zeitschriften-Zentralkatalog der Technischen Universität Dresden 1945-1962.
Alph. u. systemat. Verzeichnis der im Bereich d. Technischen Universität Dresden vorhandenen Zeitschriftenbestände.
Dresden: Technische Universität 1963.
XV, 462 S., 8° DM 6,-- 5468

Hirapok és Folyoiratok (Zeitungen und Zeitschriften, ungar.)
Budapest: Kultura 1963. 31 S., 8°
5469

Hoedt, Käte
Rechts- und Staatswissenschaftliche Zeitschriften der Universität Bonn.
Bonn: Bouvier 1961. 215 S., kart.
DM 33,--
(=Bonner Beiträge zur Bibliotheks- und Bücherkunde, Band 7) 5470

Hohe Behörde, Bibliothek.
Systematisches Verzeichnis der Zeitschriften.
Luxemburg: Europäische Gemeinschaft für Kohle und Stahl 1965. VI, 156 S.
4° 5471

Index to foreign legal periodicals.
Vol. 5 1964
London: Institute of Advanced Legal Studies in Co-Operation with the American Association of Law Libraries 1965.
XV, 363 S. 4° sh 180/-
London: American Association of Law Association of Law Libraries 5472

Index of learned Chinese periodicals.
Ed.: Howard, Richard C.
Bearb. von der East Asian Library, Columbia University.
Boston/Mass.: Hall 1962. VI, 215 S. 5473

Index to South African periodicals 1950-1959. 3 vols.
Johannesburg: Public Library 1950-1959. 5474

Indice general de publicaciones periodicas latino-americanas; humanida des y ciencias sociales. Index to Latin American periodicals: humanities and social sciences.
New York: Scarecrow Press 1965. VIII, 271 S. $ 16.- 5475

Internationale Bibliographie der Fachzeitschriften. 5. Ausg. 3 Teile.
München-Pullach: Verlag Dokumentation 1967. 2300 S., 8°, Kst. DM 120,--
(=Handbuch der technischen Dokumentation und Bibliographie Band 6) 5476

Internationale Bibliographie der Zeitschriftenliteratur. jl. 2 Bände, je Band 30 Lieferungen.
Osnabrück: Felix Dietrich 1965. jl. 2 Halbbände. DM 420,- vjl. (15 Lfgn.) 5477

Internationale Zeitschriften aus den Niederlanden. Katalog in dt. Sprache, 13., verb. Ausg.
Amsterdam: Graphisches Exportzentrum 1965. 36 S., 8° 5478

Jacob, Regina/ Höhnel, Gertrud
Der Zeitungsbestand des Stadtarchivs Leipzig, 1730-1963. Verzeichnis. Mit e. Anh.: Die Zeitungsbestände der Stadtarchive des Bezirkes Leipzig Stadtarchiv Leipzig.
Leipzig: Stadtarchiv 1964. IV, 48 S. 5479

Jahresverzeichnis der deutschen Hochschulschriften.
Leipzig: VEB Verlag für Buch- und Bibliothekswesen im Jahre 1965 erschienen:
Berichtszeit 1963, 79. Jg., Lieferung 2-6, DM 22.50 je Lfg.
Bearb. von der Deutschen Bücherei 5480

Japanese scientific and technical serial publications in the collections of the Library of Congress.
Washington: Library of Congress 1962. 247 S. 5481

Jezewski, Bohdan Olgierd
Directory of Polish newspapers and periodicals in the free world.
Hrsg.: Polish Union of Journalists.
London: Taurus 1962. 40 S., 8° sh 3/- 5482

Jung, Ilse
Zeitschriftenkatalog der Bibliothek des Staatlichen Museums für Mineralogie und Geologie zu Dresden.
Gesamtaufn. nach d. Stand von Dez. 1962.
Dresden: Staatliches Museum für Mineralogie und Geologie 1963. II, 215 Bl. 4° 5483

Kagami.
Japanischer Zeitschriftenspiegel
Tokio: Dt. Gesellschaft für Natur- und Völkerkunde Ostasiens 5484

Katalog der ausländischen wissenschaftlichen Zeitschriften, die in den Bibliotheken der UdSSR ausliegen. Naturwissenschaften, Medizin, Landwirtschaft, Technik. (russ.) 1963.
Moskau: Ist-vo "Kniga" 1965. 720 S.

MDN 10. - 5485

Katalog na Bulgarskite vestnici, spisanija i biblioteki za 1962 godina.
Katalog der bulgarischen Zeitungen, Zeitschriften und Bibliotheken für das Jahr 1962.
Ministerstvo na transporta i stibstenijata, Upravlenie na substenijata, Sofia.
Sofia: Raznoisnos 1961. 16 S. 5486

Katalog gazet i zurnal na 1961 god (Zeitungs- und Zeitschriftenkatalog 1961, russ.)
Ministerstvo svajazi SSSR, Glavnoe upravlenie po raspostraneniju pecati "Sojuzpecat".
Moskau: Mesh. Kniga 1960. 93 S.
5487

Kehr, Wolfgang
Bibliographie zu einer Bildungsbücherei.
Stand: November 1961, nebst Nachtrag April 1963.
Köln: Fritz Thyssen Stiftung 1963. 183 S. 8° (n. i. B.) 5488

Kieler-Zeitschriften-Verzeichnis.
Nachtr. 1964
Kiel: Universitätsbibliothek 11964.
S. 1089-1195, 8° 5489

Krause, Johannes
Gesamtverzeichnis russischer und sowjetischer Zeitschriften und Serien in den Bibliotheken der Biologischen Bundesanstalt, Stand: 15 April 1964.
Braunschweig: Bibliothek d. Biologischen Bundesanstalt f. Land- und Forstwirtschaft 1964. 19 gez. Bl. 4° 5490

Kuo, Leslie T. C. /Schroeder, Peter B.
Communist Chinese periodicals in the agricultural sciences.
Washington: U. S. Department of Agriculture 1960. 24 S.
(=Library List No. 70) 5491

Landesbibliothek Oldenburg, Verzeichnis der laufend gehaltenen Periodika.
Stand vom 1. 11. 1964.
Oldenburg: Landesbibliothek 1964.
52 S., 4° 5492

Laufend gehaltene Zeitschriften.
2. Aufl., Stand vom Juni 1961.
Hrsg.: Universitätsbibliothek der Technischen Universität, Berlin.
Bearb. v. Paul Kaegbein.
Berlin: Technische Universität, Bibliothek 1961. VIII, 251 S. 5493

Letopis` periodiceskich izianij SSSR za 1955-1960.
C. 1: Zurnaly. (Jahrbuch periodischer Veröffentlichungen der UdSSR für 1955-1960. Teil 1. Zeitschriften.)
1963, 1312 S.
Moskau: Mesh. Kniga 1963. 1312 S.
5494

Library and documentation Journals.
2. Ausg.
Den Haag: International Federation for Documentation 1961. 30 S. hfl. 10.-
5495

Lijst van tijdschriften en andere periodieken in de bibliotheek van het Koninglijke Shell-Laboratorium, Amsterdam.
Amsterdam 1962. IV, 90 S. 5496

List of irrugular serials received from the U. S. S. R. and Bulgaria.
Boston: National Lending Library for Science & Technology 1961 ff. gratis
5497

List of scientific and learned periodicals in the Naetherlands.
Den Haag: M. Nijhoff 5498

List of Scientific and Technical Periodicals Received from China.
1964, II, 54 S., 20,5 cm, gratis
Boston: National Lending Library for Science and Technology 1964. II, 54 S., 8° gratis 5499

A List of scientific and technical serials currently received by the Library of Congress.
Washington: Library of Congress 1960
V, 186 S. 5500

Liste der laufend gehaltenen Zeitschriften. Stand: 1. März 1965.
Weimar: Bibliothek d. Hochschule f. Architektur u. Bauwesen 1965. 7 S. 4°
5501

Mahnken, Irmgard/Pollok, Karl-Heinz
Materialien zu einer slawistischen Bibliographie. Arbeiten d. in Österr., d. Schweiz u. d. Bundesrepublik Deutschland tätigen Slawisten 1945-1963.
2. überarb. Aufl.
München: Otto Sagner 1964. IX, 257 S.
8°, kart. DM 32,-- 5502

Mamiya, Fujio
List of Japanese periodical titles together with English equivalents, usages, examples and alphabetical index of English terms. japan., engl.
Tokio: Kokusai Shiryo Kyokai 1956.
14 S. 5503

Marburger Zeitschriftenverzeichnis
T. 1. Mathematik, Naturwissenschaften und Medizin, 2. Bde. 3. Aufl.
Marburg: Universitätsbibliothek 1964.
329 Bl. 5504

Marburger Zeitschriftenverzeichnis
Teil 3: Geisteswissenschaften.
Stand v. 31. Dez. 1958. 2. Aufl.
Marburg: Universitätsbibliothek 1960.
379 S., 4° 5505

Meulenhoff's internationale tijdschriften catalogus. Meulenhoff's internationaler Zeitschriften-Katalog. 8 Ausg.
Amsterdam: Meulenhoff & Co. 1963.
264 S., 8° kart. 5506

Monty, Richard
Répertoire des périodiques relatifs à l'archtecture, au batiment, aux travaux publiques, à l'urbanisme. Avec sigle des bibliothèques. Mémoire présenté à l'Ecole provinciale de bibliothécaires du Brabant. Session 11963.
Brüssel: Commission belge de bibliographie 1964. XXX, 189 S., 8°
Fr. 165.- 5507

Morgan, L. H.
The Indian Journals, 1859-1862.
Ann Arbor/Mich.: The University of Michigan Press 5508

Münsterisches Zeitschriftenverzeichnis.
Hrsg. Universitätsbibliothek, Münster
Münster: Aschendorff 1958. VIII, 684 S., kart. DM 48,-- 5509

Neues Heidelberger Zeitschriftenverzeichnis. Seit 1930 im Universitätsbereich geh. Zeitschriften. Nach d. Stand v. 1963.
Heidelberg: Universitätsbibliothek 1965.
Newspaper and Periodicals
373,3 S., 4° 5510

Newspapers and Periodicals from Rumania
Bukarest: Cartimex 1963. 90 S. 5511

Norsk tidsskrift index.
Index of Norwegian Periodicals. jl.
Oslo: Universitetsforlaget 1918 ff.
5512

Pástalková, K.
Seznam ceskoslovenskych ekonomickyck a technickych casopisu Tschechoslowakische sozialwissenschaftliche und technische Zeitschriften 1961.
Státni Technická Knihovna, Prag.
Prag: Artia 1962. 61 S. 5513

Periodica Chimica.
Nachdruck der 2., neubearb. Aufl. 1952 und Nachtrag.
Weinheim: Verlag Chemie/Berlin: Akademie-Verlag 1961/62. 411 S., Ln.
DM 35.-; Nachtrag 245 S., Ln.
DM 35,-- 5514

Periodical publications in the Patent Office library: list of current titles.
3. Aufl.
London: H.M.S.O. 1965. 436 S.
sh 28/- 5515

Periodicals in the Chemical Society Library.
London: Chemical Society 1960. 48 S., 8^0 sh 5/- 5516

Periodicals held by A.E.R.E. library
2. Ausg. Stand: Juni 1964
London: H.M.S.O. 1964. 67 S., 4^0
sh 10/- 5517

Periodicals in the libraries of the federation of Rhodesia and Nyassaland.
Hrsg.: Hames Hutton.
Salisbury: University College 1962.
238 Bl. 5518

Periodische Schriften aus der UdSSR. (russ.)
Moskau: Mesh. Kniga 1963. 324 S.
5519

Phippen, H.D. (comp.)
Current periodicals in the Science Museum Library: a hand list
London: H.M.S.O. 1965. IV, 196 S.
sh 20/- 5520

Polish scientific periodicals.
Current contents with author directory.
Hrsg.: Documentation and Scientific Information Centre of the Polish Academy of Sciences. 8-10 Lfg. jl.
Warschau: Ruch 1963 5521

Preisliste Tschechoslowakischer Zeitschriften 1963.
Prag: Artia 1963. 179 Bl. 5522

Price list of Polish Dailies and Periodicals. 363 Titelnachweise.
Warschau: Ruch 1963 5523

Price list of Polish Scientific Periodicals. 248 Titelnachweise.
Warschau: Ruch 1963. 5524

Referativnyi zurnal. Katalog 1961.
(Katalog der Referateblätter 1961.)
Moskau: Mesh. Kniga 1960. 65 S.
5525

Reference Catalogue of Current Literature. alle 4 Jahre.
London: J. Whitaker & Sons Ltd. 1878 ff.
£ 12.-
(= British Books in Print) 5526

Rehm, Margarete/Bock, Klaus
Verzeichnis der naturwissenschaftlichen Zeitschriften im Bereiche der Universität zu Köln.
Köln: Universitäts- und Stadtbibliothek
1966. 408 S., 8^0 5527

Répertoire de périodique belges et luxembourgeois.
Brüssel: Chambre de commerce pour la Belgique et le Luxembourg 1962. 196 S. 5528

Répertoire des périodiques congolais se trouvant à la bibliotheque .
Léopoldville-Kalina: Bibliothéque Centrale du Congo 1962. 27 S. 5529

Reynolds, Michael M.
Union list of scientific, technical and social sciences serials in the West Virginia University libraries. 2. Aufl.
Morgantown: West Virginia University Library 1964. IX, 163 S. 5530

Roemans, Robert/Assche, Hilda van
Bibliografie van de Vlaamse tijdschriften .
Reeks I: Vlaams literaire tijdschriften van 1930 tot en met 1958.
Afl. 6: De Tijdschriften opgericht tussen 1940 en 1944. Westland, Podium, Nieuwe Stemmen. - Aufl. 7: de Tijdschriften opgericht tussen 1945-en 1947. De Faun, Nu, Gentsche Bladen, Arsenaal, Nieuw, Gewas, Bouwen, Orvalo, Golfslag, De Nieuwe Gemeenschap, Het Dagbet. 2 Bände
Hasselt: Uitgeverij Heideland 1963.
288, 258 Bl. 8° 5531

Roemans, Robert/Assche, Hilda van
Bibliografie van de Vlaamse tijdschriften. Reeks II: Vlaamse niet-literaire. tijdschriften van 1886 tot en met 1961.
Afl. 2: Leuvense Bijdragen en Bijblad.
Hasselt: Uitgeverij Heideland 1964.
VII, 463 S., 8° fr. 450.- 5532

Rokicka, Wanda
Register zum Supplement 2 des Verzeichnisses ausländischer Zeitschriften in schweizerischen Bibliotheken (VZ4)
Arbeitsbericht und Versuche mit einem Stichwortregister, Diplomarbeit
Bern: Vereinigung Schweizer. Bibliothekare 1963. 29 S. 4° 5533

Ruselack, Gerhard
Verzeichnis laufend bezogener Zeitschriften, Zeitungen und zeitschriftenartiger Reihen. Stichtag: 1. Jan. 1966.
Schwerin: Mecklenburgische Landesbibliothek 1966. 90 S., 8° 5534

Salem, James M.
A guide to critical reviews. P. 1.
New York: Scarecrow 1966. 181 S.
8° $ 4.50 5536

Schüling, Hermann
Bibliographischer Wegweiser zu dem in Deutschland erschienenen Schrifttum des 17. Jahrhunderts.
Gießen: Universitätsbibliothek 1964.
VI, 176 S., 8°, DM 5,30 5537

Schweizer Zeitschriften.
Revues suisses. Swiss periodicals.
Ein Verzeichnis der wichtigsten Zeitschriften der Schweiz.
Olten: Schweizerisches Vereinssortiment 1964. 56 S. 5538

Schweizer Zeitschriftenverzeichnis - Cataligue des périodiquessuisses
Fribourg: Office Du Livre S. A., 54 S. 5539

Schweizer Zeitschriftenverzeichnis
Ausgabe 1961.
Red.: Schweizer. Landesbibliothek
Zürich: Schweizer Buchhändler- und Verleger-Verein 1961. 202 S., geb.
Sfr. 70.- 5540

Select list of periodicals newly received by colleges, schools and institutes of the University of London 1950-1959.
London: Standing Conference of Librarians of Libraries of the University of London 1960. 115 S., 8° 5541

A select list of scottish periodicals. Hrsg. The Natinal Library of Scotland, Scottish Advisory Panel of the British Council.
Edinburgh, London: British Council 1964. 29 S., Taf. 8° gratis 5542

Serials in Australian libraries. Social sciences and humanities. A union list.
Canberra: National Library of Australia 1964. 5543

Slaviske tidsskrifter - Slawische Zeitschriften. Zusammenst. naturwissenschaftlicher, technischer, medizinischer, landwirtschaftlicher und ökonomischer Zeitschriften im Originaltitel und in Übers. Enthält ein Verzeichnis d.i. dänischen Bibliotheken laufend gehaltenen slawischen Zeitschriften in alphabetischer Anordnung mit Standortbezeichnung, Register der transliterierten russ. Zeitschriften mit einem Verzeichnis der ins Englische übersetzten russ. Titel.
Kopenhagen: Dansk Bibliografisk Kontor 1962. 38 S. 5544

Stadtbibliothek Plauen. Zeitschriftenkatalog. Red. Schluß: 31. Aug. 1966.
Plauen: Stadtbibliothek 1966. 53 gez. Bl., 4° (Maschinenschr. vervielf.) 5545

Sticker, Bernhard
Verzeichnis deutscher wissenschaftlicher Zeitschriften. 1965. 6. neubearb. Aufl.
Wiesbaden: Steiner 1965. VIII, 98 S. 5546

Subject list of current journals.
Cambridge, Mass.: Harvard University. Graduate School of Business Administration, Baker Library
1966. 72 S. $ 5,- 5547

Suomen aikakauslehti - indeksi 1961. Index to Finish periodicals.
Turku: University Library 1963. 147 S. 5548

Techniceskie zurnaly SSSR. (Technische Zeitschriften der UdSSR mit bibliographischen Merkmalen und Charakteristik d. Inhalts; russ.)
Moskau: Mesh. Kniga 1961. 256 S. 5549

Toase, Mary
Guide to current British periodicals.
London: Library Association 1962. IX, 256 S., 4° sh 70/- 5550

Trierer Zeitschriften-Verzeichnis Stand 1965/66.
Trier: Stadtbibliothek 1966. 80 S., 8° 5551

Tübinger Zeitschriften-Verzeichnis. Bearb. Dipl. Bibl. Annemàrie Titze. Neubearb. nach d. Stand vom 1. April 1965. 2 Bde.
Tübingen: Universitätsbibliothek 1965. X, 1175 S., 4°, Ln 5552

Ulrich's International Periodicals Directory. 1964/65. 11. Ausg.
Ed.: Eileen C. Graves
New York: R. R. Bowker 1965. 4° $ 15.- je Band.
Volume I: Scientific, technical and medical periodicals.

Volume II: The arts, humanities, social sciences and business. 5553

Ulserplan: a union list of serial publications held by libraries within the city of Lancaster; compiled by their librarians.
Lancaster: University of Lancaster Library 1965. 3,63 S., 4° sh 1/- 5554

Union list of current abstracting, indexing and review serials in the libraries of the North and East Midlands.
Hrsg.: A. C. Foskett.
London: Library Association, Reference, Special & Information Section, North Midlands Group 1964. 42 S., 8°
sh 6/- 5555

Union list of current periodicals.
Stoke-on-Trent: Libraries of North Staffordshire in Co-Operation 1961.
70 S., 4°
2. Nachtr.: 1963. V, 50 S., 4° 5556

Union list of newspapers in Australian libraries.
Part 2: Newspapers published in Australia.
Canberra: National Library 5557

Union list of periodicals in the field of science technology and commerce.
2. Aufl.
Stafford: Staffordshire County Library 1965, IV, 26 S. 5558

Union list of professional periodicals. Periodicals of librarianship and bibliography in libraries in Cornwall, Devon, Gloucestershire, Somerset and Wiltshire.
Bristol: Association of Assistant Librarians, Bristol & District Division 1961
9 S., 8° sh 1/3 5559

Union list of scientific and technical periodicals in Northern libraries. 2. Ausg.
London: Library Association, Reference, Special and Information Section, Northern Group 1963. 79 S., 8° sh 20/-
5560

Union list of scientific and technical serials in the University of Michigan Library. 3. Ausg.
Ed.: Herbert Sholler
Ann Arbor, Mich.: Michigan University, Library 1964. VII. 406 S., 4°
$ 5.- 5561

United Nations. Dag Hammarskjold Library. Government gazettes: an annotated list of gazettes held in the Dag Hammarskjold Library.
New York: Dag Hammarskjold Library 1964. III, 50 S. 4° sh 5/6 5562

Universitätsbibliothek der Technischen Universität Berlin.
Laufend gehaltene Zeitschriften.
Stand vom Februar 1966. 3. Aufl.
Berlin: Universitätsbibliothek der Technischen Universität 1966. 5563

Universitätsbibliothek Tübingen.
Tübinger Zeitschriften-Verzeichnis TZV.
Neubearb. nach d. Stand vom 1. April 1965. A-K/L-Z und Titelverzeichnis nach Sachgruppen. 2. Bd.
Tübingen: Universitätsbibliothek 1965.
X, 512 S., S. 513-1175, 4° DM 35.-
5564

Universitäts- und Stadtbibliothek Köln.
Medizinische Abteilung. Verzeichnis der laufend gehaltenen ausländischen Zeitschriften.
Stand Oktober 1964.
Köln: Universitäts-u. Stadtbibliothek, Mediz. Abt. 1964. 130 S., 8° 5565

Vandenberghe-Robert, Christiane
Répertoire des périodiques littéraires français de Belgique, Bibliothèque royale de Belgique 1830-1880, Mémoire présenté à l'Ecole provinciale de bibliothécaires du Brabant. Session 1961.
Brüssel: Commission belge de bibliographie 1964. XI, 231 S., 8°, Fr. 180. - (=Bibliographia Belgica, 77) 5566

Verein der Zellstoff- und Papier-Chemiker und -Ingenieure. Zeitschriften-Verzeichnis. Nachtr. Dez. 1964.
Darmstadt: Archiv Zellcheming 1964. 7 S., geh. 5567

Verzeichnis ausländischer Zeitschriften in schweizerischen Bibliotheken. 4. Aufl. Supplement 2.
Bern: Schweizerische Landesbibliothek 1962. XXVIII, 110 S., 4° Sfr. 28.50 5568

Verzeichnis der in der Bibliothek der Eidgenössischen Technischen Hochschule laufenden Zeitschriften Ende 1959.
Zürich: Eidgenössische Technische Hochschule, Bibliothek 1960. 130 Bl. 4° (= Technische Hochschule, Schriftenreihe d. Bibliothek Nr. 5) 5569

Verzeichnis deutscher wissenschaftlicher Zeitschriften 1963. Begr. von Bernhard Sticker.
Im Auftr. d. Dt. Forschungsgemeinschaft hrsg. von d. Dt. Bibliothek, Frankfurt/M. 6. Aufl.
Wiesbaden: F. Steiner 1965. VIII, 98 S., 8°, kart. DM 9.80 5570

Verzeichnis der im Institut für Raumforschung laufend gehaltenen Zeitschriften u. Zeitungen. (Stand: 1. 6. 1965.)
Bad Godesberg: Institut f. Raumforschung 1965. 71 S. 4° 5571

Verzeichnis der laufend bezogenen Zeitschriften und Zeitungen.
Stand 1. 11. 1962.
Berlin: Zentralbibliothek des Verkehrswesens 1962. 17 Bl. 4° 5572

Verzeichnis der laufend gehaltenen Zeitschriften 1965.
Wien: Bibliothek der Technischen Hochschule 1965. 50 S. 4° 5573

Verzeichnis der laufend gehaltenen periodischen Veröffentlichungen.
Hannover: Stadtbibliothek Hannover, Literaturdienst 1962. 287 S. 5574

Verzeichnis der laufend gehaltenen Zeitschriften. Stand: Institut: 1. 8. 1964. Bibliothek: 1. 2. 1965
Clausthal-Zellerfeld: Bergakademie Clausthal. Bibliothek 1965. VII, 157 Bl. 4° (n. i. B.) 5575

Verzeichnis der laufend gehaltenen Zeitschriften und Zeitungen. Stand: 1. 6. 1965.
Bad Godesberg: Institut f. Raumforschung 1965. 71 S. 4° (n. i. B.) 5576

Verzeichnis laufend gehaltener Zeitschriften der Bibliotheken in den Bezirken Potsdam und Frankfurt/O.
Potsdam: Brandenburgische Landes- u. Hochschulbibliothek 1966. XII, 511 S. 4° 5577

Verzeichnis der naturwissenschaftlichen Zeitschriften im Bereiche der Universität zu Köln. Bearb. von Margarete Rehm u. Klaus Bock.
Köln: Universitäts-u. Stadtbibliothek 1966. 408 S. 8° 5578

Verzeichnis der nach 1945 laufend gehaltenen oder in einzelnen Jahrgängen vorhandenen Zeitschriften. Stand 1.11. 1962
Graz: Technische Hochschule, Bibliothek 1962. 43 Bl. 4° 5579

Verzeichnis der periodischen Veröffentlichungen der UdSSR in den Jahren 1955-1960, 2. Teil. Zeitungen. (russ.)
Moskau: Mesh. Kniga 1962, 874 S., Hln. DM 23.35 5580

Verzeichnis der an der Technischen Hochschule Braunschweig laufend gehaltenen Zeitschriften. Stand: Juni 1965, Bearb. v. d. Bibliothek d. Techn. Hochschule.
Braunschweig: Oeding 1966, 111, VI S. 4° 5581

Verzeichnis von Zeitschriften und Serien unter Berücksichtigung der gebräuchlichen Kurztitel. 5. erg. Aufl.
Reinbek: Bundesforschungsanstalt f. Forst- und Holzwirtschaft, Dokumentationszentrale 1964. 40 Bl., 4° (n. i. B.) 5582

Verzeichnis der Zeitschriften und Zeitungen im Lesesaal der Stadtbibliothek Winterthur 1964.
Winterthur: Stadtbibliothek 1964. 18 S. 8° 5583

Vietnamese Periodicals 1961.
List of the most important Vietnamese periodicals published in Vietnamese.
Hanoi: Exporters and Importers of Books and Periodicals 5584

Willing's Press Guide.
A comprehensive index and handbook of the United Kingdom of Great Britain, Northern Ireland and the Irish Republic. jl.
London: Willing's Press Service Ltd. 1874 ff. $ 15.-
Suüpl. vjl. 5585

Wolk, L. J. van der -/Zandstra, S. (Hrsg.)
Union List of Russian scientific and technical periodicals available in European libraries.
Amsterdam: Netherlands University Press 1963. Vol. 1: The Netherlands. 5586

World list of scientific periodicals: scientific, medical and technical entries from the British Union-Catalgoue of Periodicals.
London: Butterworth 1964. 2, 178 S., £ 7.17.- 5587

World list of scientific periodicals published in the years 1900-1960. Hrsg.: Peter Brown, George B. Stratton.
London: Butterworth, £ 25.-. -f. 3 Bde.
Vol. 1: A-E, 1-18907. 1963. XXV, 532 S. 4°.
Vols. 2: F-P, 18908-41404. 1964. XX, 653 S. 4°.
Vol. 3: R-Z, 41405-59404. 1965. 650 S. 4°

Zeitschriften Ost-Mitteleuropas und der Sowjetunion in Wiener Bibliotheken 1945-1962. I. Bulgarische Zeitschriften.
Wien: Österreichisches Ost- und Südosteuropa-Institut 1962. 32 S. 5589

Zeitschriften Ost-Mitteleuropa und der Sowjetunion in Wiener Bibliotheken 1945-1962. 2. Rumänische Zeitschriften.
Wien: Österreichisches Ost- und Südosteuropa-Institut 1962. 36 S. 5590

Zeitschriften Ost-Mitteleuropas und der Sowjetunion nach 1945.
3. Jugoslawische Zeitschriften.

Wien, Österreich. Ost- u. Südosteuropa-Institut 1965. 165 S. 5591

Zeitschriften und periodische amtliche Druckschriften. Stand: 30. Juni 1964. Berlin: Ratsbibliothek, Fachabt. d. Berliner Stadtbibliothek 1964. 12 S. 8° 5592

Zeitschriften aus der Tschechoslowakischen Sozialistischen Republik. Katalog. Prag: Artia 1963. 113 S. 8° 5593

Zeitschriftenbestand der Bibliotheken des Zentral-Instituts für Fertigungstechnik des Maschinenbaues. Karl-Marx-Stadt: Zentralinstitut f. Fertigungstechnik d. Maschinenbaues 1965. III, 52 S., 8° l. 5594

Zeitschriftenbestandsverzeichnis der Bibliothek. Stand vom 30. Juni 1963, 1963, 50 gez. Bl., 4° Teltow-Seehof: Deutsche Akademie der Wissenschaften zu Berlin, Institut für Faserstoff-Forschung 5595

Zeitschriftenkatalog. Bestandverz. d. in Freiberger Bibliotheken laufend geh. Zeitschr. Bearb. v. Dieter Schmidmaier. 2. Aufl. Stand: Jan. 1966 Freiberg/Sa.: Bücherei d. Bergakademie 1966. 175 S. gr. 8° (=Veröffentlichungen d. Bücherei d. Bergakademie Freiberg, Nr. 16) 5596

Zeitschriften- und Fachblätterkatalog der Schweiz. Zürich: Verband Schweizerischer Annoncen-Expeditionen 1963. XIV, 122 S., 4° Sfr. 12.- 5597

Zeitschriftenkatalog der Sächsischen Landesbibliothek. Bestandsverzeichnis d. laufend gehaltenen Zeitschriften. Grundwerk: Stand Juli 1961. Nachtrag 1: Stand Febr. 1962. Bearb. Werner Prasse. Dresden: Sächsische Landesbibliothek 1961/62. 173, 19 S. 5598

Zeitschriftenkatalog. Der Zeitschriftenbestand d. Hauptbibliothek u.d. Institutsbibliotheken am 1.7. 1965. Ilmenau: Technische Hochschule 1965. 81 S. 4° 5599

Zeitschriftenverzeichnis. Stand: 1. März 1965. Frankfurt/M.: Battelle-Institut e.V. Bibliothek 1965. 38 gez. Bl. 4° 5600

Zeitschriften-Verzeichnis der Bibliotheken des Deutschen Instituts für internationale pädagogische Forschung. Frankfurt/M. Stand: 1.4.1966. Frankfurt/M.: Deutsches Institut f. internationale pädagogische Forschung 1966. XXIII, 149 S. 4° DM 14.- 5601

Zeitschriften-Verzeichnis der Bibliotheken der Hochschule für internationale pädagogische Forschung. Frankfurt/M.: Hochschule für internationale pädagogische Forschung 1963. XXIII, 127 S., 4° DM 6.- 5602

Zeitschriftenverzeichnis der kommunalen Bibliotheken und Büchereien in Nordrhein-Westfalen, ZVNW. Köln: Verband d. Bibliotheken d. Landes Nordrhein-Westfalen 1962. 343 S. 5603

Zeitschriften-Verzeichnis.
Stand März 1962.
Dresden: Technische Universität, Bibliothek der Fakultät für Forstwirtschaft in Tharandt 1962. 77 S. 8° 5604

Zeitschriftenverzeichnis.
Stand: Dez. 1965.
Düsseldorf: Universität, Zentralbibliothek 1966. VI, 242 S. 8° 5605

Zeitschriftenverzeichnis des VEB Wissenschaftlich-Technisches Zentrum. Automobilbau, Hohenstein-Ernstthal.
Hohenstein-Ernstthal: VEB Wissenschaftlich-Technisches Zentrum Automobilbau 1966. 22 S. 8° 5606

Zeitschriften-Verzeichnis.
Stand: Dezember 1960 mit Nachtrag Dezember 1964.
Darmstadt: Verein der Zellstoff- und Papier-Chemiker und -Ingenieure 1961/64. 52 S. (n.i.B.) 5607

Zeitschriftenverzeichnis. Stand Okt. 1963.
Jülich: Zentralbibliothek der Kernforschungsanlage 1964. 187 Bl., 162 S. 8° (n.i.B.)
(=Bibliographische Reihe d. Kernforschungsanlage Jülich Nr. 2) 5608

Zeitschriftenzentralkatalog ZZK der Bezirke Dresden, Karl-Marx-Stadt und Cottbus. Bearb. Werner Prasse.
Stand: August 1964.
Dresden: Sächsische Landesbibliothek 1965. XI, 598 S. 4°, Ln. MDN 68.- 5609

Zeitungen und Zeitschriften der Bibliothek des Instituts für Marxismus-Leninismus beim Zentralkomitee der SED.
Alph. Verz. 7 Bde.
Berlin: Insitut f. Marxismus-Leninismus beim ZK d. SED 1965. 1119 Bl. 4°, Hln. 5610

Zeitungen und Zeitschriften aus der Zeit von 1795-1830.
Auswahlverzeichnis aus den Beständen des Instituts für Zeitungsforschung der Stadt Dortmund.
Stand: 15.7.1964.
Dortmund: Institut für Zeitungsforschung 1964. 7 S. 4° 5611

Zeitungen und Zeitschriften aus dem 19. Jahrhundert.
Auswahlverzeichnis aus den Beständen des Instituts für Zeitungsforschung der Stadt Dortmund. Stand: 1.3.1964.
Dortmund: Institut für Zeitungsforschung der Stadt Dortmund 1964. 10 S. 4°, geh. 5612

Zeitungsbestände aus der Weimarer Zeit 1918-1933 im Institut für Zeitungsforschung der Stadt Dortmund. Stand 1.12.1964.
Dortmund: Institut für Zeitungsforschung der Stadt Dortmund 1964. 4 S. 4° geh. 5613

Zeitungskatalog der Schweiz.
Catalogue des journaux suisses.
Hrsg.: Schweizer. Zeitungsverleger-Verband.
Zürich: Verband Schweizerischer Annoncen-Expeditionen 1964. XX, 68 S. 4° Sfr. 10.- 5614

Zentralkatalog neuerer ausländischer Zeitschriften und Serien in Österreichischen Bibliotheken ZAZ.
Wien: Österreichische Nationalbibliothek 1962. Ln. Ges. Preis ÖS 600.--

Band 1: A-B, XVIII, 358 S.
Band 2: C-J, V, 386 S.
Band 3: K-P, V, 334 S.
Band 4: Q-S, V, 300 S.
Band 5: T-Z, ca. 300 S. 5615

Ziegelmeier, Ludwig
Standortverzeichnis der Nürnberger politischen Presse.
Nürnberg: Stadtbibliothek 1960. 78 S. brosch.
(=Veröffentlichungen der Stadtbibliothek Nürnberg, 2) 5616

2.6.3. National- und Länderbibliographien

Africana Nova - a bibliography of books in and about the Republic of South Africa. vjl.
Cape Town: South African Public Library 1958 ff. Rs. 1.50 jl. 5617

Afrika-Bibliographie.
Verz. der in deutscher Sprache u. in deutschen Sprachgebieten erschienenen Veröffentlichungen (einschl. d. Schrifttums in Südwestafrika).
Hrsg.: vom Wissenschaftl. Ausschuß. Zsgst. u. bearb. von Rudolf Thoden. 1962.
Bonn: Schroeder 1964. 148 S. 5618

American scientific books 1962-1962.
Bearb.: Phyllis B. Steckler.
New York: R. R. Bowker 1963. 221 S. 4°, Ln. $ 5.- 5619

Ames, John G.
Comprehensive index to the publications of the United States Government 1881-1893. 58 Congr., House of Representation.
New York: Johnson Reprint Corp. 1962. 1590 S.
(=Dok. 754) 5620

Andriot, John L.
Guide to U. S. Government serials and periodicals. 3 Bde.
McLean, Va.: Documents Index 1965. 445 S. 4° $ 16.- 5621

Annuario bibliográfico costerricense 1961.
San José 1962, 72 S. 5622

Anuario bibliografico Colombiano. jl.
Bogotá: Instituto caro y cuervo 1951 ff. gr.-8° 5623

Anuario bibliografico Cubano.
Havana: Editions Anuario bibliografico cubano 1953 ff. 8° 5624

Anuario bibliografico Peruano. jl.
Lima: Biblioteca Nacional 1943 ff. 4° 5625

Anuarul cartii din Republica Populare Romina.
Jahrbuch des Buches in der Rumänischen Volksrepublik. jl.
Bukarest: Cartimex 1957 ff. 5626

Australian government publications.
Canberra: National Library of Australia 1961 ff. 5627

Australian National Bibliography. mtl.
Canberra: National Library of Australia 1961 ff. 5628

Badalić, Josip
Jugoslavica usque annum MDC. Bibliographie der südslawischen Frühdrucke.
2., verb. Aufl. Mit 68 Abb.
Baden-Baden: Heitz 1966. 132 S. gr-8°, kart. DM 40.-
(=Bibliotheca bibliographica Aureliana. 2.) 5629

Berliner Titeldrucke.
Neuerwerbungen ausländischer Literatur der wissenschaftlichen Bibliotheken der DDR. mtl.
Berlin: Deutsche Staatsbibliothek 1961 ff.
Reihe A: Mathematik, Naturwissenschaften, Technik, Land-und Forstwirtschaft, Medizin. DM 2. - Eh.
Reihe B: Gesellschaftswissenschaften. DM 2.50 Eh
Gesamtausgabe (Reihe A und B) DM 4. -Eh 5630

Berliner Titeldrucke.
Jahresregister zu Reihe A und B.
Berlin: Deutsche Staatsbibliothek jl. 5631

Berliner Titeldrucke, N. F. Zugänge aus d. Sowjetunion und den europäischen Ländern der Volksdemokratie. Jahreskatalog 1965. 2 Teile.
Berlin: Deutsche Staatsbibliothek 1966. 765 S. 4°, geb. MDN 43. - 5632

Berroa, Jl.
Mexico bibliografico.
Mexico: J. Berroa 5633

Biblio.
Catalogue des ouvrages parus en langue francaise dans le monde entier.
V. 1-29 for the years 1934-1962.
New York: Kraus Reprint 1964. 4°
$ 585. - 5634

Bibliografi over Danmarks offentlige publikationer.
Kopenhagen 1963. 88 S. 5635

Bibliografi over Norges offenlige publikasjoner. jl.
Oslo: University Press 1957 ff. nkr. 4.50 jl. 5636

Bibliografia Argentina de Artes y Letras. 4x jl.
Buenos Aires: Fondo Nacional de las Artes 5637

Bibliografia Brasileira. jl.
Rio de Janeiro: Instituto nacional do livro 1938 ff. 4° 5638

Bibliografia cubana 1960.
Havana: Anuario Bibliográfico Cubano 1962. 144 S. 5639

Bibliografija Jugoslovenske Periodike. vjl.
Belgrad: Jugoslovenski Bibliografiski Institut 1959 ff. $ 2.70 jl. 5640

Bibliografia Nazionale Italiana. mtl.
Florenz: Biblioteca Nazionale Centrale 1958 ff. Lire 8.500 jl. 5641

Bibliografia Republicii Populare Romine. Carti, albume, hărti, note musicale. Bibliographie der Rumänischen Volksrepublik Bücher, Alben, Karten, Musikalien.
Hrsg.: Biblioteca Centrala de Stat a R.P.R. Bukarest. 26 x jl.
Bukarest: Cartimex 1957 ff. DM 16. - jl. 5642

Bibliografia Uruguaya.
Compilada por la Biblioteca del Poder Legislativo de la República Oriental del Uruguay. 3x jl.
Montevideo 1962 ff. 5643

Bibliografický Katalog CSSR.
Bibliographischer Katalog der CSSR.
Artikel in slowakischen Zeitschriften mit Autoren- und Sachregistern. mtl.
DM 42. - jl.
České knihy - Tschechische Bücher wtl., DM 63. - jl.

Ceské knihy - dodatkový sesit - Tschechische Bucher, Ergänzungshefte, 6-7 x jl., Preis je nach Umfang
Ceské knihy - bibliografické listky - Bibliographischer Katalog Tschechischer Bücher - bibliographische Blätter 40 x jl. DM 84. - jl.
Clánky v ceských casopisech - Bibliographischer Katalog der CSSR- Artikel in tschechischen Zeitschriften. mtl., DM 63. - jl.
Slovenské knihy - Slowakische Bücher mtl., DM 25.50 jl., slowakisch
Prag: Artia 5644

Bibliografija Jugoslavije - Knjige, brošure, muzukalije
(Jugoslawische Bibliographie - Bücher, Broschüren, Musikalien). 24 x jl.
Belgrad: Bibliografski institut FNRJ 1950 ff. DM 22.40 jl. 5645

Bibliographica Neerlandica. (engl., franz., dt., span.) hfl. 48. - Ln.
Den Haag: M. Nijhoff 1962. XXXV, 598 Ln. S. hfl. 48. -
I: Bookson the Netherlands in Foreign Languages, 1940-1957
II: Translations of Dutch Literature, 1900-1957 5646

Bibliographie de l'Algérie.
Alger: Bibliothèque nationale 1963 ff. 5647

Bibliographie de Belgique.
Verzeichnis belgischer Neuerscheinungen und ausländischer Schriften über Belgien. (Franz., holl.) mtl.
Brüssel: Bibliotheque Royal de Belgique. 1875 ff. bfr. 100. - jl. 5648

Die Bibliographie Chinas
Bücher und Zeitschriften in russischer Sprache aus den Jahren 1730-1957.
Moskau: Mesh. Kniga 1960. 1280 S.
MDN 25. - 5649

Bibliographie de la France. wtl.
Paris: Cercle de la Librairie 1811 ff.
1. Bibliographie Officielle
2. Chronique (Chronik des Buch- und Verlagswesens mit Angabe der wichtigsten Gesetze und Bestimmungen sowie Personalnachrichten)
3. Annonce. (mit wöchentlichen, monatlichen, vierteljährlichen und halbjährlichen Verfasser- und Titelregister. erscheint nach Bedarf.

Suppl. A: Périodiques (Zeitschriften) Systematische Verzeichnung mit Titelregister, erscheint nach Bedarf
Suppl. B: Gravures, estampes et photographies (Originalgraphik, Kunstblätter und Photographien), sachlich geordnet, jl.
Suppl. C: Musique (Musikalien), erscheint nach Bedarf
Suppl. D: Thèses (Dissertationen), erscheint nach Bedarf
Suppl. E: Atlas, cartes et plans (Atlanten, Karten, Pläne) erscheint nach Bedarf
Suppl. F: Publications officielles (Amtliche Druckschriften) Systematische Verzeichnung mit Verfassungsregister. erscheint nach Bedarf. Jahresregister der Verfasser, Mitarbeiter und wichtigsten Sammlungen.
Suppl. G: Catalogues de ventes publiques Verzeichnis der Aktionskataloge erscheint jl.
Formule A: F 130. - jl. Inland, F 210. - jl. Ausland
Formule B: F 35. - hjl. Inland, F 70. - hjl. Ausland 5650

Bibliographie fremdsprachiger Werke über Deutschland und deutsche Persönlichkeiten.
Leipzig: Deutsche Bücherei 1964. 2 Bl. 8°
(=Neue Mitteilungen aus d. Deutschen Bücherei Nr. 43) 5651

Die Bibliographie Japan 1917-1958. Bücher und Zeitschriften, die in russischer Sprache erschienen sind (russ.)
Moskau: Mesh. Kniga 1960. 512 S. MDN 9.50 5652

Bibliographie Luxembourgeoise. jl.
Luxembourg: Bibliothèque Nationale 1944/45 ff. 5653

Bibliographie der Schweizerischen Amtsdruckschriften.
Bern: Schweizerische Landesbibliothek 1962. 115 S. 8° Sfr. 2.70 5654

Bibliographie der Übersetzungen deutschsprachiger Werke. Überarb. Neudruck.
Leipzig: Deutsche Bücherei 1965. 2 Bl., 8°
(=Neue Mitteilungen aus d. Dt. Bücherei. Nr. 21) 5655

Bibliography in Britain: a classified list of books and articles published in the United Kingdom.
Oxford: Oxford Bibliographical Society 1965. XII, 42 S. sh 10/- 5656

Biblioteca annua.
Being an exact catalogue of all English and Latin books printed in England, to which is added the titles of French books imported within the said time, as also most of the prices that they are generally sold for, 1699-1700 und 1701-1703. Fascimile reprint. 2 Bde 1964, 2 Vol., 26 cm, sh 160/-
London: Gregg Press Ltd. 1964. 4° sh 160/-
(=English bibliographical sources, Series 1-4.) 5657

Bibliotheca Belgica.
Bibliographie générale des Pays-Bas.
Brüssel: Bibliothèque royale de Belgique 1965. Getr.Pag., 8°, bfr. 190.- 5658

Bierens de Haan, D.
Bibliographie Neerlandaise historique-scientifique des ouvrages importants dont les auteurs sont nés aux 16e, 17e et 18e siècles, sur les sciences mathématiques et physiques, avec leurs applications. Roma, 1883.
Nieuwkoop: de Graaf 1965. 424 S. hfl. 50.- 5659

Boletim bibliografico. jl.
Rio de Janeiro: Biblioteca Nacional. 1951 ff. 8° 5660

Books from Belgium - Livres belges - Bucher aus Belgien - Boeken uit Belgie.
Brussel: Syndicat des éditeurs belges 1963. Ill., Tab. 8° geb. 5661

Brinkman's Catalogus van boeken en tijdschriften 1956/60.
Complete bibliography of all books and periodicals, published in the Netherlands and Flanders, arranged under author's name with a separate Subject- and Title-index, Fiveyearly volumes, Detailed list of previous volumes available.
Leiden: A. W. Sythoff
Vol. I: A-L. hfl. 260.73
Vol. II: M-Z. hfl. 238.09
Subject-index and Title-index, hfl. 200.- 5662

Brinkman's Cumulative Catalogus van Boeken. Verzeichnis der hollandischen Neuerscheinungen.
Leiden: A. W. Sythoff 1965. 783 S. geb. hfl. 172. - 5663

British books in print, 1965: the reference catalogue of current literature. 2 Bde
London: Whitaker 1966. Ł 12. - 5664

British Catalogue of Music. vjl.
London: British National Bibliography 5665

The British National Bibliography. Annual volume. A subject list of the new books published in Great Britain, based upon the books deposited at the Copyright Office of the British Museum and classified according to the Dewey Decimal Classification with modifications, together with a full author, title and subject index and a list of publishers.
London: British National Bibliography.
Ausg. 1962, 1963, VIII, 1371 S. 4° Ł 9/10/-
Ausg. 1963, 1964, VIII, 1458 S. 4° Ł 9/10/-
Ausg. 1964. 1965. 1752 S. 4° Ł 9/10/-
Ausg. 1965. 1966. VIII, 1749 S. 4° Ł 9/10/- 5666

British National Bibliography. Cumulated subject catalogue 1955-1959. A subject list of British books published during the years 1955-1959, based upon the books seposited at the Copyright Office of the British Museum and Classified according to the Dewey Decimal Classification. 3 Bde.
London: British National Bibliography 1963. 4° Ł 24. - 5667

British National Bibliography cumulated index, 1960-1964: a cumulation in one alphabetical sequence of the author, title and subject index sections of the five annual volumes of the British National Bibliography for the years 1960-1964, covering the British publications of those years deposited at the Copyright Receipt Office of the British Museum; general editor A. J. Wells.
London: British National Bibliography 1965. viii, 1710 S. 4° Ł 11. - 5668

Bruun, Christian V.
Biblioteca Danica. Bd. 2-4
Kopenhagen 1962/63 5669

Bücher und Zeitschriften Italiens. mtl.
Rom: Amt für literarisches, künstlerisches und wissenschaftliches Eigentum 5670

Bŭlgarski Knigopis.
(Bulgarisches Bücherverzeichnis.) Bibliographisches Bulletin für die im Institut abgelieferten Bücher und neuen periodischen Veröffentlichungen. mtl.
Sofia: Raznoisnos 1897 ff. $ 2.50 jl. 5671

Bŭlgarski periodičen pečat 1844-1944. Anotiran bibliografski ukazatel. Bŭlgarski Bibliografski Institut "Elin Pelin". Sŭstavil Dimitŭr P. Ivančev.
(Bulgarische Periodika 1844-1944, Annotiertes bibliographisches Verzeichnis). T. 1
Sofia: Raznoisnos 1962 5672

Bulletin analytique de bibliographie Hellénique. jl.
Athen: Institut francais d'Athenes 1945 ff. 8° 5673

Bulletin of Turkish Publications. (engl.)
mtl.
Ankara: Ed. & Pubr. Ragip Cangara
1960 ff. $ 5. - jl. 5674

Cammack, Floyd M.
Shiro Saito.
Pacific island bibliography.
New York: Scarecrow 1962. 421 S.
5675

Canadiana. mtl.
Ottawa: National Library of Canada
1951 ff. 5676

Catalog of the Public Documents,
1893-1940.
Ed.: U.S. Government Printing Office.
25 Bände.
New York: Kraus Reprint. Ln. $ 1050. -
5677

Catalogue of European printed books.
India Office Library. 10 Bde.
Boston: G.K. Hall 1965. 4° $ 588.50
5678

Ceská bibliografie v roce 1962.
Přehled plánovaných bibliogr. publikaci. Die tschechische Bibliographie im Jahre 1962. Übersicht geplanter bibliographischer Veröffentlichungen.
Bibliogr. Katalog CSSR, České knihy.
Prag: Artia 1962. 12 S. 5679

Ceská bibliographie. Sbornik stati a materálu. Tschechische Bibliographie.
2 Bde.
Státni Pedagické Nakladatelstvi, Prag.
Prag: Artia
Bd. 1. 1959. 287 S.
Bd. 2. 1961. 357 S. 5680

Chartotheca translationum alphabetica.
Internationale Bibliographie der Übersetzungen auf Karteikarten(4° oder im internat. Bibl. -Format).
Frankfurt/M.: Bentz 1954 ff. DM -.50
je Titel 5681

Chartotheca Translationum Alphabetica
Jahreszusammenfassungen.
Frankfurt/M.: Hans W. Bentz
Band 1. 1961. 1962. XXXVIII, 1502 S.
4° DM 390. -
Band 2. 1962. 1965. XXXVIII, 609 S.
4° DM 360. - 5682

Ch'üan-Kuo Hsin-Shu-Mu
Bibliographie aller chinesischen Neuerscheinungen. mtl.
Peking: Bibliothek des Amts f. Verlagswesen im Ministerium für kulturelle Angelegenheiten 1954 ff. 5683

Coldham, Geraldine Elizabeth (comp.)
A bibliography of Scriptures in African languages.
London: British and Foreign Bible Society 1966. gr. -8°
Vol. 1: Polygot, Acholi, Mousgoum.
XI, 438 S.
Vol. 2: Impana, Zulu. S. 439-848.
5684

Collison, Robert Lewis
Subject and national bibliographies.
A guide to their contents, arrangement and use. 1. verb. u. erw. Aufl.
London: Lockwood 1962. XVIII, 185 S., ill. 8° sh 25/- 5685

The Cumulative Book Index.
World list of books in the English language, Author, Title and Subject Catalogue in one Alphabet of books published
London: H. Pordes £ 12.12 5686

The Cumulative Index Volumes of the English Catalogue of Books.
London: H. Pordes 1801 ff. 5687

Current national bibliography. Recent publications from and about South Africa. jl. 4mal
Cape Town: South African Public Library 1946 ff. 4° 5688

Dansk bibliographie eller fortegnelse over boger, tidsskrifter etc. mtl.
Kopenhagen: Gad 1856 ff. 8° 5689

Dansk Bogvortegnelse
Kopenhagen: G. E. C. Gad
1) wö. in Det danske Bogmarket, 1851 1. Jg.
2) kumulierte Ausg. etwa 9 Hefte jl., Dän. Kr. 36. 50 jl.
3) Dansk Bogfortegnelse Arskatalog, 1932 1. Jg., Dän. Kr. 39. - jl.
4) Dansk Bogfortegnelse, The Danish National Bibliography for Arene 1955-1959, 1962, 883 S., Dän. Kr. 402. -, 1841 1. Jg. 5690

Deutsche Bibliographie.
Wöchentliches Verzeichnis.
Frankfurt/M.: Buchhändler-Vereinigung
Reihe A: Erscheinungen des Buchhandels. wtl.
Reihe B: Erscheinungen ausserhalb des Buchhandels. mtl.
Reihe C: Karten. 6x jl.
Archiv ungedruckter wissenschaftlicher Schriften. Bibliographie eingegangener Arbeiten. unregelm.
Vorankündigungen. 26x jl. 5691

Deutsche Bibliographie
Halbjahresverzeichnis aller in Deutschland erschienenen Veröffentlichungen und der in Österreich und der Schweiz im Buchhandel erschienenen deutschsprachigen Publikationen sowie der deutschsprachigen Veröffentlichungen anderer Länder. hjl.
Frankfurt/M.: Buchhändler-Vereinigung 5692

Deutsche Bibliographie.
Verzeichnis amtlicher Druckschriften 1957-1958. Veröffentlichungen d. Behörden, Körperschaften, Anstalten u. Stiftungen d. öffentl. Rechts sowie d. wichtigsten halbamtl. Institutionen in d. Bundesrepublik Deutschland und West-Berlin.
Frankfurt/M.: Buchhändler-Vereinigung
596 S., gr-8°, Hldr. 215. - 5693

Deutsche Bibliographie. Fünfjahresverzeichnis.
Frankfurt/M.: Buchhändler-Vereinigung
1951-1955. vorauss. 27 Lfgn.
1956-1960. vorauss. 35 Lfgn. 5694

Deutsche Bibliographie.
Zeitschriften 1945-1952 (11.408 Periodika).
Frankfurt/M.: Buchhändler-Vereinigung.
1656 Sp., 534 S., Hldr. DM 240. - 5695

Deutsche Bibliographie.
Zeitschriftenverzeichnis 1953-1957 (ca. 12 000 Periodika, Gesamtumfang ca. 100 Bogen)
Frankfurt/M.: Buchhändler-Vereinigung
1961 ff. DM 4. - je Bogen 5696

Das Deutsche Buch. 6x jl.
Frankfurt/M.: Buchhändler-Vereinigung
DM 5.40 jl. 5697

Deutsche Nationalbibliographie und Bibliographie des im Ausland erschienenen deutschsprachigen Schrifttums. Bearb. und Hrsg. von der Deutschen Bücherei.
Leipzig: VEB Verlag für Buch-und Bibliothekswesen.
Reihe A: Neuerscheinungen des Buchhandels. wtl. MDN 14. - vjl.
Reihe B: Neuerscheinungen außerhalb des Buchhandels. 2x mtl. MDN 12. 50 vjl. 5698

Deutsches Bücherverzeichnis 1956-1960. in Einzellieferungen.
Leipzig: VEB Verlag für Buch-und Bibliothekswesen 1965 f. 5699

Duits Africana Bibliografie. Alphabetische Titelliste.
Pretoria: Universität van Suid-Afrika, Bibliotheek 1961. 37 Bl. Forts. geplant 5700

Edicoes Brasileiras.
Catálogo trimestral de livros publicados no Brasil.
Rio de Janeiro: Sindicato Nacional de Livros 1963. 132 S. 5701

Egypt. Subject catalogue. Vol. 1.2.
Kairo: Ministry of Culture & National Guidance, National Library 1957-1960. XII, VIII, 770 S. 4° 5702

The English catalogue of books: giving (after an alphabet devoted to paperbacks) in an author list followed by a subject and title index, the size, price, date of publication, and publisher of books issued in the United Kingdom; maps and atlases being listed in a separate sequence; being a continuation of the 'London' and 'British' catalogues with the publications of learned and other societies and directory of publishers.
Sanderstaed (Sy.): Publishers Circular. 1966. 4,370 S. gr-8° 5703

Ferguson, John Alexander
Bibliography of Australia. Vol. 6: 1851-1900.
Sidney u. London: Angus & Robertson 1963. XIV, 1146 S. 36 Taf. 8° £ 10/10. - 5704

Foreign Affairs Bibliography 1952-1962. 4. Ausg. Bearb.: Henry L. Roberts.
New York: R. R. Bowker 1964. 752 S. 4° Ln. $ 20. - 5705

Foreign Language Press of America.
New York: Waxelbaum Advertising $ 1. - 5706

Foxcroft, A. B.
The Australian catalogue.
A reference index to the books and periodicals published and still current in the Commonwealth of Australia.
London: Pordes 1961. 5707

General Catalogue of Printed Books. (To be completed in about 300 vols.)
London: British Museum 1960 ff. 4° sh 130/- per vol. 5708

Greek Bibliography. vjl.
Athen 1960 ff. 5709

Guide to Russian reference books. 6 Bde
Stanford/Calif.: Hoover Institution, Stanford University 1962 ff.
(=Hoover Institution bibliographical series. 10.) 5710

Guttentag Tichauer, W.
Bibliografia boliviana del ano 1962. Ensayo de catalogación.
La Paz: Los Amigos del Libro 1963. 65 S. 5711

Heinsius, Wilhelm
Allgemeines Bücherlexikon. 1/2-3/4, 1700-1810, 5/6. 1811-1815.
Photomech. Nachdruck.
Graz: Akademische Druck-und Verlagsanstalt 1962. 5712

Hinrichs'(Johann, Konrad) Bücher- Katalog. Bd. 1-3. Photomechan. Nachdr. d. Ausg. v. 1875
Graz: Akadem. Druck- und Verlagsanstalt 1964. 4° Ln. DM 1.620.- 5713

Index to New Zealand periodicals and current National Bibliography of New Zealand books and pamphlets. jl.
Wellington: National Library Centre, National Library Service 1947. sh 37/6 5714

Index translationum Indicarum.
Calcutta: The National Library 1963. 460 S. 5715

Jahrbuch des Buches der UdSSR.
Systematisches Verzeichnis. (russ.) 2 Bde jl.
Moskau: Mesh. Kniga je Bd. ca. 1000 S. MDN 25.- 5716

Jahresverzeichnis der deutschen Hochschulschriften. Jahrgang 79, 1963. Hrsg. von der Deutschen Bücherei.
Leipzig: Verlag für Buch- und Bibliothekswesen 1964 ff. (in Lieferungen) 5717

Jahresverzeichnis der Deutschen Hochschulschriften Jg. 1-22, 1885/86 - 1906/07
New York: Kraus Reprint Ln. $ 325.- 5718

Jahresverzeichnis des deutschen Schrifttums. Bearb. von der Deutschen Bücherei
Leipzig: Verlag für Buch- und Bibliothekswesen jl. 5719

Jahresverzeichnis der schweizerischen Hochschulschriften. 68. Jg.
(Auch als Bibliotheksausg. einseitig bedruckt erhältlich.)
Basel: Universitätsbibliothek 1965. V, 175 S. 8° Sfr. 9.50 5720

Jewish book annual. (engl., hebr., jidd.)
Ed.: Jewish Wefare Bd., New York.
New York: Jewish Book Council of America 1964. 219 S. 8° $ 4.- 5721

Kayser, Christian Gottlob
Bücherlexikon.
Vollständiges Bücherlexikon, enth. alle in Deutschland u. d. angrenzenden Ländern gedruckten Bücher.
Abdr. d. Ausg., Leipzig 1834-1903. Bd 1-3 1.
Graz: Akademische Druck-und Verlagsanstalt 1961/62. 5722

Kniga Sovetskogo Kazachstana. (russ.)
Svodnyj bibliogr. ukazatel'. T. 1. 1917-1945
Das Buch d. sowjet. Kasachstans. Zentrales bibliogr. Verzeichnis.
Moskau: Mesh. Kniga 1962. 446 S. 5723

Knihopis českých a slovenských tsku od doby nejstarší až do konce XVIII. století.
Bibliographie der tschechischen und slowakischen Drucke von der ältesten Zeit bis zum Ende d. 18. Jahrhunderts. (Tschech.)
Band II: Drucke von 1501-1800.
Prag: Verlag der Tschechoslowakischen Akademie der Wissenschaften 136 S., Abb. 4° brosch. Kčs. 66.50 5724

Kniznaja Letopis. (russ.) Alle in der UdSSR erscheinenden Bücher, Broschüren und Dissertationen. wtl.
Moskau: Mesh. Kniga 1956 ff. 5725

Knjiga 1965 (Das Buch 1965). mtl.
Belgrad: Prosveta DM 5.60 jl. 5726

Libri e riviste d'Italia. Italien books and periodicals. (ital., engl.)
Rom 1950 ff Lire 2.000 jl. 5727

El libro Espanol. mtl.
Madrid: Instituto nacional del libro espanol 1958 ff. Ptas. 200.- jl.
5728

List of current serials. 5. Aufl.
Chicago, Ill.: John Crerar Library 1965. VI, 286 S. DM 12.50 5729

Magyar Nemzeti Bibliográfia - Bibliographia Hungarica.
(Verzeichnis aller ungarischen Neuerscheinungen, ungar.) 2x mtl.
Budapest: Kultura 1946 ff. DM 2.- jl.
5730

Manual de Bibliográfia de la Literatura Espanola. Bearb.: José Simón Diaz.
New York: R. R. Bowker 1964. 616 S.
Ln. $ 8.50 5731

Mendelssohn's South African Bibliography.
London: H. Pordes 1910 sh 420/- jl.
5732

Mexico Bibliográfico 1957-1960.
Bearb. Josefina Berroa.
New York: R. R. Bowker 1962. 189 S.
4° Ln. $ 12.- 5733

Monthly Catalogue.
A catalogue of all books, sermons, and pamphlets published 1714-1717.
Facsimile reprint of the London Library copies.
London: Gregg Press Ltd. 1964. 242 S.
gr. 8°, sh 105/- 5734

Nasri, Abdel Rahman El
A bibliography of the Sudan 1938-1958.
London: Oxford University Press 1962.
X, 171 S. 8° sh 35/- 5735

National bibliography of Indian literature 1901-1953.
New Delhi: Sahitya Akademi 1962.
X, 797 S. 8° Ln. Rs. 50.- 5736

Nederlandse Bibliografie. 7x jl.
Amsterdam: Heynis 1856 ff. hfl. 2.-
jl. 5737

Nigerian Publications. jl.
Ibadan: Ibadan University Library 1950-52 ff. sh 10/-
Quarterly supplements, sh 10/- 5738

Norsk bokfortegnelse. The Norwegian National Bibliography. wtl.
Oslo: Den Norske Bokhandlerforening 1814 ff.
Mit vjl., jl. u. fünfjl. Zus. 5739

Österreichische Bibliographie.
Verzeichnis der österreichischen Neuerscheinungen. 2x mtl.
Wien: Österreichische Nationalbibliothek 1945 ff. 5740

Das österreichische Buch - The Austrian Book - Le Livre autrichien.
Hrsg. mit Unterstützung des Bundesministeriums für Handel und Wiederaufbau und dem Wirtschaftsförderungsinstitut

der Bundeskammer der gewerblichen Wirtschaft.
Wien: Hauptverband der österreichischen Buchhändler 1962. 100 S. 8°
5741

Palau y Dulcet, Antonio
Manual del librero hispanoamericao: bibliografia general espanola e hispanomericana desde la invención de la imprenta hasta nuestros tiempos con el valor comercial de los impresos descritos.
Tomo 16: Relación-Rienzi.
Barcelona: Palau y Dulcet; Oxford: Dolphin Book Co. 1964. 500 S. 4°
sh 100/- 5742

Pitcher, G. M.
Bibliography of Ghana 1957-1960.
Kumasi 1962. 111 S. 5743

Porges, Laurence
Elements de bibliographie sénégalaise 1959-1963.
Dakar: Centre de Documentation 1964.
141 gez. Bl., 4° 5744

Printed catalog of current journals.
Cambridge: Harvard University, Graduate School of Business Administration, Baker Library 1966. 64 S. $ 5.-
5745

Qirjat Sefer
Rib'on lab-bibliografija.
Jerusalem 1924 ff. 5746

Reference catalogue of current literature. British books in print.
alle 4 Jahre.
London: Whitaker & Sons Ltd. 1878 ff.
£ 12/-/- 5747

Saarländische Bibliographie.
Bearb. von d. Universitätsbibliothek Saarbrücken. Zusammengest. von Lorenz Drehmann u. Heinz Kalker.
Bd. 1. 1961/1962
Saarbrücken: Minerva-Verl. (in Komm.) 1964. XX, 448 S., gr. 8°, kart.
DM 29.50 5748

Sächsische Bibliographie. Zsgest. v. Johannes Jandt unter Mitarb. v. Friedrich Seydel. Berichtsj. 1965. Nachtr. 1961/64.
Dresden: Sächsische Landesbibliothek 1966. 244 S. gr. 8° 5749

SANB. South African Bibliography. vjl. engl. afrikaans.
Pretoria: State Library 1959 ff. $ 3.-jl.
5750

Schüling, Hermann
Bibliographischer Wegweiser zu dem in Deutschland erschienenen Schrifttum des 17. Jahrhunderts.
Gießen: Universitätsbibliothek 1964.
VI, 176 S. 8° DM 5.30 5751

Das Schweizer Buch.
Bibliographisches Bulletin der Schweizerischen Landesbibliothek.
Zürich: Schweizerischer Buchhändler- und Verleger-Verein 1943 ff.
Serie A: Veröffentlichungen des Buchhandels. mtl. 2mal. Sfr 18.-jl.
Serie B: Veröffentlichungen außerhalb des Buchhandels. jl. 6mal.
Sfr 7.20 jl. 5752

Schweizer Bücherverzeichnis 1956-1960.
Bearb.: Schweizerische Landesbibliothek.
1. Teil: Titelreihe nach Autoren und Anonymen, 1118 S. 4°
2. Teil: Index der Mitarbeiter und Stichwortregister, 189 S. 4°
Zürich: Verlag d. Schweiz. Buchh. u. Ver-

leger-Vereins Sfr. 170.- 5753

Schweizer Bücherverzeichnis, 1956-1960. Schlagwortregister.
Zürich: Verlag d. Schweizerischen Buchhändler- und Verleger-Vereins 532 S.
Sfr. 120.- 5754

Scudder, S.H.
Catalogue of scientific serials of all countries, including the transactions of learned societies in the natural, physical, and mathematical sciences, 1633-1876.
New York: Kraus Reprint 1965. 358 S.
$ 12.50 5755

Short-title catalogue of books printed in the Germanspeaking countries and German books printed in other Countries from 1455-1600 now in the British Museum.
London: British Museum 1962. 1224 S.
5756

Short-title-catalogue of books printed in Italy and of Italian books printed in other countries from 1465-1600 now in the British Museum.
London: British Museum 5757

Steckler, Phyllis B.
American scientific books. 3 Bde.
New York: R. R. Bowker 1962-1964. 4°
Bd. 1: 1960-1962. 1962. 474 S. $ 10.-
Bd. 2: 1962-1963. 1963. 221 S. $ 5.-
Bd. 3: 1963-1964. 1964. 300 S. $ 8.-
5758

Stock, Karl Franz
Bibliographien der österreichischen Bundesländer. Auswahlverz. (Als Ms. vervielf.)
Graz: Universitätsbibliothek 1966.
62 S. 4° 5759

Suomen Kirjallisuus 1944-1948. Finlands literatur. The Finnish national bibliography. Bd. 1-3.
Helsinki: Helsingin Yliopiston Kirjastol 1959-1961. 644 S. 5760

Svensk Bokförteckning.
The Swedish National Bibliography. mtl.
Stockholm: Tidningsaktiebolaget Svensk Bokhandel 1953 ff. Swkr. 17.75 jl.
5761

Svensk bokförteckning, Arskatalog 1962.
Stockholm: Svensk Bokhandel 1963.
VIII, 355 S. 5762

Svensk Bokkatalog.
Mehrjahreskatalog.
Stockholm: Tidningsaktiebolaget Svensk Bokhandel 1878 ff. 5763

Technical Books in Print in Great Britain 1964-1965.
London: J. Whitaker & Sons Ltd. 1965.
VIII, 232 S. sh 12/6 5764

Trelles y Covin, C. M.
Bibliografia Cubana 1600-1916. 11 Bde.
New York: Kraus Reprint. Ln. $ 189.-
5765

Türkiye Bibliyografyasi. vjl.
Istanbul 1936 ff. 5766

Ustředni Komise Lidové Kontroly a Statistiky.
Statistická ročenka - Československá Socialistické Republiky, Statni nakladatestvi technické literatury. Slovenské vydavateľstvo technickej literatúry.
Prag: Artia 1963. 571 S., XXXII Tab.
8° Kčs. 67.- 5767

Weerdt, Denise de-
Bibliographie rétrospective des publications officielles de la Belgique 1794-1914.
Löwen: Editions Nauwelaerts 1963.
427 S. 8° 5768

Westfälische Bibliographie.
Bearb. v. Eleonore Joerdens u. Hans M. Meyer. Bd. 11. Berichtsj. 1965 u. Nachträge aus früheren Jahren.
Dortmund: Stadt- und Landesbibliothek 1966. 159 S. gr. 8° DM 15.- 5769

Whitaker
Cumulative book list: the complete list of all books published in the United Kingdom during the period, giving in one alphabetical list details as to author, title, sub-title, size, number of pages, price, date, classification and publisher of every book, as well as a special classified list giving details of each book under author in each separate classification.
London: Whiteaker 1966. XXIV, 698 S., Abb. gr.-8° sh 50/- 5770

Zen Nihon Shuppanbutsu Somokuroku. (Gesamtbibliographie der Verlagserzeugnisse Japans). jl. 1959 1. Jg., jl.
Tokio: National Diet Library 1959 ff.
5771

FSC
www.fsc.org
MIX
Papier | Fördert
gute Waldnutzung
FSC® C083411

Kolibri 360 GmbH
Ferdinand-Jühlke-Straße 7
99095 Erfurt, Deutschland
produktsicherheit@kolibri360.de